U0054021

跨文化企業管理心理學

嚴文華・宋繼文・石文典◎編著

序

二十一世紀是資訊時代，全球經濟更加一體化，跨國經營與合資企業的浪潮席捲全世界。二十一世紀的大陸大市場將吸引更多的國外企業來投資，大陸的企業也將越來越傾向將資金投向國外。

大陸已是世界上外商投資的第二大地區。發展中外合資企業有利於發展國際分工和國際交換，引進先進技術和管理經驗，輸出更多更好的產品，從而加速現代化建設。

合資企業從表面、淺層次上看是資本、技術、商品、勞務、管理的融合，而其深層次的內涵則是東西方兩種文化的撞擊、衝突、融合與吸收。

由於東西方文化上的差異，各國的管理理論、管理制度與方法也不相同，爲此，企業內部中外雙方管理人員之間的管理理念與方法會不斷產生衝突與碰撞，對此，我們要善於吸收，融合兩種文化的菁華，在東西方的接合點上創造出新的管理模式。

全書系統分析了文化差異背景下合資企業員工的需要、動機、態度的差異，以及管理中可能產生的文化衝突；進而介紹了我們經多年研究、跨越不同國家文化差異的障礙而提出的，能被合資企業各方所共同接受的新而有效的中外合資企業跨文化的管理新理論——共同管理文化新模式與整合、同化理論。

書中具體介紹了跨文化企業中的人力資源管理與開發、人員的有效溝通，同時提出了跨文化企業的有效組織與領導的內涵與架構。書中有許多成功或失敗的合資企業的案例分析，有助於吸取經驗與教訓。

但願本書的出版能爲二十一世紀的跨國經營與合資企業的發展和培訓涉外經濟、經營管理人才做出貢獻。

嚴文華・宋繼文・石文典

目　錄

導論

二十一世紀跨國經營與合資企業的新學科——跨文化企業管理心理學

一、跨文化企業管理心理學的產生背景——國際經濟發展的要求

自十九世紀開始的經濟全球化，到二十世紀末已成為不可阻擋的潮流。它最大的影響就是打破了不同文化之間的時空關係。國際分工日益細化，各國之間的相互依賴性在增加，自然資源、人力資源和金融資源正以新的方式得到重新分配。正如一位商人所說，標有「日本製造」的電視，可能是用馬來西亞的原料、新加坡的映像管、印度的積體電路、日本的商標組裝而成。全球化已成為人們日常生活的一部分。漫步世界任一大城市的街頭，你都可以看到來自全球各個地區的商品在櫥窗裡展示；進入網際網路，你可以和世界各地的人們自由而方便地交流。

僅僅在幾十年前，這一切還是不可想像的。像「合資企業」、「跨國公司」等字眼，在半個世紀以前還不為人們所熟悉，但現在，它們的產品已步入平常百姓家。據統計，到1998年底，全球跨國公司超過四萬家，其子公司超過二十萬家；跨國公司的投資額占世界投資總額的70％以上，產值占世界總產值的40％，貿易額占貿易總額的50％，其中大約1％的大型跨國公司對外直接投資額占世界對外直接投資總額的50％以上。全世界貨物和勞務總出口額為四億美元，其中1/3是在跨國公司內部進行的；新技術開發的80％為跨國公司所壟斷。跨國公司和合資企業不僅是產品、資金、技術的跨國界流動，從深層次看，更是文化的流動、相互影響和衝突。有一個例子說，一個美國商人一直向一個太平洋小島上的居民訂購手工編織特產，

由於銷路好，他提出大筆訂單，滿心以爲單價會因此便宜下來。當地土著居民聽後，對他說：「如果這樣，每一個的價格要比以前貴。」他非常不解，詢問爲什麼。當地居民說：「長時間做同一件事，那多枯燥呀！」在金錢萬能的價值取向中長大的這個美國人，很難理解以工作爲樂的島民的決定。

與經濟全球化同時發展的還有另一種趨勢：地區經濟區域化、集團化。歐洲共同體發展成爲歐盟，其成員國內部形成人員、資金、商品等可以自由流通的統一大市場；東盟也由七國發展爲十國，內部合作加強；北美形成美、加、墨自由貿易區；南亞地區也成立了南亞國家聯盟組織……。地區化和全球化相互呼應，包含了一對矛盾：在全球化過程中強調地區特點，在地區化過程中強調國家和民族特點。與此相應的文化也出現同樣的特點：一方面文化超越時空，相互交融，另一方面文化又強調民族特色，民族文化保護主義又有了市場。這對矛盾其實不矛盾：不同文化只有在對比、碰撞中，方能顯英雄本色和自身特點。保護和強調本民族文化也是一種本能舉措。如歐元的誕生標誌著歐盟一體化在貨幣統一方面的重大進展，但歐盟內部不僅對是否使用歐元產生了激烈爭論，而且對用哪一國語言來命名歐元這一點也進行了反覆爭論，英國、法國和德國各不相讓，最終以折衷的Euro來命名，各成員國分批開始使用歐元。

與此相應的是跨國公司在九○年代出現了新變化，主要有：跨國公司投資區域分布開始向多元化方向發展；兼併與收購成爲跨國公司創辦新企業和對外直接投資的主要形式；跨國公司與東道國社會、經濟、文化的聯繫進一步密切，公司管理人員日益「當地化」等。這些特點表明，跨國公司已更深地捲入到他國的政治、經濟和文化生活中去。

事實證明，歷史已經發展到這個階段：文化在一國的社會、政治、經濟、外交等各個層面的作用凸顯。有一個有趣的經濟文化現象：在企業的國際化過程中，企業海外市場擴大的地理順序與心理距離一致。在以瑞典的約漢森（Johnson）、魏德雪姆（Paul Wiedershein）等人爲代表的北歐經濟學派看來，心理距離（psychic distance）指妨礙與干擾企業與市場間資訊流動的因素，包括語言、文化、政治體系、教育水準、經濟結構、經濟發展水準等因素。典型的例子有：據對美國威斯康辛州四百二十三家企業的調查發現，小量出口的企業，市場大多以加拿大爲主，而大量出口的企業就有更廣闊的市場。這是因爲美國和加拿大的心理距離近，小企業出口到加拿大，風險小。同樣，大陸吸引外部資金的67％來自港澳台地區，原因之一就是文化和地理上的接近。

在以跨國公司和合資企業爲主體的跨文化企業中，文化與管理的關係具有比以往更重要的意義。文化既可以成爲管理的推動力，也可以成爲管理的阻抗力量，也就是說，既存在跨文化優勢，也存在跨文化劣勢。英國的J．鄧寧（Dunning, 1980）認爲其跨文化優勢主要體現在：

1.企業的特定優勢（peculiar advantage）：也就是企業爲什麼能到國外去投資的原因，主要指企業的無形資產優勢，包括商標品牌、生產技術、產品品質、科技含量、管理技能等。
2.內部化優勢（internalization advantage）：即企業到他國去投資，不是透過市場轉讓，而是透過把企業資產轉移到他國完成，可以減少市場成本和運作時間。

3.區位優勢（location advantage）：企業選擇投資地點的考慮因素之一，就是把以上優勢與當地生產要素結合起來，以取得比單純出口要高的利益。

這些理論上的優勢要能得以實現，必須有管理和文化上的「嫁接成功」。從跨文化企業的經營實況看，遭遇困境的企業爲數不少。據調查，八〇年代發達國家合資企業出現困境的比例高達30％，在發展中國家這個比例更高，達40％以上。造成跨文化劣勢的主要原因還在於跨文化企業的任務難度和組織形式本身。合資企業面臨的任務往往要比在本國開辦企業更複雜、更困難。

當兩種或兩種以上的文化必須在同一框架內合作時，可能面對的劣勢是：

1.客人劣勢：對於東道國的文化、語言、法律、人力資源、環境等不甚了解，要花時間了解和適應，就像客人新到陌生的地方一樣。

2.市場劣勢：雖然在投資前，企業都會對東道國的市場狀況進行可行性論證，但眞正要把產品打入已被其他產品占領的市場或開闢新市場，仍需要一定的時間和進行資金投入。

3.跨文化管理劣勢：不同的文化有不同的時間觀、價值觀、工作目標和管理目標、風格等，在有異文化作參照時，本文化的特點更易凸顯，也就更易強調和維護本文化。如果合資企業的各方不能達成共識或取得一致，就會造成多種矛盾，矛盾激化時有可能導致合作破裂、企業破產。

二、本學科研究對象的規定性

文化的界定

跨文化的研究首先要確定兩種文化之間的界限。在研究文化對管理的影響時，一般都把國家做爲主要的分析對象。儘管這種劃分相對來說比較粗糙，但因國家是受歷史、教育體制、法律制度、行政管理及人情風俗等文化影響的基本單位，每個人都受自己國家特定經濟發展水準、發展階段的影響，所以人們一般把國家作爲跨文化管理研究的界限。

跨文化管理理論的研究

國內外學者在研究和實驗的基礎上，提出了一系列跨文化管理的分析模式。跨文化管理型態具有主體多元、方法多樣、文化多源等特點。成功的跨文化管理模式應該是多元文化主體共同努力，以各方的管理文化爲基礎，建構起新的有效運行的管理模式，即共同管理文化模式。在跨文化企業中引進新的管理理論時，必須考慮到文化的選擇規律；低位勢文化向高位勢文化趨同；與本民族文化深層結構相契合的文化內容易被接受。引入別國成功的管理經驗時，一定要考察管理背後的文化因素，要考慮本國文化的選擇性與相容性。

組織文化與其成員的行為方式

組織與文化有密切的關係，這一方面指組織本身受特定文化影響，另一方面指組織成員受到特定組織文化的影響。透過觀察組織中成員的行為，可以了解組織的文化氛圍；透過對組織文化的了解，又可以考察組織文化對成員的行為方式、價值觀的影響等。不同文化背景下的組織文化具有文化差異。

跨文化溝通的研究

溝通是一切管理活動的基礎，跨文化溝通更具重要意義。在跨文化企業中，人們只有能相互理解、溝通，才能進行合作，進而形成共識。跨文化溝通是非常複雜的行為，了解溝通與文化的關係，找到影響跨文化溝通的主要因素，建立有效的跨文化溝通是跨文化管理心理學研究的一個重要方面。

跨文化組織人力資源管理研究

對員工和管理者的管理、激勵機制、工作滿意感等。具體包括：跨文化管理人才的素質及其培養，強調管理者的文化敏感度和對文化差異的感受力等；激勵機制涉及跨文化組織員工的需要、期望、態度和動機；工作滿意感包括工作目標、工作地位、影響跨文化組織員工工作滿意感的主要因素等。

跨文化組織的有效領導

包括對跨文化組織的領導體制、跨文化領導的素質及管理技能方面的研究。

跨文化企業的組織

包括對合資企業組織設計特徵、設計背景、原則、結構演變、未來發展趨勢的研究。

三、本學科研究方法的特殊性

跨文化管理心理學是人類學、社會學、心理學和管理學的交叉。它在方法上也綜合了這幾門學科的特點，但著重採用後兩者的方法論。和心理學的其他學科一樣，跨文化管理心理學注重實證、量化和實驗方法。

跨文化研究是跨文化管理心理學的特色，它借用了很多跨文化的方法。從跨文化心理學的產生和發展歷史來看，它本身主要是心理學研究中的一種方法論和具體方法。跨文化心理學主要檢驗在一種文化中提出的理論、概念是否適合於其他文化，並探索文化在其中起的作用。它的兩種策略是普遍性（etic）和特殊性（emic）研究：普遍性研究，即對行爲的研究超越特殊的文化系統，透過相異的社會來探討人類行爲的本質；特殊性研究，即在某一特定社會系統內部研究人的行爲。

跨文化管理心理學的一般研究方法

(一) 行為觀察和測量法

這主要是心理學方法的借用，可以用來對跨文化企業中的管理人員和員工的行爲進行觀察。此外，可用心理量表法對某一主題進行測定，如莫蘭（Robert T. Moran）關於管理觀念的問卷，古普塔拉（Prabhu Guputara）關於「你是否適合去海外工作」的問卷，霍夫施塔德（Geert Hofstede）關於工作目標、工作滿意度、工作態度等的問卷。跨文化企業員工工作動機差異、工作、激勵效應的量化研究等都可用這種方法獲得。

(二) 案例研究法

即對某一合資企業或某一組織在一段時間內的管理、決策、生產、績效等進行詳細的分析，並就其成功和失敗之處進行分析。案例研究的資料來源可以是多方面的：研究者對企業的觀察；媒體的宣傳、報導；透過訪談和調查研究得到的資訊；企業自身的報告、總結、客觀工作指標等。

(三) 實驗法

跨文化管理心理學研究的是一種社會心理現象，用實驗法就是將影響這些社會心理現象的因素作爲變數加以控制，使變數儘量單一化，從而找到是哪一種因素影響或決定了該因素。如對跨文化企業中溝通方式作研究，就可把員工按實驗要求分成組，如分成外方員工、中方員工、中外方員工三組，對同樣的內容進行傳遞，可讓其按自己喜歡的方式傳遞，結果發現外方組以雙向溝通爲主，中方組以單向溝通爲主，中外方組以混合方式爲主。透過實驗法得出的結論相對較客觀、正確、有說服力。

(四) 比較研究法

該方法的重點是發現不同文化的異同點，並據此確定哪些理論是適用於所有文化背景的，哪些是只適用於特定文化背景的。這種方法的前提假設是不存在所謂的主體文化，只有不同文化中表現出的相似性被認爲是普遍現象。

(五) 人際合作模式研究法

此方法的重點是探究不同文化背景中人在工作中相互影響的關係，從而確定這種影響的模式和法則。該方法強調在工作中人與人之間的互動關係，因而對跨文化企業的管理，尤其對受多重文化影響的管理人員有重要意義。它關注管理模式如何在文化的特殊性與普遍性之間找到一個最佳平衡點，以達到改善和提高整個組織效率的目的。

跨文化管理心理學研究方法的特殊性——文化普遍性和公平性問題

和跨文化心理學一樣，跨文化管理心理學也存在方法論上的一些爭論：如研究方法能不能解決文化的普遍性和文化公平性問題？一些內部效度較高的心理測量，在不同文化環境中的外部效度是否一定高？我們可以透過一個例子說明這個問題：美國心理學家麥克萊蘭（McClelland, 1953, 1961）提出成就動機概念後，被廣泛應用在各個國家。但根據麥克萊蘭的定義，對中國人的成就動機用不同方法研究，卻得出不同的結論：麥克萊蘭從東南亞三個國家（大陸、印度、巴基斯坦）公立學校教科書中隨意選出一些故事，對故事中的成就需要進行記分，研究結果認爲中國人的成就需要高。但瓦特魯斯（Watrous, 1963）等人透過統覺測驗（TAT）的投射法進行的研究表明，中國人的成就動機較低。到底誰的研究結果對？楊國樞教授對麥克萊蘭的成就動機在大陸的文化背景中作了修改：他認爲可能存在幾種成就動機。麥克萊蘭的成就動機主要指用個體認爲優秀的標準衡量自己的行爲並朝該目標努力的衝動，適合以個人主義爲取向的西方文化；而在集體主義取向的大陸，成就動機主要指由他人、家庭、社會等規定或決定與成就有關的優秀標準、評價和行爲過程等。楊國樞把前者稱爲個人取向（individual oriented）的成就動機，後者稱爲社會取向（social oriented）的成就動機。中國人的社會取向成就動機較高，而美國人的個人取向社會成就動機較高。他認爲這兩者並沒有優劣之分，只是反映了文化差異。

這個研究中就涉及跨文化研究中的普遍性和文化公平性問題。研究者總是有自己的母文化，其思維、研究理論、測量工具都受本文化的限制，如果把本文化中的這些特點不加驗證地帶入到異文化的研究中，就有可能犯「強加的普遍性」（imposed etic）之錯誤——研究的前提就是這些工具和方法具有普遍性，從而影響研究的準確性。較爲客觀的做法是把研究者自己文化的特殊性與研究對象文化的特殊性結合起來考慮，努力接近研究對象的文化背景，尋求兩種或兩種以上文化的共性，這樣才是眞正的普遍性，即「獲得的普遍性」（derived etic）。

在跨文化管理學研究方法中有一個難題，就是如何證明研究內容對所有文化都適用，即「超文化」（culture free），或研究內容對所有文化環境下的被試都是公平的，即「文化公平」（culture fair），這個難題對跨文化管理心理學也同樣存在。從理論上說，這樣的研究是可能的，但在實踐中，由於難以找到一個適當的方法來評價研究的文化公平程度，所以這樣的研究十分困難。

注意到這個問題有助於我們在研究時注意對不同文化環境中的被試進行謹愼的觀察、研究和下結論：同一種行爲在不同文化中的涵義可能完全不一樣；相同的心理過程可能外顯爲完全不同的行爲。如在合資企業中，中方員工對外方員工表示友好、禮貌的方式可能是與其話家常，但外方員工可能會把這種對別人的事的關心看作是對他人隱私的探聽，是一種不禮貌的行爲。如果沒有注意到這種由於文化對「禮貌」（politeness）的不同涵義而形成的差異，研究結果的準確性就受影響。所以在翻譯一些跨文化問卷、量表時，要注意找到不同文化中相對應的東西，以保持原問卷或量表的信度。

對同一測驗的不同結果在不同文化背景中是否有可比性這個問題，同樣要避免絕對化的解釋。如果這兩個文化存在巨大差異，自身的可比性沒有建立，就不能簡單地對測驗分數差異進行好壞、優劣的比較，因爲文化差異在多大程度上成爲潛在變數影響結果不清楚。如果在某一文化內部已建立起這一測驗的常模，它也只說明個體在該測驗中的相對位置，並不能用來推論異文化中另一個個體的情況。簡單地把兩種文化中同一測驗的結果相比較，往往並不能比較出眞正要比較的東西。

四、二十一世紀本學科發展的趨勢

二十一世紀本學科的發展可以用兩句話來概括：理論將會更完善，實踐將會更規範。合資企業和跨國公司的發展，推動著跨文化企業理論研究的深入。這些理論會對實踐有指導作用，並在實踐中得到檢驗。

跨文化心理學的深入發展、管理實踐的發展、全球化進程的深化都會成為跨文化管理心理學發展的推動力。

跨文化心理學既是一門新興的學科，又是一種研究的方法論。對管理的跨文化研究本身也是跨文化心理學研究的內容之一。方法論的發展能夠推動跨文化企業管理心理學的進步。

全球化進程始終是跨文化管理心理學發展的深刻背景。跨國界、跨區域經濟活動的增多，是跨文化管理心理學產生的基礎。全球化和技術變化、市場變化、知識經濟日益重要、人力資源變化等趨勢結合在一起，這種背景決定跨文化管理心理學發展的廣度和深度。

全球化對經濟的影響不僅是資金、技術、人員的交流，還包括管理、文化的流動。管理背後蘊涵的文化色彩，使管理在跨文化組織中不能簡單地移植。不同文化的需要、動機、態度、價值觀、管理實踐存在很大差異。企業本身的發展、合資企業和跨國公司的發展趨勢、管理實務等，決定跨文化管理心理學能夠達到的進步。跨文化企業在大陸的發展還處於起步階段，創建具有中國特色的跨文化企業管理心理學，需要對中國文化、外國文化有透徹分析，借鑑國外與中國文化深層結構契合的管理模式，對大陸目前的跨文化企業管理經驗、教訓進行總結，對其發展趨勢進行前瞻性思考。

二十一世紀的管理將更加心理學化，跨文化企業管理心理學的發展是這一趨勢的具體化。對不同文化管理的研究，將有助於我們客觀地認識和理解其他文化的管理思想和模式，也更好的認識本文化的實質與其他文化的差異。

第1章

跨國公司與合資企業

1.1 跨國公司與合資企業的一般概念

1.1.1 跨國公司

由一國的企業或公司向境外其他國家或地區投資，並利用當地的有利條件辦合資經營、合作經營或獨資企業，這就是所謂的企業跨國化經營，也稱爲企業的國際化經營。

跨國企業從廣義上指在國外從事生產作業或銷售作業的廠商，它具有以下特點：

1.在特定的國家設立總公司，由總公司直接投資，在其他若干國家設立實質上由其支配的附屬公司，構成國際性的公司集團。
2.在總公司的統一經營策略下，其生產、銷售、資源分配、資金流動、技術轉移等實行國際化操作。
3.公司集團內部財務管理等大的決策由總公司統籌策劃，有時分公司需遵從其強制性的指揮監督。
4.跨國公司的業務活動雖具有國際性，但大都不致超越總公司國家的國民經濟發展水準和條件。

1.1.2　跨國企業的意義及其優勢

（一）跨國企業的意義

跨國經營的本質意義就在於實現了內部的國際化。它能夠利用境外的優勢資源組織生產，並將產品就地或就近銷售，這有利於企業儘快達到規模經濟水準和獲取規模經濟效益。

跨國經營的意義在於它符合時代的要求：

◆實現企業內部的「國際分工」，符合現代世界經濟一體化發展的內在規律性要求

由於世界經濟增長的推動、國際分工的進一步細化、各國產業結構的調整、地區與國家之間經濟依賴關係的加強，促進了國際市場的拓展和貿易量的增加。在這個過程中，大型跨國企業成爲國際市場中的競爭主體。它們具有快捷的資訊網、優化的決策系統、雄厚的實力，能夠衝破貿易壁壘和地區保護主義，利用多國資源。

◆實現企業內部的「國際分工」，有利於合理使用和組合國際資源，實現國內外、境內外的優勢互補

資源包括有形的和無形的兩類，主要可以利用國際經貿資訊、國際閒散資金、境外資源、境外政策等。

實現企業內部的「國際分工」，就要按與國際市場接軌的管理模式、方法、標準等來操作，這有助於企業加快經營機制的轉換，從而增強活力，提高國際競爭能力。

（二）跨國企業的優勢

並不是所有的企業都可以跨出國門，進行跨國化經營。跨國企業一定要有自己的優勢才能在境外紮根生存，必須要有東道國企業所不具備的一些優勢，才能彌補自己在異境異地的劣勢。具體說來，跨國企業的優勢應包括以下方面：

1.產品優勢或技術優勢：其獨創性、先進性可以塡補東道國在這方面的空白。
2.管理優勢：企業擁有較爲先進有效的管理思想、方法和手段。
3.營銷優勢：企業擁有廣泛可靠的跨國營銷網路，並有一整套富有成效的營銷策略、方法和技巧等。
4.資源優勢：企業在生產資源上能彌補東道國的不足或缺乏。
5.資金優勢：有雄厚的資金，且有可靠的融資管道和獲得貸款的優惠條件。
6.規模優勢：企業資產雄厚，有一定的市場占有率，工作效率高，有潛力擴大生產規模以獲取規模效益。
7.人力資源優勢：員工隊伍龐大，人才薈萃，能感召和網羅人才爲其服務。
8.聲譽優勢：企業的名稱，產品的商標名稱、信譽等，都是重要的無形資產，對其開拓新市場有至關重要的作用。

1.1.3　跨國公司的新趨勢

九〇年代以來，跨國公司的新趨勢表現爲：

跨國公司的規模迅速擴大，公司總數呈幾何級數增加。這主要是越來越多的中小企業成長爲跨國公司，而成熟的跨國公司不斷增設新的海外企業。

跨國公司的投資領域由過去單一的發達國家轉爲多元化投資格局：除有從發達國家流向發達國家之外，還有的從發展中國家流向發達國家、發展中國家流向發展中國家。發展中國家和經濟轉軌國家成爲投資的新熱土。

兼併與收購成爲跨國公司在國外投資和開辦新企業的主要形式。這種方式有效而回報率高，爲實力雄厚企業所青睞。

跨國公司與投資國的社會、經濟、文化和政治聯繫日益緊密，公司人員、產品等有「當地化」趨勢。由於競爭加劇、貿易保護主義興起，跨國公司的生存之道由過去的兩頭在外轉變爲在當地開花、結果。這要求經營者擺脫傳統的民族觀念，接受和適應異文化，了解當地的政府投資導向、政策傾斜、消費需求、人才素質和能力。

1.1.4　合資企業

企業合資的形式有多種，但主要有兩類：一類爲股權式合資企業（equity joint venture），即合資經營企業，其特點是按各方的投資比例分擔風險和分享利益，由股權決定經營權和分配權；一類爲契約式合資企業（non-equity joint venture），即合作經營企業，特點是按合同規定的條款分擔風險和確定收益分配比例，以契約規定來約束各方的行爲。

合資企業的性質主要表現爲：

第一，資本權益協同體。投資各方的權利、義務、責任、風險和收益統一在企業中，它的協同體現在各方的資產不是簡單相加，各方的權益並不是簡單地分配，而是有機地取長補短，優勢互補，以整體利益爲考慮的重點。

第二，經營管理共同體。儘管由股權或契約規定了各方管理權的不同分配，但合資企業的經營與管理，應是各方在文化理解基礎上的共同行爲。這種共同性是合資企業得以生存、發展的重要條件。

第三，精神文化趨同體。跨國投資從表面看是經濟活動，從實質看是人與人之間的合作與交流。人與人之間的文化差異、環境差異、個體差異等，必定會帶來跨文化企業管理中的衝突、矛盾和摩擦。解決這些衝突和矛盾的過程，就是文化理解、寬容、融會和趨同的過程。這個過程不是非輸即贏的博弈過程，而是各方精誠合作、取長補短的有機融會，並誕生一種全新的共同文化和心理模式。從這個意義上說，中外合資企業是精神文化趨同體。

1.2 合資企業和跨國公司在大陸的發展現狀及趨勢

1.2.1 合資企業與跨國公司對大陸的影響

近二十年來，大陸利用外資取得了巨大成功：利用外資從無到有，從少到多。自1993年以來，大陸已連續五年成爲世界第二位引資大國（第一位是美國）。大陸外資利用的一個特點是引入的直接投資逐年增加，以1997年爲例，大陸實際使用外資總額中，外商直接投資已占63.2％，外債只占36.8％。截至1998年底，全國共批准外商投資企業三十二萬四千六百六十七家，合同利用外資金額5725億美元，實際利用2671億美元。

外資企業對大陸的經濟發展起著巨大的作用。一方面隨著資金進入大陸的有大量的先進科學技術和管理經驗，跨國公司和合資企業是先進技術的重要載體，也是技術開發、利用和控制的主體。世界範圍內的技術流動越來越依靠跨國公司或合資企業的投資行爲；另一方面還優化了產業結構和產品結構，加快了外貿發展和對外出口，增強了大陸經濟的國際競爭力。

投資方能將受資方納入其全球生產、銷售的分工體系，從而使受資方分享其在管理、銷售、融資方面的經驗，並提升出口產品和進口商品的結構，使出口產品由初級產品爲主過渡爲加工、機械等技術成分高、附加值高的產品，使進口產品由消費型進口結構轉變爲生產型進口結構。

從總體上看，外資企業進入大陸打破了大陸經濟原有的體制內循環格局，推動了大陸從計畫經濟到市場經濟的體制改革進程，有助於市場建設和經濟發展。這主要表現在以下幾個方面：

第一，外資企業把新的市場營銷觀念帶入大陸，有助於大陸有形市場的形成。僅僅把資金、技術投入大陸，並不能自動地培養出顧客群，外資企業還把自己獨特的營銷理念、新穎的促銷方式、規範的市場操作、財務運作帶入大陸，既培養了潛在顧客，又帶動了整個市場的形成。

第二，外資企業把行業規範、交易準則、國際慣例、品質控制等帶入大陸，有助於大陸市場制度建成。市場經濟建構的重要環節是法律制度的完善、市場操作的有序性。由於大陸長期處於計畫經濟體制下，對市場經濟的規範、操作很生疏，合資企業和跨國公司的進入帶來了按照國際慣例操作和進行的規則，透過他們的主體活動，把新的市場制度觀念帶入大陸。這些有助於大陸的經濟立法，同時也有助於降低國內市場的交易成本，提高交易效率。

第三，外資企業透過在其企業內就業的人力資源，把全新的市場觀念、先進的管理和專業技術帶入大陸。目前大陸有近一千八百萬員工在外資企業工作。從目前的情況看，這些員工主要集中於中下層管理領域與專業服務領域。由於合資企業和跨國公司本身的規模和數量都在擴大，而且實行本土化策略，這些員工自身的層次和素質都在提高，他們既是大陸市場建設的直接參與者，又是東西方文化、成熟市場和發展中市場的溝通者。他們既是先進管理和專業技術的受訓者，同時又培訓和影響更多的中方員工。這些員工對大陸市場的成長和發展是一支重要的影響力。

1.2.2 合資企業和跨國公司在大陸發展的特點

合資企業和跨國公司在大陸的發展有以下幾個特點：

(一) 大陸逐漸成為投資熱土，世界著名大公司、跨國企業紛紛搶灘大陸

改革開放初期，到大陸投資的大多數是港澳人士，辦的是勞動密集型產業，多數採取「三來一補」（來料、來樣、定牌加工和補償貿易）的方式。由於缺乏資金，大陸起初基本上是來者不拒，對對方的選擇性不大。隨著大陸投資環境的改善，外資紛紛看好大陸，便開始以產業政策和優惠待遇引導外資投向出口創匯和資金、技術密集型的產業，充分發揮外資的積極作用。近二十年來的發展趨勢是由小型合資企業向大中型合資企業發展，由勞動密集型向資金、技術密集型發展，由第二、三產業向一、二、三產業和基礎工程全面擴展，由以港澳台資金爲主，向美、歐、日等發達國家和地區發展。

這兩年合資企業的一個發展趨勢是大的跨國公司紛紛來華進行大規模的系統投資，使大陸能積極有效地利用外資，合理安排國民生產和計畫。全球一百家最大的消費品公司中有60％以上已在大陸投資，像可口可樂投資5000萬美元，漢高投資3000萬美元，百事可樂亦投資3000萬美元，博氏（百威）投資1000萬美元等。全球五百強中大部分也已在大陸投資。

（二）大陸的外資企業數量、品質呈逐年上升趨勢；一些在華外資企業擴大規模，追加投資

大陸合資企業數量的上升和外資利用金額的上升是有關的。從1979年起，不管是西方國家經濟衰退還是亞洲金融危機中，大陸實際利用外資的金額是逐年上升的。大陸利用外資的數額從八〇年代中期即居發展中國家之首。

從大陸1979年成立第一家合資企業，在二十年間發展到目前三十二萬家外資企業，這不能不說是世界經濟發展中的一個奇蹟。

大陸合資企業除數量的增加外，還在企業規模、投資領

域、技術狀況、投資回報率等方面有很大發展，這表示合資企業的品質也在不斷提高。

九〇年代以來，跨國公司在大陸投資項目不斷擴大，在一些規模經濟顯著的行業中，外商投資企業已占據主導或一定的地位。如轎車行業三巨頭全部是跨國公司在華企業；電子行業排名前十位的企業中，有六位是跨國公司在華的投資企業；洗滌用品行業排名前十五位的企業全部是跨國公司在華投資企業等（參見表1-1和表1-2）。

一些合資企業和跨國公司在大陸投資增加，一方面是因爲占領市場和進一步發展的需要，如一些企業處在高投資、高增長、高回報的階段，另一方面也是因爲有些企業發展處在「V」型成長曲線之中，即在早期投資後，回報快，能在重點和細分市場中占據競爭地位；在投資中期，可能會進入低谷狀態，回報率降低，也就是說，企業進入市場並取得一定市場占有率

表1-1　德國大公司在華投資項目數（到1995年年底）

德國公司	本國排名	在華投資項目
戴姆勒—賓士	1	8
西門子	2	30
大眾	3	2
赫司特	4	11
巴斯夫	5	6
拜爾	6	6
蒂森	8	2
博世	9	5
曼內斯曼	10	6

資料來源：《著名跨國公司在大陸的投資》（頁11），王志樂，1995，北京：大陸經濟出版社。

後，回報率還會有很大波動；在投資後期，進一步追回投資，擴大影響或維持、占有更多的市場份額，回報率逐漸上升，競爭地位確立。具體情況如圖1-1所示。

表1-2　日本公司在華投資項目（到1995年年底）

公司名稱	本國排名	在華投資項目	公司名稱	本國排名	在華投資項目
豐田	1	7	三菱電機	11	7
日立	2	12	新日鐵	12	2
松下	3	28	三菱重工	13	5
日產汽車	4	1	馬自達	14	1
東芝	5	9	佳能	16	4
Sony	6	2	日本鋼管	17	3
本田	7	5	三洋電機	19	19
NEC	8	9	夏普	20	3
富士通	10	7			

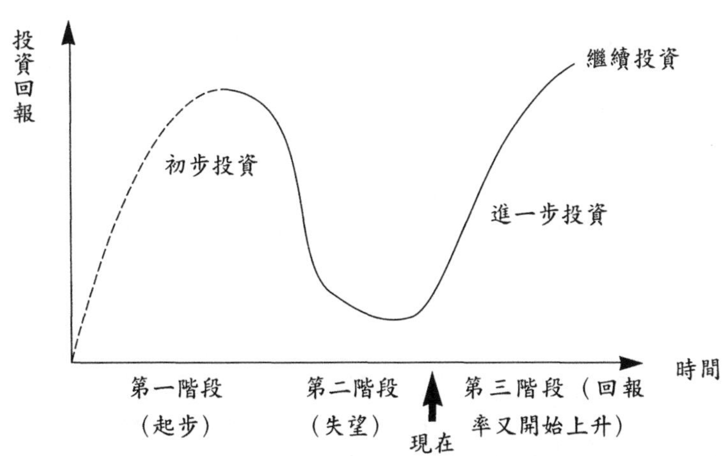

圖1-1　企業投資回報率的V型成長曲線

資料來源：〈跨國公司在大陸所面臨的挑戰〉，今村英明，1997，《大陸外資》，(7)。

(三) 大陸利用外資的效益較好

這可以1998年大陸利用外資爲例說明：在大陸社會固定資產投資金額中，外資企業占13.11％；在全國工業總產值中，外資企業占22.16％；在全國工商稅收總額中，涉外稅收占4.38％；外資企業出口商品總額達809.6億美元，占大陸出口總額的44％；外資企業出口商品中有81％是工業製成品。

從投入與產出的關係來看，我們可以透過表1-3的資料看出，每元資產能夠產出的工業總產值大陸工業平均爲69％，國有企業爲54％，外商投資企業爲80％，後者明顯高於前者，表明其資產形成品質高於大陸工業整體資產品質和國有工業資產品質。

在外商投資比較集中、科技成分相對較高的行業，外商投資企業在主要經濟指標上的優勢更加明顯。以電子行業爲例，外商投資企業的金額占全國電子業的29.38％，生產出占全行業37.49％的產值，銷售收入占全行業的41.15％，利潤占全行業的64％；而國有企業以占全行業48.49％的資產，生產出占全行

表1-3　外商投資企業與大陸國內企業的產值／投資比率（1995）

（單位：億元）

	全部工業	國有企業	集體企業	外商投資企業
工業產值	54946.86	25889.93	15839.33	9612.53
工業年末資產	79233.92	47472.06	14360.07	12056.39
產值／資產比率（％）	69	54	110	80

資料來源：根據《中華人民共和國1995年第三次工業普查資料彙編·綜合、行業卷》的數字計算，轉引自〈利用外資與經濟增長方式的轉變〉，江小涓，1999，《管理世界》，(2)。

業41.1％的產值，銷售收入占全行業的37.42％，利潤占全行業的16.22％。如果具體到綜合效益指標、資本回報率等，外商投資企業更優於國內企業。

在銷售利潤上，國有企業爲2.35％，合資企業爲4.96％，外商獨資企業爲24.93％；國有企業投資回報率只有4.96％，而合資企業爲7.78％，外商獨資企業高達48.83％（參見表1-4）。從這些指標中可以看出大陸利用外資的效益及投資的品質都是較高的。

（四）九○年代以來，合資企業的一個特點是外商投資企業技術水準的顯著提高

技術水準提高的主要原因，是外商在華投資來源結構發生明顯變化，過去資金主要來自港澳台，進入九○年代後，來自美、歐、日等國的投資項目增多；很多跨國公司以大陸爲舞台，展開了激烈競爭；大陸國內市場對具有國際先進水準的產品需求增加很快。投資項目的領域也逐漸從勞動密集型轉爲資金、技術密集型。

表1-4　電子行業外商投資企業與國內企業財務指標比較（1995）

	全國電子工業	國有企業	中外合資企業	外商獨資企業
綜合經濟利益指標	115.69	78.07	173.39	1072.75
銷售利潤率（％）	5.43	2.35	4.96	24.93
總資產回報率（％）	7.36	4.96	7.78	48.83
資產負債率（％）	71.28	77.63	67.15	39.64

資料來源：《大陸外商投資報告：外商投資的行業分布》，王洛林，1997，北京：經濟管理出版社。轉引自〈利用外資與經濟增長方式的轉變〉，江小涓，1999，《管理世界》，（2）。

據對1996年至1997年度大陸最大五百家外商企業的分析，外商企業主要集中在電子、交通運輸設備、電氣機械和食品加工等行業，資金、技術密集型企業銷售額占這五百家總銷售額的比重爲66.9％。一項對三十三家著名跨國公司的調查也顯示，其中有十七家企業提供了塡補大陸空白的技術。另一項對四十家中日合資企業的調查顯示，其中絕大多數企業技術先進，產品有競爭力，或是有新技術，或是屬先進技術，或是塡補國內空白。

（五）外資企業的分布存在地域和行業差異

外商在大陸直接投資辦企業存在明顯的地域和行業分布不均勻。從地域分布上看，集中在東南沿海地區。到1997年底，大陸東部地區實際使用外資金額占全國的88％，而中部地區只有8.7％，西部地區只有3.3％。

形成這種差距的主要原因是由於自然環境和社會經濟發展水準的差異，造成了投資環境對外商的不同吸引力。大陸幅員遼闊，地區與地區之間發展差異很大，在改革開放的初期，大陸投資環境除了自然資源豐富、勞動力資源豐富和工資低廉等優勢之外，其他條件不夠理想。要把全國的投資環境在短期內改變是不可能的。當時的政策是先集中力量改善沿海部分投資環境，創建吸引外資的小環境，然後由點到面，由東到西，逐漸推移。八〇年代初，大陸創建了深圳、珠海、汕頭、廈門四個經濟特區，然後把其經驗推廣到上海、天津等沿海十四個城市，並在這些城市中建立一些經濟發展特區。這個政策是根據大陸的實際情況制定的，在一定時期內收到了顯著效果。以深圳爲例，從1980年到1997年，共批准外商投資項目一萬四千二百九十四個，合同外資額達230.9億美元，實際投資額達103.6億美元，占全國吸收外資的4.67％。上海作爲吸引外資的後起之秀，1997年實際吸引外資達到42.2億美元，占全國的9.34％。

目前，大陸在利用外資的地域分布上開始強調改善中西部的投資環境，透過加強其基礎建設、給予一定的政策優惠等，把資金吸引到中西部。

從行業上看，外商投資主要集中在電子、交通運輸、電氣機械、轎車、醫藥和食品加工、化工、紡織、服務和輕工等行業。過去中小外商投資企業集中在勞動力密集行業，目前投資發展趨勢是大型跨國企業在華投資，看好技術含量高、資金密集的行業。還有一個特點是大型跨國公司在華投資對產業組織結構改善有積極作用，如透過主要產品在華投資，帶動相關配套產業和零組件供應同時在華發展。大型跨國公司大都是全球化程度很高的公司，在全世界各地有多家技術水準高、產品品質符合其要求的協作企業。當其主體公司來華投資後，爲降低成本、提高當地化程度，其協作企業也會紛紛來華投資。如大衆公司在華投資後，有一百多家爲其配套生產的企業先後來華投資；通用汽車公司投資浦東伊始，就有四十四個相關的汽車零組件配套項目前來投資，總投資額高達22.3億美元。

1.2.3　合資企業在大陸發展的成功經驗

經過二十多年的發展，合資企業在大陸經歷了風風雨雨，取得了今天的輝煌成就，有其管理上的成功經驗。當然，這種成功是和社會經濟發展、政治改革、國家政策等緊密相關的。

（一）政府為其提供並努力創造了相對穩定的政治環境和良好的投資環境

投資環境從宏觀上包括一個國家的政治環境、經濟發展水準、自然資源、政治和經濟體制、法律、人力資源等；從微觀上包括語言環境、企業內外條件、基礎設施建設、人際環境、生活環境等。從環境的「軟體」和「硬體」建設來看，既包括像能源建設、交通、通訊、生活品質等硬環境，也包括員工的思想觀念、與外商的合作精神、管理、工作效率等軟環境。

經濟的順利發展離不開宏觀環境的穩定，大陸改革開放的順利進行和政治穩定，爲合資企業在華發展和新的企業到華投資提供了良好而必要的環境。大陸國內在如何對待外資企業問題上也曾有爭論，但1992年鄧小平的南巡談話澄清了人們思想中姓「資」姓「社」的迷惑，指出了利用外資的重大意義。講話結束了大陸長達四年的外資引進的徘徊局面，引進外資的步伐大大加快。

（二）國家外資政策的導向和扶持

宏觀環境對合資企業的發展是至關重要的。大陸之所以在亞洲金融危機中受到的衝擊較小，與外商簽訂的合同金額和實際利用金額基本保持在1997年的水準，具有一定的穩定性和安全性，這種來之不易的穩定和大陸外資政策有關。即使在外資紛紛看好大陸的大好形勢中，大陸政府仍保持著清醒的頭腦，儘量多利用政府間和國際金融機構的長期低息政策貸款，少用短期高息的商業貸款，鼓勵外商直接投資，以降低中資成本和防止金融風險。外商直接投資大陸辦企業，不僅可以爲大陸建設注入更多的資金，而且共擔風險，分擔盈虧，可促進外方轉讓先進技術、管理經驗和開闢外銷管道，推動大陸經濟發展。1997年大陸實際使用外資額中，外商直接投資占到63.2％。

（三）逐步建構和完善外資法律體系，保障合資企業各方權益

1979年大陸頒布了「中外合資經營企業條例」，這是大陸第一個利用外資的法律。它規定了合資企業各方的權利、義務和責任，以及政府對企業權益的保障。經過兩年試行後，根據實踐中出現的問題，又草擬和頒布了實施細則。此後又頒布了「中外合作經營企業條例」和「外商投資（獨資）企業條例」，加上與此有關的涉外法律，如「合同法」、「公司法」、「金融法」等，構成了較爲完善的利用外資法律體系。

此外，大陸還先後加入或簽署了一些國際條約，如「多邊投資擔保公約」、「關於解決各國與他國國民投資爭端的公約」，並與一百九十四個國家和地區簽署了雙邊「保護投資協定」等，對大陸在經濟方面的國際義務作了承諾，有利於外商安心地到大陸來投資。

這些法律不僅使外商得到可靠的法律保障，同時也使其得到一些優惠待遇，如只規定了外資投資比重的下限爲25％，而不限制其控股的上限，放開了對外資的束縛，使中方和外方不因雙方控股的多少而遇到不能逾越的法律限制。又如針對外商最擔心的企業財產、盈利等問題，規定國家在非常狀態下徵用企業財產應給予補償，外商所獲盈利可在徵稅後自由匯出等。這些規定讓外商放心地到大陸投資。

其他相關的一些法律也提供給合資企業一些國內企業所沒有的優惠政策，如在徵收所得稅方面，既考慮國際通行做法，

又較國內企業低，而且不少設備和自用交通工具（汽車）可免稅進口，自用原材料有自營進出口權等。當中方和外方發生糾紛時，可由國際貿易促進委員會仲裁委員會公正地調解或仲裁，或可向法院起訴，尋求公正的司法解決。

(四) 對中外合資企業管理模式的成功探索

◆合資企業各方之間的合作誠意是企業經營、管理成功的首要條件

合資企業是由兩方或多方主體組成，首先存在一個合作的問題。儘管合作的誠意很難用量化的方法進行測量和描述，但它是合資企業能否建立、生存、發展的前提。一些看似不可能的項目，就是由於合資各方的誠意最後達成並取得了成功，如本章中分析的王朝案例，中法合資王朝葡萄釀酒有限公司能夠成立，就是中方以誠意打動了法方。當時中方只是一個葡萄園下屬的小葡萄酒廠，在資金、技術、人才上都不占優勢，而法方人頭馬集團是擁有世界著名品牌的大公司，雙方能夠合作，中方的眞誠是關鍵。一些強強聯手、看似發展前景光明的合資企業，由於其中一方或各方沒有合作誠意，最終會被市場無情地淘汰，如中美合資艾歐史密斯熱水器有限公司生存兩年零五個月即宣告解體。其根本原因就在於美方的策略意圖在於用價格轉移、經營虧損拖垮中方、擠走中方，把合資企業變爲獨資企業，從這個目的出發，美方不可能有合作誠意，最終導致合資企業解體。

◆合資企業除了引進外資，還要引進現代企業制度、國外先進技術和學習外企的創新能力

合資企業在利用外資方面有幾個不同的層次，最初級的層

次是單純引進外資；其次是在引資的同時引進現代企業制度，使企業透過制度創新增強自身活力；再次是透過引資引進國外先進專業技術，提高產品科技含量，使其有強勁的市場競爭力；最後還有透過引資引進國外的創新能力，使企業及產品永保青春。

海爾集團可以說是引資與引制、引技、引智同時並進的範例。海爾集團的前身青島電冰箱總廠是個虧損147萬元的企業，從海爾成立之日起，它就立足於高起點，始終把引進高智力和先進技術作爲發展的重要因素。1984年海爾引進德國利勃海爾公司的先進冰箱生產技術，並嚴格按照其品質管理進行品質檢查，在1985年就生產出大陸第一台四星級冰箱。在與日本三菱重工合作之前，談判持續了三年，主要是圍繞技術水準的選擇和引進、合資品牌的使用等問題進行，最終在1993年正式簽約，其後生產出的冷氣機，由於技術、品質都在世界領先水準，所以產品面世後供不應求。1994年海爾成立了海高設計公司，這是大陸第一家合資成立的專業設計公司，海爾選擇的合資對象是世界上最大的設計公司——日本GK設計集團。海高公司每年爲海爾提供高水準的產品設計六十多種。正是這種高起點，引進技術不追尾、不重複、注重引進活的智力資源等，奠定了海爾成爲世界名牌企業的厚實功底。

◆合資企業跨文化管理的兩種模式：移植方式和嫁接方式

合資企業管理不同於一般的企業管理，它的管理具有多元化特點，這由其主體多元性、文化多元性所決定。在目前的跨文化管理中存在兩種管理方式：一種是「移植式管理」，簡單地把國外的管理理論和方法移植到合資企業，不考慮大陸的具體國情；另一種是「嫁接式管理」，即根據大陸和企業的具體情況，把適合的那部分管理經驗、模式用於合資企業。前者從效果上看將導致管理低效率、企業發展僵化，後者是一種高水準的管理發展方式，會帶來企業的勃勃生機。

◆合資企業共同管理文化新模式：合資企業是一個合資各方的經濟統一體，只有合資各方在共同利益基礎上，透過各方不同管理文化在企業經營管理過程中相互了解、協調，才能在共識基礎上達成新的文化管理模式

這種模式涉及到經營管理理念、決策、組織結構、企業法規制度等，其目的是達到合資企業內部合理的企業體制和高效的運行機制。上海大眾在其管理活動中融會了共同管理文化模式，它從統一價值觀念入手，在民主參與管理、企業精神與企業教育、勞動人事管理等方面經衝突、融合、吸收後，形成新的跨文化管理模式，對企業起到激勵作用，並直接體現在社會和經濟效益上。

◆合資企業與跨國公司總部之間的關係：總部集權型和總部分權型

總部集權型是指跨國公司一般對在大陸的合資企業實行控股，合資企業的生產、銷售統一由總部直接管理和協調，與其他分公司之間的聯繫較為鬆散，一般分公司之間有較明確的分工，服從母公司在全球利益格局的安排。這種體制的優點是跨國公司能按照整體布局對各分公司進行管理，在母公司的統一控制和協調下形成全球化生產、營銷體系。其弊端在於合資企業對母公司依賴性過強，無法突出企業的本地化形象，難以得到當地社會的廣泛認同，市場、文化融合程度低，對外部環境缺乏能動性。一些日本在華投資企業採取了這種管理方式，如日本佳能公司在華投資企業，佳能（中國）有限公司只提供諮

詢服務，佳能大連辦公設備有限公司和SMC（中國）有限公司市場定位相對單一，旨在爲母公司和其他海外公司的整機產品配套，全部產品用於出口，天津佳能主要從母公司進口的零組件組裝爲成品後進入大陸市場。這樣其機構設置可以從簡，減少研究和開發費用，降低管理成本。

分權型體制是合資企業在華形成一個相對獨立於母公司的完整生產、銷售體系。合資企業既是母公司全球化生產和銷售體系的一部分，服務於母公司，同時又對自己的生產、營銷負責。這樣既保證母公司整體的全球化分工協作，又能提高企業自身的生產和營銷能力，突出合資企業對東道國的適應和文化融合能力，樹立良好的本地化形象，如摩托羅拉、惠普公司等在大陸的合資公司都採用這種管理方式。美國惠普公司對所有在華投資企業控股，這些企業的管理主要由中國惠普有限公司統一協調和管理，中國惠普實際上成爲惠普在華企業的地區總部，惠普在華企業更多是服從它的管理而不是直接來自總部的命令。

◆企業管理和技術人才當地化

從大陸的發展而言，這是大陸利用外資的調控目標之一，並對此實行長期的政策鼓勵；從企業的發展而言，這有利於企業降低成本，更快地與當地文化融合。對目前大陸市場而言，直接尋找到適合企業需要的管理人才和專業技術人才，有時會有一定困難，如何培訓這方面的人才就是合資企業的一大任務。有的企業讓員工自由選擇學校完成培訓內容，或爲員工支付學費來鼓勵員工提高素質；有的企業把員工的在職培訓作爲重要人力資源投入；有的企業與高等學府聯手，爲員工提供系統而正規的學歷教育，如摩托羅拉與清華大學合作，爲員工提供MBA教育，資助員工在南開大學在職攻讀電子學碩士學位等。在管理人才的聘用上，初期有的合資企業重用外籍人員，目前越來越多的公司注重當地化。大批經過海外培訓的管理人員進入中階管理階層，有一部分開始進入高階管理階層。這些人了解大陸市場，熟諳大陸文化，與員工更易溝通，有利於企業內外部環境的改善和進一步發展。

1.3　合資企業和跨國公司在大陸發展面臨的主要問題與挑戰

大陸在利用外資創辦合資企業取得巨大成就的同時，也存在不少問題，如在地方利益與國家利益衝突時，有些地方違背國家政策，興辦了一些在全國生產能力已過剩的產業項目；有些地方爲了在競爭中吸引更多外資，私自放寬國家規定的優惠政策；有些地方對外商的實力、信譽不加調查，盲目簽約，上當受騙；有些企業重引進，輕吸收、管理；也有些企業對中方代表選擇不當、缺乏培訓等。有些外方對先進技術實行嚴格保密，不按合同規定轉讓技術，或只把落後的技術轉移到大陸；有些外方利用大陸政策上的漏洞，把本國政府不允許開辦的、對環保不利的產業轉移到大陸；甚至還有些外方惡意欺詐，藉價格轉移利潤，虛報虧損，逃避稅收等；個別外方違反勞動管理條例、非法欺壓虐待工人等。

1.3.1 目前合資企業和跨國公司發展中存在的主要問題

(一) 收益動機鐵則規律與中方利益的衝突

在市場經濟條件下，企業是一種以工商業生產和經營活動來達到營利目的的經濟性組織。營利是企業的本質屬性，否則就不成爲企業，從根本上也就無法成爲市場經濟了。追求收益和利潤是國際投資行爲的動機所在，這種投資動機被稱爲「收益動機鐵則」或「利潤動機鐵則」。

收益動機鐵則並不能簡單地用道德去評價。當收益動機鐵則服從法律而又正當時，我們對此無可指責；但如果爲了獲取利潤而不擇手段時，我們就會對其持否定態度。在中外合資企業中，有一些就是出於收益動機鐵則動機但卻損害大陸利益的行爲。如在污染密集產業（pollution-intensive industries）方面，據大陸1995年第三次工業普查，外商投資污染密集產業的有一萬六千九百九十八家，工業總產值爲4153億元，從業人數爲二十九萬五千人，這三個數值占全國外資企業的比例都爲30％左右。這個比例爲什麼會這麼高呢？這和保護臭氧層國際公約制定後，發達國家把臭氧損耗物質的生產與消費轉移到大陸有關。由於這些企業中有些環保工作和措施不力，對大陸環境、生態造成的損害很大。還有些合資企業在收益動機鐵則的驅動下，違反大陸法律，參與有害廢物的進口，或向大陸轉移有害技術、設備和產品。

在企業管理和經營決策時，外方根本的出發點是功利觀：企業以營利爲目的，因而更注重市場因素、利潤率，其目的是打入大陸市場、獲取高額利潤；中方在實際決策時更多考慮整體利益、國家利益，支配其的是見利思義的文化觀，對合資企業對整個民族工業的意義、對大陸該行業的影響等考慮較多，利潤是第二位考慮的。由此在合資企業規模、發展策略、市場切入、技術引進等方面，中、外方可能會有分歧。最後的結果往往是一方或雙方妥協的結果。

（二）在合資過程中國有有形資產流失

在合資企業中，國有資產流失的管道和途徑有很多種，主要有：

◆國有資產評估不規範，低估、漏估國有資產，造成國有資產流失

由於資產評估在大陸還是新鮮事物，前幾年清產核資的法律體系不夠完善，既缺乏這方面的觀念，也缺乏這方面的專門機構和人員，所以有些企業在合資過程中，對中方有形資產根本沒有評估或評估不科學、不規範、不嚴謹，有些就以偏低價格投入合資企業。據有關方面統計，大陸國有有形資產流失達五千多億元。

◆有些外商利用地方政府追求政績、完成指標的心理，一個項目多頭聯繫，使中方幾個地方政府之間相互競爭，乘機壓低價格

由於大陸還存在著用行政指標代替市場運作的命令方式，或一些地方政府為了用數字說明所謂的「政績」，就會簡單或片面地把引進多少外商投資項目、簽署多少外商協定資金額或實際使用多少外資，作為評估地方政府的一個硬性指標。有些外商利用這一點，提出很多不利於中方的要求，要求談判對手還

就，或一個項目多處聯絡，在幾個地方同時展開談判，以一個地方的報價壓另一個地方，以此獲得最大利益。地方政府為了留住外商項目，明知不公平或有悖於市場公平競爭，還是相互間展開削價競爭，壓低國有資產的報價。這種不正當的競爭手段，已引起大陸政府的警惕。

◆外商利用走「關係」的方法，透過中方個別得到好處的負責人，大肆侵吞大陸國有資產

由於外商投資過程中的行政審批制度給行政主管、主管單位的負責人濫用權力提供了可乘之機，有些深諳於此的外商往往透過給負責人好處、提供出國考察機會，或承諾項目建成後給予種種好處、提高薪金等，換取負責人對項目的首肯或批准。有些「首長項目」在誕生之時，就注定要破產、倒閉，根本不可能進入良性生產、銷售狀態，從而造成大量國有資產被浪費問題，而外商乘機侵占國有資產。

（三）國有品牌在合資中被收購、取消

這其實是無形國有資產流失的問題。由於對無形資產的認識不夠，合資過程中，一些中方的國有企業經過多年苦心經營的商標、品牌、商業信譽等，或者被漏估，根本不計入中方資產，或估價過低，使得國有資產白白流失。還有些企業大方地無償將自己的品牌使用權轉讓給合資企業，等中方母公司要用自己的品牌時，還得付出一筆不菲的「使用費」。這方面中方企業的教訓是深刻的。據專家分析，其流失資產數額可能高於有形資產的流失。

有些中方企業合資時想藉外方的品牌占據更多的市場份額，因而放棄自己靠多年努力創出的品牌，花高成本做外方品

牌的廣告。在短時期內，經濟效益上去了，但一旦外方撤資，自己就什麼也沒留下，只是替他人做了嫁衣裳。有些外方合資的一個不言的策略意圖就是藉中方的銷售管道，打自己的品牌，以最小的成本獲得大陸市場的占有率。

對商標和品牌價值進行較爲準確的評估是建立合資企業的重要環節。中方企業要了解這方面的知識，大陸政府對商標、品牌評估方面的工作及管理也在加強。

（四）合資企業與國有企業的關係問題

如何在發展合資企業的同時，兼顧民族產業的發展，這是隨著外資企業和跨國公司大量進入大陸後必然提出的一個問題。據一項調查，合資或跨國公司生產的產品已在一些領域有相當的市場占有率，如在大陸三大城市，香皂市場的78％、洗髮精市場的90％、碳酸和運動飲料的60％、牙刷市場的55％、洗衣粉市場的58％都是由合資企業或跨國公司品牌占領。在外商直接投資集中一些的行業更是如此，如電子行業全國排名前十位的企業中，有六位是跨國公司在華的合資企業，轎車行業的三大巨頭全都是合資企業，全國洗滌用品排名前十五位的全是合資企業。

跨國公司和合資企業的進入，必然加劇國內市場的競爭，對國內企業不能不說是一個衝擊。在大陸少數產業中的國有企業處於困境或瀕臨倒閉時，有些人認爲外資企業會擠垮大陸民族產業，因而提出要限制外資進入。事實證明，合資企業雖然帶來了競爭，但也透過先進技術、高品質產品、優質服務等提升了產業結構，並透過大規模的投資項目提高了大陸製造業的產業集中度。經過二十年的發展，合資企業和跨國公司已成爲大陸經濟成分的一部分，是大陸社會主義市場經濟建設不可缺少的部分。國有企業的困境不是由外資的進入引起，相反，外資的進入有力地推動了國有企業體制改革和技術進步的步伐，使一部分國有企業煥發出新的活力。

承認合資企業對大陸經濟增長的巨大作用，並不等於忽視其過程中存在的問題：一是，在國有企業建立合資企業的過程中，存在較爲突出的「新」與「老」之間關係問題。合資時在各種資源分配上對合資企業進行最優配置，而原來的國有企業則承擔收爛攤子的任務。比較典型的情況是國有企業一分爲二，一部分爲合資企業，帶走最好的機器設備、年輕而又懂技術的員工，而把老廠房、老設備、老職工留給母廠。這樣，合資企業效益很快上去了，但退休人員的工資、福利、醫療保險等包袱和負擔全由老廠承擔。這種效益實際是以犧牲老廠的利益爲代價的。在今後的發展中，既不能因爲合資企業帶來了競爭就禁止外資進入，但也不能以犧牲國有企業、聽任國有資產流失爲代價發展合資企業。

二是，是否存在外資利用過度的問題。有人提出大陸居民的儲蓄額巨大，爲什麼放著現成的資金不用，反而要花力氣引進外資呢？這裡首先存在的問題是這兩種資金的性質是否一樣。我們說，跨國投資之所以被稱爲「一攬子創造性投資」，是因爲隨著資金的轉移，觀念、技術、管理、營銷、市場網絡等都會隨之移向受資方。特別是跨國公司掌握著約85％的先進技術跨國轉讓的部分，目前國際上技術的轉讓常和資金轉移聯繫在一起。從這個意義說，國內資金是無法簡單取代外資的。但我們也不否認，確實有些外資是低技術型的重複投資，完全可以用國內投資替代。在這方面，政府要加強引導、監控，減少這部分資金的進入。

(五)「以市場換技術」與失去市場之間的矛盾

以市場換技術是大陸在引資過程提出的一個策略。它的基本出發點是:大陸目前投資環境並不是最理想,對那些掌握大陸需要的先進技術的跨國公司來說,最能吸引它們前來投資的可能是大陸的市場了。由於大陸某些行業市場具有封閉性和半封閉性,所以大陸公司在與外方談判時,有一個至關重要的籌碼:進入大陸市場的前提是必須轉讓先進的技術。

大陸市場確實讓出了不少:如電梯的90%、化妝品的60%、電子產業的五大行業中,外資企業在四大行業中占優勢。已讓出的市場是否換回了技術呢?我們看到,以上海貝爾等爲代表的一批企業確實以出讓市場換回了世界一流的先進技術和開發技術的能力。成立於1984年的中比合資企業上海貝爾有限公司,在合資發展過程中始終支持「三個必須」:技術必須是最先進的,生產必須最終國產化,中方必須控股。在技術轉讓協定中對技術引進的內容與時間都做了詳細的規定,並嚴格執行。當中方提出引進核心的專用積體電路生產技術時,比方拒絕,但在中方承諾提高技術提成費和大陸程式控制交換機市場驚人發展的誘惑下,比方最終同意。上海貝爾既獲得了技術,又占有了市場,1997年生產程式控制交換機六百萬線,產值90億元,並擁有屬於自己的多項知識產權。

但以市場換技術也存在一些問題,最關鍵的是市場要素是不可再生的,一旦讓出就難以收回,或要花很大力氣才能再獲得。而技術要素是可再生的,尤其是單純引進技術,並不等於引進技術創新能力和開發能力。作爲交換的一方,跨國企業來華投資的目標是占有大陸市場，它們並不想培養競爭對手。有些跨國企業對核心技術嚴格保密，對轉讓極其保守，就是出於這種考慮。

把市場作爲資本的前提是中方對一個行業或某些市場是獨占或壟斷的，有份額可以出讓，但現實是大陸市場是分散的，絕大多數行業沒有一家企業能對市場有支配力。跨國公司投資大陸，憑藉雄厚資金實力、先進技術和銷售網路，很容易對大陸市場分割包圍，各個擊破，形成長驅直入之勢，大陸企業攻守皆難。上海貝爾的先天優勢就在於它合資前是原郵電工業總公司的「獨生子」，跨國公司要經過它才能參與對大陸市場的分享。

隨著大陸加入WTO進程的加快並最終加入WTO，以市場換技術這一點面臨的迴旋餘地將會越來越小，大陸市場的開放度卻將加大，大陸企業自身具備「造血」功能就越發重要了。

1.3.2　合資企業和跨國公司在大陸面臨的挑戰

合資企業和跨國公司在大陸的發展有成功之處，但也面臨一些嚴峻挑戰。

（一）跨國大公司在大陸發展面臨的挑戰

據全球著名諮詢公司波士頓諮詢公司1998年對歐美十八家大企業和日本二十家大型企業的調查結果，有1/3的歐美企業在大陸業務從總體上說已有盈利，2/3的企業沒有盈利或不盈不虧；有1/5的日本企業在大陸已處於盈利階段，1/4的企業不盈不虧或避而不答，有55％的企業處於不盈利狀況。這說明很多合資企業和跨國公司仍然處於「投資階段」。這對其他合資企業也是一個提醒：在成立之前要對這種持久戰有足夠的心理準備。

波士頓諮詢公司的調查還表明：跨國公司面臨的一些主要問題是對到大陸投資的前景過於樂觀，認為大陸地域廣大，富有市場潛力；大陸是未發展成熟的市場，競爭並不激烈；企業運作成本低廉。

但可能的實際情況是：對一些行業而言，市場規模比預期的小，這是由於大陸購買力相對來說集中在大城市，且受收入增長的限制，目前大陸家庭的年收入大多在3萬元以下，對有些品牌的消費受到限制。

大陸市場競爭比許多公司想像得更激烈，這主要是由於跨國公司的大量湧入，而大陸市場分割和容量在一定時期內並不均勻，而且大陸國內企業競爭力增強。目前國際上產品生命週期的縮短也加劇了這種競爭。如在「白色家電」行業，通用、惠而浦、飛利浦、依萊克斯、西門子、三星、三菱等世界有名的跨國公司落戶大陸，而在大陸本地，又有海爾、春蘭等名牌企業與之競爭。有些產品的市場競爭達到白熱化，甚至有些產品出現世界最低價。大陸市場在近十多年的發展之迅速，可能超出一些跨國公司的想像。

企業運作成本較高，這包括建立銷售管道的投入，工資費用在上升，建立和宣傳品牌的費用等也在上升。很多跨國公司熱衷於在短期內把產品推向全國市場，積極開闢全國銷售網路，銷售額確實上升了，但其銷售成本也相應提高，其利潤率反而降低了；目前一些產品在市場營銷方面的廣告成本也在增加，如可口可樂和百事可樂在美國為每一箱飲料付出的促銷費用是10美分，在大陸這個費用爲40至50美分；工資費用的上升一方面是中方員工的工資水準在上漲，另一方面，外籍員工的工資及補貼費用在企業成本中占得太高，有時僅此一項就使企業的盈利受到影響。

對此，該公司建議跨國公司在決定企業在大陸的發展策略時，應考慮以下幾個問題：

1.如果現在不在大陸占有一席之地，對未來的競爭地位究竟會有多大影響？
2.在大陸的發展能否眞正協助企業擴大在亞洲乃至在全球的規模效應？
3.在大陸建立的企業能力和發展技術是否可以在其他國家和地區運用？
4.大陸能否成爲企業全球經營網路中的支柱？

該公司對跨國公司提出以下幾點建議：

1.對那些已經在大陸獲得成功的公司而言，深入了解本行業的結構優勢和自身的競爭地位，認眞分析政府政策、價格波動、成本結構、產品適用性等因素，在動態中把握市場。最早進入大陸市場的跨國公司可能曾在建立品牌和銷售品牌方面獲得過一定的優勢，但這些優勢不一定能一直持續下去，大陸市場是在迅速變動的。
2.對那些未做充分準備就在大陸大筆投資的企業來說，急需分析自身的經營狀況和擺脫困境的方法，並在有效的企業管理中達到必要的策略條件和水準。
3.對那些主要靠銷售管理和適銷對路獲得成功的企業來說，

還需加強可維持長期成功的策略優勢、品牌效應、低成本結構、規模效應等，以取得長期的競爭優勢。

4.對所有在華投資的跨國企業來說，培養對外部經濟環境的應變能力，對其長遠發展是至關重要的。

(二) 中小合資企業面臨的困難

爲數眾多的中小合資企業是大陸外資企業中一道獨特的風景線，它們面臨的問題和大型跨國企業不太相同：

◆貸款融資難

商業銀行爲了避免金融風險，對於貸款有非常嚴格的擔保條件。外商投資企業要取得貸款，既要有物業抵押，又要有國有企業的擔保。對中小企業而言，大多是租賃廠房，沒有自己的物業，也不可能獲得國有企業的擔保，因此難以獲得來自銀行的融資，這使得這些企業難以得到更快的發展和產業升級。

◆開拓市場和抵禦風險難

中小企業沒有大企業開拓市場的規模、投入優勢，更難以有大企業那樣的市場占有率；在外部環境變動時，中小企業的「抗震性」遠沒有大企業強，在國家政策調整或遇金融危機時，中小企業受到的影響及其程度更深重。

◆人力資源的穩定性差

由於企業本身的規模小，較難招聘到適合的高素質人才，即使招到了，也存在人力資源流動過快的問題。

◆獲取資訊難

中小外商企業受到人力、財力和物力的限制，資訊來源管道少。

政府可以在金融政策、財稅優惠、人才制度、法規建設等方面對中小合資企業予以扶持。

1.3.3　合資企業在大陸失敗的教訓

（一）溝通不暢或低效率問題

合資企業作爲多元主體的經濟實體，各方之間的相互溝通是合作的基礎和重要保證，也是其管理、經營能順利進行的條件。跨文化企業中的溝通由於有語言、價值觀、文化背景等多方面差異，有其客觀上的難度。正是由於有這些困難存在，跨文化企業的溝通要比一般企業溝通有更重要的意義。

溝通不暢或低效率可能由多種原因引起：如民族優越感、文化與價值觀差異、語言不通或翻譯過程中的資訊喪失、對非語言訊號的錯誤理解等，合資各方缺乏誠意也會引起溝通不暢。在法國標緻撤資廣州案例中，合作失敗的一個原因就是合資雙方始終沒有很好地溝通。

（二）雙方誠意不夠

除了一些客觀因素外，不能否認還有一些主觀因素在合資企業的成敗中起重要作用。合資雙方的誠意非常重要。有些不法外商合作的唯一目的就是賺錢，爲此可以不擇手段，如在投資資金上多報金額，卻不能「到位」。據調查，一些外方資金的到位率只有60％至70％，有的僅20％至30％，但仍然照協定上的股份分紅；有的把已到位的資金抽走，另立帳戶，再透過高利貸款，牟取暴利，使中方受損；有的外商利用中方銀行貸款註冊多家中外合資企業，而它的實際投資爲零。

合資企業中方有時也會重形式而不重內容，只重其名而不重其實，對合作成功不感興趣，只對完成上級布置的吸引外資數量感興趣。這種合作也很難成功。

（三）價格轉移問題

在合資企業操作過程中，有很多方面存在隱性價格轉移問題，即外商利用中方疏於管理和法律、合同方面的一些漏洞，侵吞或占有中方資產、收益。如在投資時把投入的設備高報價，在代購設備時轉手加價，在運營時轉移定價，將企業的利潤巧妙地轉移出去，既逃避了大陸的稅收，又減少了中方應得的利潤。

價格轉移指企業中間產品脫離外部市場，交易行爲改爲企業內部進行交易，這種內部價格通常稱爲轉移價格。它可以有多種形式，較常見的有兩種：一是對企業所需的零組件、原材料、半成品高價買進，而對合資企業所生產的半成品或產品低價賣出，賺取高額的差價；二是對合資企業生產的半成品或成品低價買進，由外方高價賣出，獲取高額利潤。在這種價格轉移中，往往造成對中方利益的損害。

（四）對大陸市場的誤解

大陸市場因長期處於封閉狀態，外界對它的了解存在一個過程。在大陸投資環境尚不完備的情況下，市場是吸引眾多投資商的重要誘因。確實，大陸市場存在很大潛力，但也有一些特點，如大陸市場雖然很大，但市場培育和發展要經過較長一段時間，以及在一些行業存在激烈的競爭等，如投資方對這些特點不了解，可能會造成經營或管理上的失誤。如對消費業而言，大陸家庭的年收入大都在3萬元以下，這是對品牌產品消費的一種限制。如果對市場規模或增長過於樂觀，盲目投資，會達不到預定的目標。有些外方對大陸市場變化之快難以把握，如惠而浦公司在大陸的合資企業，就認爲大陸消費者沒有接受無氟冰箱的超前意識，放棄把這項技術轉移到大陸，被其他廠家搶先在大陸生產出無氟冰箱，投放市場後受到消費者的青睞，惠而浦痛失自己的市場占有率。

（五）當地化問題

當地化包括商品與人才兩方面內容。當地化實際是投資方和東道國雙贏的最佳選擇。原料採購、機器設備的當地化，能夠降低成本中的運輸費、維修費等；人才當地化，能夠減少聘用外籍管理人員或員工的費用。據一項統計，在美國本國一位公司副總裁，其年薪只包括工資、分紅、養老基金和醫療費等，但派往大陸後，除以上費用外，至少還要增加其一家人每年探親費用、生活補貼、其子女在大陸學校上學費用、住房費用等，工資成本至少要比在本國提高50％。這對企業不啻於成本增加。

1.4 合資企業在大陸成功與失敗的案例

1.4.1 合資企業成功的案例

（一）案例1：摩托羅拉在大陸的發展

摩托羅拉（大陸）電子有限公司是美國在華的獨資公司，於1992年成立於北京和天津。投資總額爲10.99億美元，合同期限爲七十年。摩托羅拉主要產品是電子通訊產品。目前母公司在華企業數爲九家。

從1995年至1998年，摩托羅拉的銷售額年均增長速度爲33％，其中1996年較上年增長82.6％，1998年的銷售額爲29.97億美元。摩托羅拉的利潤增長速度慢於銷售額，1996年增長高達51.7％，隨後連續兩年分別比上年減少10.7％和6.7％。即使這樣，其1998年銷售利潤額仍爲2.64億美元。按照1997年至1998年銷售額排序，摩托羅拉居全國「三資」企業第二位。目前產品內銷比例爲70.7％。

摩托羅拉在進入大陸市場這麼短時間內能取得如此佳績，和它的管理分不開：

◆母公司與分公司之間的分權體制有助於摩托羅拉融入大陸文化和市場

摩托羅拉（中國）投資有限公司與母公司的關係呈分權型體制，在大陸形成一個相對完整的生產、銷售體系。一方面大陸分公司服務於母公司的全球化生產和銷售體系，另一方面對國內各企業的生產和銷售進行統一管理和協調。這種定位不僅在於爲全球營銷體系配套生產，而且更注重於進入大陸國內市場，進一步擴大公司集團的全球生產和市場網路。其策略目標是自成生產和銷售體系。目前大陸分公司已成爲管理包括大陸、香港、台灣等地的地區總部。實踐證明，摩托羅拉的這種定位既提高了分公司自身的生產和營銷能力，又突出了企業對社會的貢獻和與當地文化的融合。

◆國產化比率的提高有助於摩托羅拉得到政府政策支援和降低成本

零件採購（供應商）的本地化不僅有利於合資企業降低成本，縮短生產週期，提高生產效率，而且能推動企業產品國產化，從而帶動國內企業的發展。大陸政府一直對此進行政策性鼓勵。摩托羅拉在這方面做得較好，它是從積極開闢進貨管道、培育當地供應商入手。1997年4月，摩托羅拉與國家計委達成協定，由摩托羅拉負責向一千家國有企業提供資金、產業資訊、管理培訓服務，在此基礎上培養供貨廠家。在這一年，摩托羅拉爲一百一十八家國有企業提供了五千六百小時的培訓。目前已與二百一十家國內企業建立直接供貨關係，與六百五十家企業有間接供貨關係，並有二十五家企業爲摩托羅拉提供出口配件。傳呼機的國內採購比例已達到68％。

◆管理人才的本土化是摩托羅拉的重要人力資源政策

除採購當地化外，摩托羅拉還注重管理人才的當地化。摩托羅拉的中高層管理人員主要是外籍華人、港澳台人員、大陸海外留學生、當地內地員工。它的董事會成員全部爲華裔，一些部門總監的職位由大陸員工擔任。這些人精通中文、熟知大陸文化，能很快了解大陸市場，更容易和本企業員工及外部溝通，建立融洽關係，適於零組件本地化和企業市場策略的發展，降低經營成本。

◆摩托羅拉有較成熟的雇傭制度、優厚的福利待遇，且考慮中方員工的心理需要。

它的顯著特點是與所有正式員工簽訂無限期合同，符合中方員工求穩心態，爲員工提供重要保障，增強員工對企業的認同感和責任感。

摩托羅拉還根據中方員工對福利的心理預期，除爲其提供各種醫療、養老、失業等保險外，還爲其提供住房，成爲第一家向員工提供住房的外資企業，使員工有安定感、實惠感。它的優厚待遇還包括員工每年享受八十小時的帶薪休假。其每年薪資福利調整前都對市場價格因素和相關有代表性企業的薪資福利狀況進行比較和調查，以使本公司的薪資福利在同行業中具有優勢和競爭力。而且爲了保證管理人才隊伍的相對穩定性，摩托羅拉實行管理人員與一般員工拉開收入距離的做法，如中層管理人員的收入平均是一般員工的四．六倍。

◆以人為本的管理思想體現在工作安排、評估體系和溝通管道、人格尊重等各個方面

在工作安排上，摩托羅拉普遍實現工作輪換制度，員工和管理人員會得到定期的輪換，增加員工的工作滿意感，使其有機會發現最適合自己的崗位，並使其得到多方面的鍛鍊，培養其跨專業、跨部門解決問題的能力。

對員工進行評估的標準是論功定酬，對員工進行公開、公正和公平的績效評核。對生產性員工而言，產量、品質、效率和出勤是考核的硬指標，對非生產性員工而言，要根據其半年

工作計畫的程度來定。這種公平和競爭並存的制度有利於營造相互尊重、相互信任和積極進取的良好環境。

摩托羅拉提倡開放式的溝通管道，員工可以隨時利用各種管道與公司管理層及相關部門進行直接溝通，了解公司決策或生產、經營、管理等情況，公司也透過與員工的定期單獨面談、總經理座談會、肯定個人尊嚴對話會、內部網頁等讓員工暢所欲言，了解員工中存在的問題。

對人格的尊重是摩托羅拉企業文化的基石。在摩托羅拉，人的尊嚴包括：做實質性的工作；了解自己在公司獲得成功所必需的條件；接受充分的培訓並能勝任工作；在公司有明確的個人前途；對所提建議能得到及時中肯的回饋；工作環境不帶有偏見和歧視等。此外，摩托羅拉的員工還享有充分的隱私權：員工的一些機密記錄，如病歷、心理諮詢記錄等都與員工的一般檔案分開保存，只有少數人能接觸到這些資料。

摩托羅拉的這些管理舉措，既有其與總部一致的優秀管理傳統，又有與大陸國情結合後的特殊之處。這些是摩托羅拉在大陸成功的重要原因。

(二) 案例2：王朝引資控股創名牌

中法合資王朝葡萄釀酒有限公司創建於1980年，是天津市第一家中外合資企業，也是大陸最早的合資企業之一。合資中方是天津農墾局下屬天津葡萄園的一個葡萄酒廠，外方是法國人頭馬集團公司。在最初的接觸中，法方對名不見經傳的中方小廠並不在意，但在中方誠意的感動下，法方投資約合人民幣50萬元，占股份的38％；中方以僅有的廠房入股，占股份的62％。

投產之初，王朝年生產能力只有十萬瓶，但即使對這個產量，雙方都沒有把握能銷售掉，中方堅持要法方代理產品的出口，價格由中方定。沒想到產品一出來，由於其口味、口感極佳而在國際市場上一炮打響，產品供不應求。

經過十九年的發展，王朝年生產能力已達一千八百多萬瓶，銷售收入由最初的20萬元增長到2億多元，總利潤也達到九千多萬元，成為亞洲最大的高檔全汁葡萄酒公司。王朝已成為國際知名度較高的品牌，先後十四次獲國際金獎。

除出口到二十多個國家和地區外，中方憑藉自己的控股權，最終取得了內銷權，現在在國內同類產品中，王朝酒的市場占有率高達50％。法方沒有想到，當年以當時國際市場上五十瓶極品人頭馬（路易十三）的價格在大陸的試探性投資，現在實現的利潤相當於當年投資額的一百多倍。法方在1985年就提出把合同期限從十年延長到十五年，1995年又提出合同期限為一百年。

王朝成功經驗中有幾點非常有啓發性：

◆中方堅持控股權

以法國人頭馬集團的雄厚實力，它完全可以在投資之時成為控股方，但由於它對大陸市場的預測、信心等原因，所以痛失控股權。中方以僅有的廠房作價，成為控股方。中方在後來的經營中，充分利用控股權，在決策中始終保持決定權和主動權。如決定產品先到國際市場闖蕩出名氣，待其成為世界名牌後，又決定取得產品內銷權，以適合東方人品味的產品，在國內市場上占有重要份額；在產品銷路很好後，又提出增資要求，以擴大生產規模。

其實在王朝的發展過程中，隨著其產品的暢銷，法方深為當初沒有取得控股權而後悔，多次提出擴股要求，希望透過增資使其獲得控股地位。中方同意法方擴股，但條件是只能以公司現有總資本十二倍的價格轉讓部分股權。至於控股權，中方是無論如何不會放棄的。

在合資方是跨國大公司時，中方往往很難做到持有控股權，要保持控股權更難。但王朝以自己真誠的態度、清醒的認識、深刻的判斷、長遠的眼光做到了這一點。這對於王朝始終能按著中方設計的方向發展至關重要。

◆王朝在發展中堅持打出自己的品牌

一些合資企業合資的一個初衷就是想利用外方的品牌，占有更大的市場占有率。其結果是在短時間內確實有一定的經濟效益，但從長遠看，是爲他人做嫁衣裳，外方撤資後，因自己沒有牌子，所以就失掉了市場。

王朝面對的是擁有著名品牌的合資方，照一般的思路，它完全可以靠在「人頭馬」這個名牌上發展。但王朝選擇了另一種發展策略：第一步，在創業早期，它有效地利用了人頭馬的影響，透過人頭馬在國際上註冊，並借助人頭馬的銷售管道占領市場；第二步，在市場較爲成熟後，它將國際上註冊的商標收歸於自己名下，繼續鞏固國際市場；第三步，把成爲知名國際品牌的產品打入國內市場，不僅占據國內同類產品的半壁江山，而且成爲大陸的國宴用酒，並被農業部首批確認爲「綠色食品」，七次獲國家級金獎。

王朝依託名牌創名牌的實踐，可以說是它成功的關鍵。據1996年對大陸最有價值品牌的評估，「王朝」品牌價值12.3億元人民幣。

◆以合資成功為契機，帶動相關企業的發展

王朝的成功發展直接或間接地帶動了一批企業的發展：爲王朝提供水、電、鍋爐、包裝等服務的天宮服務公司，在王朝的直接扶植下成長起來；與王朝相關的紙箱廠、礦泉水廠、奶製品廠等國有企業，也得到了興盛發展；王朝在建立自己的葡萄基地過程中，建起了一萬五千畝葡萄園，使五千戶農戶有了穩定收入。這些企業、基地的發展，反過來又是王朝順利發展、拓展新市場的有力保障。目前以王朝爲核心的釀酒業已成爲天津的一個支柱產業。

◆嚴格的管理和先進的技術

王朝在策略上的成功，根本還是得益於它產品的品質。而產品品質又是靠先進的技術、一流的設備、嚴格的管理來鑄造。儘管王朝合資企業的註冊資金並不多，但從一開始，王朝就引進世界一流的設備，其技術流程與先進國家同步；在管理上，王朝以嚴格聞名，法方技術人員實行近乎苛刻的管理：品質關從進料關開始，開始收購由法方人員親自驗收，稍有瑕疵堅決不收；工作時要講究效率，幹活都要小跑；廠房必須保持清潔，任何與生產無關的物品不得帶入。

在管理人才上，王朝注重培養自己的管理人才，不惜花重金把中方員工送到國際上一流的葡萄酒高等學府去深造，還培養葡萄種植、國際貿易等多方面專業人員。

王朝的成功，爲合資企業創自己的名牌提供了良好範例。

1.4.2 合資企業失敗的案例

(一) 案例3：廣州Z與法國Z的「分手」

1997年9月26日，法國Z正式從其在大陸的合資企業廣州Z撤資，十二年的「婚姻」宣告解體。首先提出分手的是廣Z，法Z曾極力挽救這樁「婚姻」，但因廣Z離意已定，最終接受中方提出的以一元象徵性收購其全部股權的方案。這在國內乃至世界引起人們注目。

廣Z汽車公司是大陸對外開放後第一批大規模的合資公司。1985年廣Z從投資1.5億美元、一期工程每年組裝一萬五千輛轎車開始，發展到累計14.7億元的固定資產投資、年綜合生產能力達三萬輛（二期工程）的企業。在其鼎盛時期，車子還在生產線上，已有人等著在提貨，從沒擔心過銷路。1995年共上繳稅費36億元，累計盈利達7億元。但也是在這一年，廣Z出現虧損苗頭：產量跌至六千九百三十六輛，市場占有率從1991年的16.1％降至2.1％，當年虧損2.33億元。

廣Z認為法Z應對此負主要責任，關鍵是法Z缺乏合作誠意：首先，法方提供的是一個老舊車型，維修不便，配件昂貴，外觀不美且耗油量大；其二，廣Z1995年進行第三期十五萬輛生產規模的建設上，中方董事會以資金缺乏為由，要求各股東出資，被法方否定；其三，中方曾建議法方改進汽車發動機技術，但法方置之不理；其四，中方欲引進較為先進、外型美觀的Z406車型，遭到拒絕；其五，儘管合資企業負債累累，瀕臨倒閉，但法方卻未虧損，它透過向廣Z提供零配件，收益可觀，至「分手」時，廣Z仍背著法Z幾億法郎的債務；其六，法方派駐在廣Z的專家只有二十名，但其薪金相當於全廠三千名中方員工的薪水。

法方則認爲中方應對離異負責：中方對其限制太多，使他們參與管理的積極性大受影響；在銷售興旺時，企業沒有危機感，在降低成本、完善售後服務方面無所作爲，發展到1995年全國僅有八十七個售後服務點；在其他汽車廠商降價之時，廣Z卻一直在其零配件銷售上獲利30％至40％；在汽車產業競爭愈益激烈的時候，廣Z在國產化過程中沒能把好品質關……

在廣Z這個案例中，我們可以看到，雙方分手最直接的起因是企業經營不善，但其背後是雙方合作的失敗：首先是合作誠意上，法方的一些做法有價格轉移之嫌，而且在引資、引進車型等重大問題方面不合作，這給雙方情感溝通、合作效率蒙上陰影；其次雙方溝通不良，都不能很好地傾聽對方，更談不上在理解的基礎上深談，出現經營問題時，雙方不是同心協力解決問題，而是相互指責，推卸責任，痛失解決問題的良機，最後只能分道揚鑣；再次，雙方在市場分析和定位、產品品質、售後服務等一些經營和營銷策略方面都有決策和操作上的失誤，致使這家曾「紅紅火火」的企業在十多年間就被市場無情地淘汰了。

（二）案例4：美國W公司撤資北京X集團

1997年12月4日，美國W公司匆匆宣布將其持有的60％的股權全部有償轉讓給其合作方北京X集團。公司所負債務由美國W償還。

美國W公司是全球有名的跨國公司，也是歐美白色家電行業的老大，具有雄厚的實力。北京X電冰箱廠是生產出大陸第一台冰箱的先驅者，在國內市場已有一定的知名度，且有一定的人才和技術優勢。兩家企業於1995年4月合資成立北京W電器有限公司，註冊資金2900萬美元，中方占40％，美方占60％，並負責對公司的管理。

當時有人對該合資企業的成立持樂觀態度，認爲兩家著名企業的「聯姻」，剛好能集各自所長、補雙方之短——中方缺乏資金，美方缺乏對國內市場的了解，會成爲冰箱市場的勁旅；有人認爲未必能這樣樂觀：美國W儘管在八〇年代初就有進入大陸市場的考慮，但一直觀望到市場有相當的成熟度後才正式進入，而大陸冰箱市場競爭在九〇年代已經非常激烈，兩家「拜堂」太晚，只怕難以輕易占領市場。

美國W在進軍大陸市場前進行了可行性調查研究和分析，他們看到了大陸的激烈競爭，但大陸市場的前景對他們有很大吸引力，而且他們自信憑實力可以在前期相當投入後，爭取做下個世紀大陸同行業的「老大」。

儘管美國W做好了前期巨大投入的準備，但合資的北京W公司成立兩年半虧損達1.7億元，即使總公司實力雄厚，但對如此鉅額的虧損，公司不能不三思。最後美國W總公司出於調整其全球市場布局的考慮，適度收縮其在亞、歐、北美的公司規模，北京公司由於其不佳業績而在收縮之列。

北京W的解體，直接原因也是經營不善，而間接原因是其合作管理方面的問題。

經營不善主要表現在經營決策失誤。美國W在製冷業可以說是執牛耳者，但它的技術優勢在大陸卻沒有發揮——這主要是它對大陸市場的變化發展估計不足。儘管它很早就有無氟技術，但由於大陸在蒙特利爾國際環保會議上承諾製冷產品在2005年實現全面無氟，美國W據此認爲在大陸生產無氟冰箱爲時過早。但沒料到海爾、新飛等廠搶先一步生產出無氟新產品，受到消費者的青睞，使北京W落後一大步。另外，在廣告宣傳、資金使用方面，北京W也出現管理和決策失誤。

在合作管理方面，北京W在管理人員的使用上存在一定的問題。出於語言和文化考慮，北京W在中層管理人員以上，以聘用新加坡、香港的管理者爲主，認爲這樣既可以減少語言障礙，又對大陸文化有一定了解，但其實這些人對大陸市場並沒有像北京W希望的那樣了解，語言溝通並不等於文化溝通，他們沒能發揮支柱作用；在產品營銷上，北京W沒有考慮大陸具體國情，而是將國際上通用的做法直接搬到大陸來，結果產生了大量債務，造成了經營困境。

美國W在短短幾個月內就決定並乾淨俐落地撤資大陸冰箱市場，雖然它匆匆而去，但留給人們的思考是長久的。

(三) 案例5：中美合資A熱水器有限公司之解體

中美合資A熱水器有限公司是由南京B公司與美國A熱水器公司合資建立的企業。該企業於1996年2月正式成立，於1998年7月即由合資中方宣布撤資而正式解體。

南京B公司是大陸最早開發、生產家用燃氣熱水器的企業，是當時大陸生產燃氣熱水器規模最大的企業之一，合資前，已累計產銷四百萬台熱水器，在全國設有二十六個辦事處，有近三百個正式銷售管道，形成覆蓋全國的銷售服務網路。美國A熱水器公司是北美熱水器的先行企業，家用熱水器的生產廠家之一。雙方共同編制的可行性研究報告認爲，雙方可以優勢互補。

投資利潤率＝經營利潤／投資總額＝26.27％
銷售利潤率＝經營利潤／銷售投入＝16.25％
投資回報率＝（年均淨增收益－年均折舊）／投資總額
＝20.48％
投資回報期＝4.59年

1995年10月，雙方正式簽約，共投資2980萬美元，註冊資本爲1192萬美元，中美雙方投資比例爲20％對80％。即中方出資596萬美元（其中現有產品和組件存貨236萬美元；設備300萬美元；銷售管道60萬美元）；美方出資2384萬美元（其中現金1424萬美元，設備760萬美元，樣機60萬美元，原材料和零組件140萬美元）。合同內容還包括技術轉讓協定、商標許可轉讓（合資雙方均將自己的商標無償轉讓給合資企業使用）。合同有效期爲五十年。

由於美方占有絕對控股權，所以管理層基本由美方控制，高層管理人員基本由美方出任：董事長由美方擔任，五個董事席位美方占四個；總經理層次由美方擔任總裁，四個副總裁中有三個是美方人員；部門經理中，美方擔任關鍵部門的領導，中方管理人員只負責無足輕重的部門。

在產品設計和技術轉讓方面，美方公司的核心技術和產品是容積式熱水爐，它雖然在技術上先進，但並不適合大陸——因爲它對住宅條件要求較高，在大陸達到其要求的住宅並不多；產品生產也不是首先考慮當地化，由美方控制的最高管理層決定大量從美方母公司進口組件，且價格超出國際市場的25％以上；在技術轉讓上，美方母公司對合資企業派去接受培訓的中方員工，嚴格限制其了解和接觸其新產品開發設施和生產設施。

在宣傳推廣方面，合資企業對中方無償轉讓的商標除在進入市場時採用外，基本把其打入「冷宮」，廣告費的大部分都投放在美方的無人知曉的品牌上，如1996年美方品牌宣傳費爲200萬元人民幣，而中方僅爲2萬元；在營銷策略上，合資企業產品市場銷售價高於同類產品，沒有競爭力，且銷售環節過多，手續繁瑣，辦事效率很低，顧客很不滿意。

在人力資源方面，合資企業也存在一些問題：外籍員工隊伍不穩定，人員流動過於頻繁，增加了企業勞動力成本；中方員工與美方員工福利、收入差距過大，引起員工不滿：美方員工住星級賓館，辦公在高級辦公室，並頻繁往返其國內，企業爲此不堪重負；外方員工的工資過高，脫離企業實際經濟效益，中方員工的待遇遠較美方員工低。

由於以上原因，合資企業在成立後的經營業績根本沒有達到公司成立之初提出的目標：1997年計畫虧損238萬美元，1998年盈利9501萬美元。實際情況是1996年虧損272萬美元，1997年虧損580萬美元。這兩年的虧損占合資企業註冊資金的71.5％。在這種情況下，合資企業1998年財務預算準備繼續虧損720萬美元。儘管中方強烈反對，但最後因美方的絕對控制權，這一預算案被通過。這也就意味著合資公司淨虧損380萬美元。也就是說，一家國內著名的大企業，在合資兩年後，5000多萬元人民幣資產已消失得無影無蹤。

中方新任高層管理者在經過調查後，認爲這不是正常的商業虧損，而是美方企圖用虧損來拖垮中方，把中方擠出合資企業的一種策略，遂提出撤資轉股。美方提出，中方必須按投資比例分擔虧損才能撤資。中方指出這完全是由於美方經營不善、轉移利潤所致，責任應全部由美方負擔，如美方堅持，中方將被迫申請破產。美方擔心申請破產會影響其上市股票價格，被迫接受中方不承擔任何虧損地全資撤出。1998年7月，中美雙方正式簽訂撤資轉股協定。

這個失敗的案例引出的教訓是深刻的。對中方而言，最大的失誤在於對美方策略意圖沒有保持足夠的警惕和清醒的判斷。合資之初，中方把自己所有的設備、技術、商標、生產許可證、人員都投入進來，在合資企業成立之時，也就是原來南京B公司不復存在之日。而所有這些，又僅僅只占合資企業股權的20％，也就是從一開始，就將自己置於非常被動、沒有任何退路的不利地位。美方正是利用這一點，從領導權、決策權、經營權等各方面對公司進行全面控制，從一開始，美方考慮的就不是如何讓合資企業在大陸市場上占領更多的份額，而是如何製造虧損、拖垮中方，並利用增資擴股，乘機收購或減少中方的股權，把合資企業變爲獨資企業，從而可以在最短的時間內以最小的成本進入大陸市場，同時消滅競爭對手。儘管合資企業虧損嚴重，但美方實際從高價供貨及美方人員的高待遇中吃空了中方的投資。中方的著名品牌也在兩年期間基本處於無人問津狀態（本案例參考成志明在《管理世界》1999年第四期上的文章）。

本章摘要

- 跨國公司與合資企業是全球化的產物，隨著全球化進程的深化，跨國經營企業成為對大陸市場有重要影響的經濟力量。從總體上看，外資企業進入大陸打破了大陸經濟原有的體制內循環格局，推動了大陸從計畫經濟到市場經濟的體制改革進程，有助於市場建設和經濟發展。
- 跨國公司和合資企業在大陸的發展有以下特點：世界著名大公司紛紛看好大陸市場；大陸外資企業在數量和品質上都呈上升趨勢；外資企業技術水準有顯著提高；大陸利用外資的效益也較好。但外資企業存在地域和行業的差異。
- 合資企業在大陸得以發展成功的原因主要有：相對穩定的政治環境和良好的投資環境；國家外資政策的導向和扶持；建構和完善外資法律體系；在中外合資企業管理模式上進行探索，包括共同管理文化新模式、引進資金與技術管理制度的同時，還引進創新能力、嫁接式管理、管理和技術人才當地化等。
- 合資企業和跨國公司發展中存在的主要問題有：收益動機鐵則規律與中方利益的衝突；國有資產在合資過程中的流失；國有品牌被收購、取消；以市場換技術與失去市場之間的矛盾；國有企業與合資企業之間的關係等。
- 合資企業在大陸失敗的主要原因有：溝通不暢或低效率；雙方誠意不夠；價格轉移；對大陸市場的誤解；當地化問題。

思考與探索

1.合資企業目前在大陸的發展狀況如何？對大陸經濟建設起到了什麼作用？

2.中外合資企業成功的管理因素主要是什麼？請舉例說明。

3.中外合資企業失敗的主要因素是什麼？請舉例說明。

4.你是如何看待中外合資企業目前在大陸遇到的困難和問題的？

5.摩托羅拉公司人本管理思想主要體現在哪些方面？它在大陸的公司採取了哪些大陸特色的管理措施？

6.王朝引資創自己名牌的策略是怎樣實現的？這對其他企業有何啓示？

7.本章案例中的「廣州Z」在挑選新的合資夥伴時，應該吸取哪些經驗教訓？

8.本章案例中「南京B公司」合資合作失敗的最根本原因是什麼？如何能避免此類情況的發生？

第2章
文化差異與合資企業的管理

2.1 文化與管理

2.1.1 文化的一般概念

文化在漢語中也是古已有之的詞彙。西漢之前，「文」、「化」分開來用較多。「文」的本意指各色交錯的紋理。《易．繫辭下》有文字記載：「物相雜，故曰文。」《禮記．樂記》載：「五色成文而不亂。」《說文解字》稱：「文，錯畫也，象交文。」都是取紋理交錯之意。後來引申出多種涵義，包括語言文字及各種象徵符號、文物典籍、禮樂制度：由倫理的涵義引出彩畫、裝飾、人的修養之意；美、善、德行之意。「化」的本義為改易、生成、造化，在《莊子．逍遙遊》中有：「化而為鳥，其名曰鵬。」《黃帝內經．素問》中有：「化不可代，時不可違。」《禮記．中庸》中有：「可以贊天地之化育。」其意主要指事物型態或性質的改變。

西漢之後，「文」、「化」合成一個詞，如在《說苑．指武》中有：「文化不改，然後加誅。」《文選．補之詩》中稱：「文化內輯，武功外悠。」其主要意思與天成的自然相對，與沒有經過教化的質樸、野蠻相對。

文化的拉丁文為cultura，英文為culture，其詞源有好幾種意思：耕種、居住、練習、注意或敬神等。其最基本的意思是經過人加工的東西。中文的「文化」與西文的"culture"有微妙區別：中文強調精神領域，而西文側重物質生產領域，至今我們仍能從「農業」（agriculture）、「園藝」（horticulture）等詞中看到culture的這層意思——獲得食物的方式、種植的方式等。

文化是個使用很廣泛的概念，我們日常生活中常這樣理解「文化」：有時把一些高雅活動，如讀書、彈琴、唸詩等稱爲文化活動，把一些沒有接受過教育的人稱爲「沒有文化的人」。但實際上對文化研究來說，文化有更廣泛的涵義。正如人類學家林頓（R. Linton）所言，文化指的是任何社會的全部生活方式，而不僅僅是被社會公認爲更高雅、更令人心曠神怡的那部分生活方式。我們使用的語言文字、讀書時的思維、吃飯時的禮儀、穿著等等，無不體現著社會文化。從這個意義上說，不存在沒有文化的人，因爲任何人都是體現一定社會文化的人，在這種意義上，每個人都是有文化的人。

雖然文化是個使用範圍很廣、使用頻率很高的詞，但對其概念卻無統一的理解。世界各國對文化的定義林林總總，多達上百個。有的從描述角度定義文化，認爲文化是傳統的風尚習俗、典章制度、工具、哲學、語言等；有的認爲文化是社會中代代相傳的社會遺產，從文化的生成、來源及其存在、流傳等進行定義；有的側重文化的模式或組織，從結構方面進行定義；有的從文化的發生和起源方面進行定義。

從最廣義上說，文化是人類所創造的一切物質財富和精神財富的總和。從廣義上說，文化是指除政治、經濟、軍事外的一種觀念型態、精神活動的產物。本書所提的「文化」概念和人類學家所理解的文化有相似之處。英國人類學家泰勒（E. B. Tylor）1871年在其名著《原始文化》（*Primitive Culture*）一書中，最早提出人類學意義上的文化定義：文化是一個社會的成員所獲得的知識、信仰、藝術、法律、道德、習俗及其他能力的綜合體。後來人類學家維特·巴諾（V. Barnouw）提出了一個綜合性概念：文化是一群人的生活方式，即所有的習得行為和類型化的模式，這些模式行為是透過語言和模仿一代一代傳承下來的。這個定義強調文化與生活方式的關係，強調文化的後天習得性，文化傳遞的方式是語言和模仿。

從心理學的角度看，文化有其特定的涵義：文化是影響某一個群體總體行為的態度、類型、價值觀和準則；文化是在一定環境裡人們的集體精神的程序編制。其具體表現為在特定時代中，某一民族或階層的人們有自己的心理狀態、思維方式、社會習慣、人情世態、行為準則等。人們在學習、工作、生活中的一舉一動、一言一行，無不體現文化的內涵。吃是人類的共性，但吃什麼、怎麼吃，就體現文化，被稱之為飲食文化，如印度人不吃白牛的肉，美國人不吃狗肉；大陸人請客吃飯講熱鬧，法國人吃飯講情調；人們對性別角色的看法也深受文化的影響，不同文化對男性和女性的社會期望會有所差異；人的身體語言和面部表情中也蘊涵了豐富的文化內容；人的內在的心理活動，包括怎樣感受、動機、思維模式等，都深深地打上文化的烙印。人的社會化過程中，就是一個文化學習的過程，人的成長無不受到文化的影響和薰陶。文化和人是相互作用的，文化的傳遞也是在人們的相互作用中實現的。

文化可以分為很多種亞群或亞層，如按大的範疇分，可分為東方文化、西方文化；按範圍，宏觀有國家、民族文化，中觀有社會文化、企業文化，微觀有個體文化等，在這三個層次中還可以有很多可大可小的文化單元；按國家或民族，可以分為中華文化、美國文化、德國文化、日本文化等；同一社會文化內部，還可以有許多亞文化，如美國國內的阿米西文化，其信仰者只有六萬多人。該文化強調與當代社會隔絕、公共福利和自己動手滿足衣食需求，且集中在印第安那、俄亥俄、賓夕凡尼亞等州，因其拒絕送子女到學校讀書，六〇年代一位官員以其違反未成年人有受教育的義務而把其告上法庭。人類學家霍斯特（J. Hoestler）爲阿米西人辯護，他認爲正規的高等教育會對阿米西人的文化和社會產生不良影響，結果高等法院判決阿米西人勝訴。有的學者如羅納還區分了「亞文化系統」和「文化亞系統」這兩個概念：前者指大文化的主要變體，如種族群體、階級階層；後者指遍及某一整個社會文化系統而又相對可分的意義領域，如宗教、語言、文藝、科技及其組織等。爲了能使我們在同一層次上使用文化的概念，特對本書的文化概念範圍作一說明。本書側重於比較不同國家在管理中表現出來的人的心理活動，其文化單元也主要指民族文化，即使在企業文化中，也主要指企業中不同國別員工表現出來的民族文化特點。

本書著重探討文化差異對企業管理的影響，文化的作用得到強調，但需要補充的一點是：從歷史唯物主義觀點來看，文化屬上層建築的範疇，歸根結柢要受經濟基礎的制約。經濟基礎是根本，決定文化的類型、內容、表現方式等，但文化對經濟基礎有反作用。文化一旦產生，便有其獨立性。

2.1.2　文化的特徵

文化有很多特徵，這裡著重指出和管理有關的部分。

（一）文化的習得性

社會文化是透過與他人的相互作用而學習到的，文化傳統透過代代相傳的社會化學習過程而得以傳播。從人類文化學（cultural anthropology）的觀點來看，人類的進化過程既是生物遺傳過程，也是文化傳遞的過程。人類的童年期是所有動物中最長的，這一方面是人類漫長進化歲月的縮影，另一方面也是因爲人類有大量需要習得的內容，而文化就是其中重要的部分。文化的代際傳遞現象是社會文化穩定和延續的基本條件，但文化的傳遞和生物遺傳現象具有本質的不同。文化可以在同代人之間傳遞甚至由年輕人傳給老年人。「文化的父母」不同於生物學上的父母，前者還包括對自己影響較大的其他家庭成員、教師、朋友、偶像等。文化的學習不僅保證了社會文化的延續，更重要的是它提供了學習的社會和人文環境，讓個體在學習過程中適應環境。成功的企業大都有企業文化，員工在其中習得和接受企業理念，並以自身的適應來發展它。

（二）文化的群體性

文化不是一種個體特徵，而是爲某個（些）群體所共有。如果只有一個人在做某件事，這只能代表他的個體行爲。一種思想、一種行爲或一件事被認爲是文化，它肯定爲一群人或一個團體內的人們接受或共同享有，如一個國家的標準計量單位可以是法律規定，但更是文化的體現。儘管像國家主席這樣的職位只有少數人享有，但職位的設立、主席的選舉都是爲社會所接受的。

（三）文化的差異性和共性

文化的差異性即文化的相對性。文化群體性決定文化只適用於一定的範圍。由於歷史、自然條件、經濟水準、社會制度等的差異，形成了世界上豐富燦爛的文化種類。如中國人和美國人的文化不同，中國人崇尚天人合一、貴和尚中、剛健有爲、以人爲本等，美國人崇尚平等、自我奮鬥、冒險等；同在大陸，北方人和南方人的文化特點又不同，北方人粗獷、大氣，南方人細膩、婉約等。我們在生活中隨處可以感受到與另一文化群體的文化差異，如宗教信仰、語言、家庭結構、教育模式等的不同。文化差異是造成跨國公司、合資企業員工遭遇文化困惑（culture puzzle）、文化震撼（culture shock）的根本原因。文化差異並不只是存在於不同文化單元中，也存在於同一文化單元中，由於個體的教育水準、生活經歷、人際關係等都不一樣，個體所接受的文化的整合和強化程度不同，對文化的了解和理解就會不同，文化在每個人身上的表現和發展也不一樣，因而同一文化單元內，會呈現出豐富多彩的性格、行爲等。當然，文化的差異性並不否定文化的共性。人類生存環境的有限及人類在生理上的相似，是人類文化共性的基礎。所有社會的人都有相同的最基本的生理需求，都以生存、繁衍爲社會最基本的功能。人類具有在不同的文化之間尋找文化普遍性的內驅力，即「人類心理統一性」（泰勒，1871）或「普遍文化結構」（韋斯勒，1962）。

（四）文化的約束力

文化總是透過一定的載體來體現的，但文化一旦形成，又有其獨立性，不依賴於人而獨立存在，在特定的社會情境中可以直接影響甚至決定人的行爲，在人與社會的互動中，會形成對個體的社會刺激作用，並成爲對個體施加強大約束的力量。如果有誰想要衝破現階段的文化發展水準，他就會遭到文化無情的嘲弄。但是，文化的強制力並不是否定個體在文化發展中的自由度和空間。一般說來，文化提供了相對寬鬆的環境，個體在其界限之內有發展的自由度和個體差異，只有在超越這個界限時，才會感受到其約束力。而且，需要指出的是，人類並不是一味被動地受著文化的制約，人在習得文化、適應文化的同時，還在積極發展和創造文化。

(五) 文化的變遷性與穩定性

每一種文化都處在發展變動之中，其內容和結構都會出現變化。自然環境、社會環境、意識形態和科學技術的改變，會引起舊文化的革新或新文化的孕育。文化變遷可以以多種形式表現，如某種文化內部產生出新的特徵，或產生全新的文化類型。如中國傳統的性別社會分工是男種田、女織布，但現在在大陸一些農村地區，出現了女在家種田、男出外打工的新分工。文化的變遷是相對於文化的穩定性而言。文化一旦形成，就有一定的地域性、地區性、民族性等，其變化相對緩慢或滯後於實踐。

2.1.3 管理與文化的關係

跨文化心理學研究的一個重要內容是文化與管理的關係。

(一) 文化的相對性

我們在前面所作的文化定義中，已經明確了文化的相對性——它是影響某一人群總體行爲的態度、類型、價值觀和準則，某一文化只對某一特定的群體有意義；在文化的特性中，我們強調了文化的差異性，這也是文化的相對性。正是由於文化的相對性，跨文化管理的研究才有意義，也正是文化相對性的存在，人們對主流文化的存在提出了挑戰，同時文化的相對性也使管理理論和管理文化的發展具有多樣性和豐富性。

每個人都是在不同的文化背景中成長起來的，文化本身就是塑造個人行爲的一個主要變數。文化的差異性就透過不同文化單元個體之間的不同表現出來。這一點在幾十年前並沒有引起人們的關注，其主要原因是世界上大約有90％的心理學家生活在西方發達工業國家。他們的研究價值觀、取樣、研究對象，大都來自生於斯、長於斯的社會和環境。在心理學發展史上，西方心理學家努力做的一件事就是把在西方社會中得出的心理學理論推廣到全世界。人們現在意識到，在一個或少數幾個文化單元中的結論不能輕易用來推廣到全人類——至少要查清不同的文化背景在多大程度上影響了結論？是否使得結論不適用於該文化單元？

文化的差異性常常使心理學和管理學的結論應用受到制約。四○年代美國著名的社會心理學家勒溫、李克特、懷特等以美國人爲樣本，研究了領導方式與工作效率之間的關係，結果表明二者關係如下：在民主的領導方式下，員工的工作效率與工作滿意感均較高，在專制的領導方式下，工作效率與滿意感均較低。這一結論幾乎被作爲經典爲人們廣泛引用，似乎已成爲管理學的公理。但1970年米德（M. Mead）以香港的中國人和在美華人爲樣本，對同一問題進行了跨文化對比研究，其結果與勒溫等人的結論相反：香港的中國人在專制領導方式下，工作效率與工作滿意感均大於民主式領導；在美華人在兩種領導方式下工作效率與滿意感無顯著差異。至此這一理論應用的文化界限才顯示出來。

美國社會心理學家奧斯汀和瓦斯特（Austin & Walster）1974年以美國人爲樣本，發現報酬與分配之間的關係是根據每個人工作量的多少按比例分配，最能使人感到公平和滿意。其隱含在其中的文化價值觀是公平至上。1976年心理學家楊國樞取樣中國人進行研究發現：當自己的工作量少於別人時，大多數人都贊成按工作量的比例來分配報酬，而當自己的工作量多於別人時，大多數人則贊成平均分配。隱含在其中的文化價值觀是「寧可自己吃虧，不占別人便宜」。如果無視文化的差異性，直接用美國管理心理學的理論指導管理實踐，那就會緣木求魚，無法產生指導的作用了。

（二）管理與文化的關係

◆管理是一種文化

美國著名管理學家彼得·德魯克（Peter Drunk）在其代表作《管理學》一書中說，管理不只是一門學科，還是一種文化，有它自己的價值觀、信仰、工具和語言。管理是一種社會職能，隱藏在價值、習俗、信念的傳統裡，以及政府的政治制度中。管理是受文化制約的，管理就是文化。

每一個國家都會在自己的文化背景基礎上形成獨特的管理文化。管理文化是指管理哲學、管理的指導思想及管理風格，如我們說日本管理文化以忍耐型經營、公司至上、個人流動性低、支持集體主義等爲特點，而美國管理文化以個人決策、個人負責、高度個人流動性、支持獨立等見長。管理文化在很大程度上影響管理效率，如美國汽車工業遭到日本汽車工業的強有力挑戰，美國人發現其原因之一就在於日本人從設計到產品上市只要很短的時間，而美國人由於產品開發、設計、生產都是各自為政，且相互存在競爭關係，所以「內耗」時間長，產品上市時間競爭不過日本。

◆文化在一定條件下也可以是一種管理的手段

在人的發展過程中，文化扮演著制約的作用。在企業管理過程中，內化為「企業文化」或「組織文化」的文化也是一種管理的手段：企業文化是用來培訓職工、增加凝聚力的良好手段；也是對職工進行激勵的動力之一；是企業進行改革創新、適應環境的思想基礎；是公司對外宣傳、提高聲譽的工具。文化這種「軟」管理的作用是近年來企業的變化之一。「目前組織的變化實質，是組織文化比以往任何時候都重要，而且比以往想像得更重要。」美國學者菲利普．哈里斯（Phillip Harris）對此總結為：

1.文化給人認同感，可透過這一點提高員工對組織的忠誠及組織上的效率。
2.對異文化的了解、洞察和認知具有十分重要的意義，只有對當地文化有所了解，才能更好地推動跨文化的溝通、協調等。
3.只有了解文化的概念與特徵，才能分析組織文化，了解文化對組織的影響。
4.文化洞察力能減少跨文化管理中的障礙。
5.文化敏感力能幫助人們在跨文化組織中工作，並更好地認識外部環境。
6.文化的領悟力可以使在跨文化企業工作的人更加豐富自己的文化體驗，接受外來文化，減少文化震撼帶來的困難，提高一個人在不同文化環境中工作的適應能力。

7.文化領悟力甚至可以幫助一個人更好地參與國際會議，與他人溝通。

◆文化與管理的共生性

文化與管理的共生性主要指：管理隨文化發展而發展，文化的發展方向、水準、模式影響和決定管理的發展，而管理的發展又反過來影響文化。如企業文化在一定的文化背景下形成，形成後的企業文化就成爲文化的「亞群」、「亞文化」，豐富了文化的內涵。

東西方管理可以運用相同的管理技術，但其管理思想、管理哲學截然不同，其根本原因就在於其所依存的東西方文化不同。儒家文化圈及其管理模式成爲近年來人們探討的焦點，其原因也在於人們對其管理及其背後的文化因素感興趣。

從文化與管理的共生性上說，世界上不存在最佳的管理方法、思想，只有與文化背景、企業成長情況最佳匹配的管理。

2.2 不同文化背景下員工需要、動機、態度的差異

2.2.1 不同文化背景下員工需要的差異

需要是人對其生存與發展條件表現出來的依賴狀態，是個體和社會的客觀需求在人腦中的反映，是個人的心理活動與行爲的基本動力。

對需要層級的研究，有各種不同的理論。馬斯洛（Abraham Maslow）的需要理論爲人們廣爲接受，他把需要分爲五個層次：生理需要、安全需要、歸屬和愛的需要、尊重的需要、自我實現的需要。這五個層次中前兩個是低層次需要，後三個是高層次需要。低層次需要是人們生存所必需的，高層次需要的特點是不能透過滿足一個具體的需求而解決所有的問題。滿足員工的需要對組織而言是一個持續的挑戰過程。

關於馬斯洛需要理論在大陸的跨文化應用，大陸心理學工作者做過的調查研究顯示，馬斯洛不同層次的需要在大陸都存在，但在不同時期、不同性質的企業中，職工需要層次的排序又是不同的。如杜海燕（1994）對近三千個樣本的調查研究顯示，大陸職工需要的層次依次是：生存、自我實現、安全和依附、尊重，這與馬斯洛的理論中需要由低到高的排序不同，較高層次的需要自我實現排在了較低層次需要安全和依附之前。張友誼、邢占軍（1999）對大陸三千零九十一個職工的調查研究結果爲：國有大中型企業職工需要的層次依次爲：生存、安全與依附、發展需要，其排序是從低層需要到高級需要，但職工追求自我實現的意願仍超過尊重的需要（參見表2-1和表2-2）。

與九〇年代初相比，大陸職工需要的排序方面發生一些變化，發生變化的原因可以作如下解釋：

生存、安全與依附需要成爲目前階段大陸職工的優勢需要。這兩類需要都比九〇年代初有增長，且安全與依附需要從第三位上升爲第二位。這和大陸傳統文化重人倫、重集體主義的特點有關，也和大陸近年來經濟改革的發展對原有利益分配方式、人際關係、溝通狀況造成的衝擊有關。家庭倫理觀推及

表2-1　九〇年代初大陸職工需要的層次

需要的內容	累計頻次（%）	綜合得分率均值	位次
生存	98.48	7.136（26.4）	1
安全與依附	97.40	6.451（23.9）	3
尊重	97.27	6.426（23.8）	4
自我實現	97.05	7.032（26.0）	2

資料來源：杜海燕，1994。

表2-2　九〇年代末大陸國有大中型企業職工需要的層次

需要的內容	首選			次選			首選＋次選		
	頻次	百分比（%）	位次	頻次	百分比（%）	位次	頻次	百分比（%）	位次
生存需要	915	31.2	2	963	32.8	1	1878	32.0	1
安全與依附需要	948	23.3	1	855	29.2	2	1803	30.7	2
尊重需要	406	13.8	4	367	12.5	4	773	13.2	4
發展需要	663	22.6	3	747	25.5	3	1410	24.0	3
總計	2932	100		2932	100		5864	100	

資料來源：張友誼、邢占軍，1999。

企業，職工對企業的依賴性很大，企業對職工的重要性不亞於家庭，職工在遇到生老病死等工作之外的事情，也會找企業予以解決，對企業形成全方位依賴。

由此形成職工對身分隸屬的過分看重，對穩定感的過高要求。與計畫經濟條件下的工作、生活環境進行社會比較，處在改革中的國有大中型企業職工的收入和福利待遇等相對水準普遍下降，職工的生存危機感加強，生存需要和安全需要得到強化。

尊重需要有明顯下降。這一方面有可能是某些尊重需要得到了滿足，另一方面也有可能在某些方面的尊重期望值較低。

由於改革中國有企業面臨的形勢和競爭的壓力，人們對生存和物質利益更加重視，可能會忽視或降低對尊重的需要。

發展需要略有降低，但仍明顯高於尊重需要，這說明追求自我實現仍是大陸當前國有大中型企業職工的一個重要需要。

該研究還表明，職工需要受到企業所在地區、企業規模、企業改制情況、企業效益、性別、年齡、受教育程度、工作性質、進廠方式等影響。

國有大中型企業職工的需求在大陸具有一定代表性，在制定激勵措施時，既要考慮到大陸職工需要的一般性，又要注意職工需要的特殊性：特大企業職工的尊重需要和發展需要較高，大型和中型企業的生存及安全需要較高，上市公司職工的發展需要高，一般企業的生存需要較高；企業效益好壞與職工需要層次高低呈正相關；女性的安全與尊重需要明顯強於男性，而在發展需要方面明顯弱於男性；三十六歲以下，尤其是二十五歲以下的職工，發展需要較高，三十六至四十五歲生存需要較高，四十六歲以上的尊重需要較高。

案例1：凱特公司在大陸的激勵措施

凱特酒店最初只在美國國內開展業務，由於發展良好，逐漸在全國各地開設分公司。爲此它招聘了一批素質較高的年輕人充實到基層。幾年後，這批年輕人已成爲公司的中堅力量。但這批有三到五年工作經驗的人急切地想晉升到管理職位上。公司這時就面臨兩難選擇：如果給這些年輕人晉升機會，公司沒有這麼多職位；如果聽任其跳槽，對公司的損失又太大。

公司最後做出的決定是：讓年輕人自己去創建新產業，如店鋪出租、宿營地等，公司對其授予全權，委任其做新產業的負責人。靠這種激勵方式，公司不僅留住了60%以上的骨幹力量，而且利潤大幅度提高，成爲全球跨國公司。

公司把這種激勵方式當做成功的經驗，推廣到全球各地的分公司中。在大陸，它遇到了困難：企業的新增速度要慢於提升員工的速度，確實有一部分員工開始辭職。總公司把原因歸爲他們沒有得到及時提拔，但在調查中，管理人員傾聽了員工的想法後發現，這裡員工辭職的眞正原因是因爲沒有爲這些工作數年的員工提供相應的福利保障，員工沒有安全感和穩定感，覺得風險太大，能否晉升是第二位的。公司上層這才意識到，在不同國家員工的需要可能不同，從而調整了激勵措施，注重對員工的福利、獎勵措施，讓員工安心、安定和安穩，結果留住了人才。

討論：

(1)凱特公司在美國和大陸的公司都遇到了員工辭職的問題，其原因一樣嗎？造成差異的文化根源是什麼？

(2)如果凱特公司在日本遇到同樣的問題，美國公司的經驗是否適用？爲什麼？ ⊙

據對合資企業中中方員工需要的調查研究，發現中方員工的需要存在明顯的年齡差異：對四十五歲以下的員工而言，最重要的需要依次是：報酬水準、福利待遇、聲譽、國外進修的可能性、工作條件；對四十五歲以上的員工來說，最重要的需要依次是報酬水準、聲譽、福利待遇、工作條件、國外進修的可能性（參見表2-3）。

表2-3　合資企業中中方員工的需要

45歲以下中方員工	45歲以上中方員工
1.報酬水準（含獎金）	1.報酬水準
2.福利待遇	2.聲譽
3.聲譽	3.福利待遇
4.國外進修可能	4.工作條件
5.工作條件	5.國外進修可能

其中，報酬不光包括工資和獎金，還包括企業內部的分配方式。合資企業剛進入大陸的八〇年代初期，中方員工習慣於平均分配方式，腦力勞動與體力勞動報酬的差別不明顯。有家合資企業在轉變分配體制的時候，對員工實行按勞取酬、腦體分開，即按勞動成績對不同的部門予以不同報酬，腦力勞動者報酬高於體力勞動者。第一次實施過程中，中方管理者把按新方案分配的每個人的工資袋打開，在總數不變的情況下重新分配。主要原因是管理者和員工在觀念上沒法接受新的分配觀。

聲譽包括國家對合資企業是否承認、企業在同行業中的地位、職位的頭銜等。這種聲譽雖然是無形的，但卻是調動員工積極性的有效因素，因爲中方員工對此有較高的心理需要。雖然有些對企業不利的評價對企業運轉實際並沒有什麼影響，但員工會敏感地注意到這些，並影響生產積極性。

關於福利待遇問題，大陸的國營企業爲員工提供從獎金到住房、從家人的部分醫療費到本人的退休金等福利待遇，合資企業不提供這些傳統意義上的福利，或提供的內容與員工以前享有的不同，員工認同度不高，都會降低積極性。如合資企業管理者的福利觀包括改善工作環境、在洗手間放上衛生紙和香皀、供應飲料等，但中方員工起初並不把這些全部認同爲福利待遇，而是認爲只有把香皂、衛生紙、飲料拿回家才是福利。至今有些中方員工還把家庭中一人在國營單位或事業單位工作，看成是家庭能繼續享有福利待遇的一種保證。又如中方員工習慣於在節假日拿到一筆額外的「過節費」，但有些合資企業老闆起初認爲這沒必要，因爲獎金已按時發放了。但員工與其他單位拿了「過節費」的職工相比易產生內心的不快感和不平衡，影響工作態度和積極性。

到國外進修的要求其實是中方員工對培訓的需要。員工意識到：教育和培訓是個人成長的重要機會，也是爲今後提供更多、更好機會打基礎。培訓往往是和工作技能的熟悉、進步、加薪、提升、更富挑戰性的工作聯繫在一起。很多國家的員工都把學習和培訓看成是重要的激勵力量。

有些企業的發展規劃傾向於在機器、廠房、設備等方面投資，而對於人力資源培訓方面投資較少或忽略，這其實是一種「近視」。在培訓和再教育方面長期忽略投資，最終會導致低生產率。1990年美國培訓和發展協會發布的報告顯示，在過去四十年間，美國生產能力的提高一半以上要歸功於工作職位上教育和培訓的投資。

中方員工非常注重自己在企業的地位和歸屬感。不論是應聘還是工作，員工寧可少拿錢也要歸屬於有榮譽的集體，或在高薪低銜、低薪高銜中選擇後者。中方員工的面子觀很重，有一個在家人、朋友面前聽起來很響亮的單位、頭銜，對中方員工來說很重要。大陸人的名片喜歡印滿各種各樣的頭銜，就是這種心態的體現。與此相反，西方人的名片往往印得短小精幹，因爲他們更相信憑自身的個性和技巧來展開工作。

案例2：頭銜與面子

湯姆森是一家歐洲公司在亞洲地區的人事負責人，在聘用中方人員的過程中，他屢屢遭遇頭銜方面的難題。他想在大陸招聘一位地區銷售經理，在眾多應聘者中，他和公司高層管理者決定招聘一位經驗、學歷俱佳的大陸人阿明。各方面都已談妥，在阿明來正式上班的前一天，湯姆森把另一位地區銷售經理愛默生介紹給阿明。不想阿明對此卻有激烈反應：「我應聘的職位不就是地區銷售經理嗎？怎麼在我之前會還有一個地區銷售經理呢？我覺得我這個經理職位是貶值的，我要重新考慮貴公司的應聘，因爲我對貴公司的誠意表示懷疑。」湯姆森有些狼狽，他沒想到會有人指責公司招聘的誠意。他更多的是迷惑：兩個經理各自負責的區域不同呀！公司經過商量，決定給阿明另一個頭銜：「地區銷售協調員」（Regional Sales Coordinator)。沒想到阿明更不滿意了，因爲coordinator在中文聽起來像是「助理」或「助手」，他可不願意當哪個經理的助手！公司經過協調，把愛默生的經理職銜換給阿明，而把準備給阿明的「地區銷售協調員」換給愛默生。愛默生因具體工作、責任沒有一點變化，對此職銜的變更持無所謂態度。阿明對現在的職銜很滿意，雖然他的待遇、職責從一開始就已經明確，並沒有因職銜而發生什麼變化。

後來湯姆森自己部門招了幾個中方員工。他吸取教訓，在招聘時寫明是招辦事員。幾名員工進來沒多久，湯姆森就覺得他們不敢負責，大事、小事總向自己請示。湯姆森覺得自己已授權給他們，完全沒有必要再來請示。當他向員工強調這一點時，員工提出：「如果給我們經理或副經理的職銜，我們才敢負責。」開始他還以爲員工是在開玩笑，後來發現這是他們的眞實想法時，他有些不舒服：「經理經理，就是要管理，你們都是經理了，那誰是被管理者？」他爲此去請示總部，總部讓他自己決定。他苦苦思索，想找出一個既能調動員工積極性、又不損害公司管理體制的辦法。

最後他是這樣處理的：給員工的職銜爲「人事主管」、「人事經理」，而自己升爲「人事總監」。雖然沒長一分錢工資，但員工個個滿意，工作熱情高漲。

討論：

(1)中方員工重頭銜，與大陸文化中的「面子觀」有何關係？

(2)如果你是湯姆森，你會怎樣處理阿明的事和員工的「經理癮」？

(3)合資企業在大陸招聘時，應怎樣處理頭銜與實際責任的關係？ ⊙

1996年大陸企業家調查系統組織了對「大陸企業家成長與發展」的專題調查，調查對象爲企業法人，按配額抽樣的原則，在全國選取樣本九千個，發放問卷，有效回收二千六百七十四份。從結果來看，企業家們在求職需求上，希望能流動到其他企業去的比例爲38.7％，其中比例最高的是願從三資企業流向三資企業的，占62.6％；其次是願從三資企業流向國有企業的占39.3％，願流向集體企業的占23.8％；願從國有大型企業、國有中型企業、國有小型企業流向三資企業的分別占9.0

%、2.3%和15.4%。可見企業家們對求職需要受工作經歷的影響很大。

2.2.2　不同文化背景下員工動機的差異

動機是指推動和維持人的活動的心理動因。動機總是同滿足個體的需要聯繫在一起，但並不是任何需要都產生動機，只有當需要成爲行爲的目標時才是動機。動機必須滿足兩個條件：有外在的誘因，有內在的驅動力。

動機是文化的產物，在一定文化中形成的動機影響個體對工作、生活的看法。哈佛大學的大衛・C・麥克萊蘭（David C. McClelland）把動機分爲四類，他提出，人們的動機是其生活的文化的反映，因一國中人們的文化環境相同，所以同一國家可能有以下一種或兩種主要的動機模式：

（一）成就動機

以取得成就爲導向的動機類型。成就動機的個體有以下特點：工作努力，渴望得到別人的承認和信任。他們希望受到挑戰，愛爲自己設置一些有適當難度的目標，願意承擔個人責任。由於他們強烈渴望成功，所以他們對失敗也有強烈的恐懼。如是成就動機的管理者，他們會期望其員工也是成就動機類型的人。可能出現的負面影響是他們無法很好地與其他類型的員工、同事共事。

（二）歸屬動機

就是以良好的社會人際關係動機爲主。與成就動機相比，歸屬動機型的人在友好、合作的環境中工作效率更高，而成就動機類型的人在上級回饋對其工作的評價後才幹勁倍增；歸屬動機的人傾向於選擇朋友作爲工作夥伴，而成就動機類型的人傾向於選擇有技能的人作爲其助手，很少考慮個人感覺。歸屬動機者本人會主動維護融洽的人際關係，並樂意向困境中的人伸出友好之手。如管理者屬歸屬動機者，就會過分注重建立良好的人際關係，讓員工一同享受工作的樂趣，但對監督、命令、指導等完成得不好，易導致無效率。

（三）競爭動機

競爭動機就是讓事情做得更好。競爭動機者爲自己能用技能解決問題而驕傲，能從工作獲得自我滿足感。如果周圍人注意到他們的成績，他們的自尊就會得到滿足。成就動機強調「我能做多少事」，而競爭動機更強調「我能做多好」。競爭動機者常常高品質地完成工作。作爲管理者，他們也會這樣要求同事和下屬，如果其他人做不到，他們往往沒有耐心。他們對工作的關心超過對人際關係的關心。

（四）權力動機

是一種影響人們和改變情勢的動機。權力動機者試圖對組織和他人產生影響，一旦得到權力，可以產生建設性或破壞性的力量。如果是透過合法手段獲得權力並出於對組織利益的考慮使用權力，就會產生建設性影響力。如果是出於個人私利使用權力，就會是破壞性的力量。權力動機者一般都追求得到領導職位，多數性格堅強，敢於在公開場合發表自己的見解，喜歡支配他人。

了解動機的類型，對管理者了解員工的工作態度很有幫助。安排同樣一個任務，對不同動機者的說法不一樣。管理者對成就動機者說：「這是一個富有挑戰性的工作。」對競爭動機者說：「這是一個要求高品質的工作。」對歸屬動機者說：「你可以找人和你一起完成這項工作。」對權力動機者說：「你要帶領別人一起做。」透過這種方式，管理者能用員工獨特的「語言」和他們交流，能根據每個員工的需要來溝通，激勵效果較好。

以上四種動機在不同文化中占主導地位的情況不同，即使同一動機在不同文化中的表現也可能不一樣。在西方文化中，以成就動機爲主，這一概念本身具有高度的自我取向或個人取向，在西方社會中，成就動機主要指個體認爲重要或有價值的工作，認眞去完成，並欲達到某種理想的內在推動力量。麥克萊蘭研究了個體成就與社會經濟發展之間的關係，他採用檔案法，比較了1920年至1929年與1946年至1956年這兩個時期中各國成就動機與經濟發展的關係，發現成就動機是影響社會經濟發展的一個重要因素。如今，成就動機更加受到人們的重視，著名心理學家D．克雷奇甚至提出：「工業社會是憑藉對首創與進取的提倡而取得成功的。」

在個人主義至上的美國，以成就動機和競爭動機爲主，據對美國企業界的研究，企業家、管理者的成就需要和權力需要都較高，而歸屬需要則較低。在小企業中，員工的成就需要普遍較高，其總裁的成就需要更高。大企業的總裁，其成就需要一般，而對權力和歸屬需要則較高，大企業的中高層管理者在成就需要上一般高於其總裁；日本員工和管理者的成就動機也很高，日本民族素有「工作狂」之稱，但其歸屬需要一般高於美國同行。

麥克萊蘭的理論在跨文化情境中應用時，需要一定的修正。如引起人們爭議最多的成就動機，麥克萊蘭提出的這一概念本身有高度的自我取向或個人取向，指在任何或一切情境中應用個體認爲優秀的標準，力求取得成功的傾向。這是根據西方文化中的個人主義價值觀得出的定義，如果用西方的概念來衡量大陸員工，就有可能得出結論：認爲大陸員工的成就動機很低。但楊國樞教授（1982）對此理論在大陸的應用做了修正，他把成就動機分爲兩類：一類是自我或個人取向的成就動機（individual oriented），由個體自己規定與成就有關的進程、優秀標準和評價；另一類是社會取向的成就動機（social oriented），由他人、家庭、群體或社會來決定與成就有關的進程、優秀標準和評價等。前者主要是在一個個人化的社會中產生，強調獨立，後者是在一個集體主義程度較高的社會中產生，強調依賴。這兩類成就動機本身無優劣之分。大陸以社會取向的成就動機爲主，不能說大陸人的成就動機低。

某種動機類型有可能只適合於一定的國家和文化，超越一定的界限後就不一定適用。同一種需要在不同文化中可能表現爲不同動機，同樣的動機在不同文化中可能由不同的需要引起，只有根據員工的文化背景、他們所推崇的社會主流文化，提供或滿足員工最需要的需求時，激勵才是有效的。

2.2.3 不同文化背景下員工態度的差異

態度是指一個人對某一事物、人物、情境或事件作出贊成或否定反應的一種傾向。態度在解釋人的社會行爲方面有非常重要的作用。個體的態度決定其行爲。由於態度本身是不可觀察的假設結構，所以它必須透過個體對客體的評價結果來測量。態度可以分爲三類：(1)認知反應，反映人們對客體的思想、信念及知識；(2)情感反應，即對客體的評價的情感；(3)意向反應，即指向客體的行爲意向、趨勢和行動。

態度在某種程度上直接決定著人們的社會行爲，所以態度有明顯的文化特點，如某一文化中種族歧視態度導致對特定群體的歧視行爲，某一文化的服從觀導致其對權威的絕對遵從行爲，某一文化的創造觀導致社會上的競爭行爲等。

有些態度對人們的工作行爲有影響，現將主要的態度分述如下：

（一）服從

服從是指個體根據他人的意願或社會要求、群體規範而表現出來的一種相符行爲。幾乎所有的社會都鼓勵個體在一定程度上的服從，並用一定的法律規範來保證和強制服從的實現。宣傳、說服、勸告、提供榜樣、獎勵和懲罰也是用來促使個體服從的常用手段。在一定程度上，獎勵越多、越大或懲罰越重、越多，個體就越容易服從。

服從對個體的社會化極爲重要。從童年、青年到步入成年社會，學會服從對個體是必不可少的。據F．奧爾波特對司機服從交通號誌進行的二千一百一十四次調查，發現有75.5％的車次見到紅燈能立即停車，22％的車次在減速後停車，2％的車次在緩慢減速後停車，0.5％的車次闖紅燈。他得出結論：絕大多數個體有服從的傾向。

但不同文化對服從的強調和服從內容要求不一樣。有些社會過分肯定服從，從而否定了個體個性的發展；有些文化充分肯定個性的自由發展，從而否定對權威的絕對服從。在前一種文化中，很難調動起人們的內在積極性和創造性；在後一種文化中，集體的合作常被忽視。如日本企業要求下屬，尤其是年輕人，對上級絕對服從，而美國企業卻希望年輕人有一種闖勁，能超脫一定的上下級關係，透過個人奮鬥實現自我。

從心理狀態而言，服從有自願服從與非自願服從。後者雖有服從行為，但其內心沒有自願服從的想法。當非自願服從的要求與個體的價值觀產生巨大的衝突時，個體內心就會體驗難以抉擇、痛苦矛盾的焦慮。在跨文化企業中，如果組織的企業文化與員工價值觀發生尖銳衝突，員工就會在服從與否的問題上處於高度焦慮狀態。

關於服從的原因，佛洛伊德認為主要源於群體中個體與領袖之間發展起來的力比多（libido，指內驅力、心理能量或性本能）聯繫，個體拋棄自身的超我而讓領袖發揮良心的功能，從而對領袖依賴、追隨和服從。弗洛姆認為是個體從群體的分化中體驗到孤獨、焦慮和恐懼，為此要求有一套穩定的社會體系和秩序來避免消極感受而有安全感，而個體由此只能獲得有限的自由。現在人們一般認為服從行為與服從者本人的看法有關，即認為發出命令者的權威性、正確性和合法性。當代研究服從的權威人物S．米爾格拉姆進行過一項良心與權威衝突的實驗（1963，1974）。實驗之一是在哈佛大學進行，名義上是進行學習能力的測試，實際是看被試對實驗者實施暴力指令的執行程度。結果表明，儘管有相當一部分被試（約65％）表現出不同程度的不安和焦慮，但還是服從了實施暴力的指令。這個令人吃驚的結果說明：即使是在強調個人主義的美國，在非自願服從情況下，反抗權威的行爲也是很困難的。

後來的研究表明，影響服從的因素既有客觀方面的，也有主觀方面的。客觀因素有：命令者的權威、聲譽；命令者是否在場；命令者與執行者的空間距離、人際關係；發出指令的組織內部是否一致；執行者的人數；文化的吻合程度等。主觀因素有：執行者的道德水準和狀況；執行者的人格特徵等。

跨文化企業與其他組織一樣，要求員工必須有一定的服從，如對企業規則、紀律等的遵守和服從。但不同文化中營造的服從氛圍不同，有的要求理性的服從，有的提倡盲目和機械的服從，有的甚至要求去人性化地服從，即爲了服從不惜使他人遭受非人道迫害的行動。

員工並非都會對管理者的命令全部服從，不服從的形式有三種：一種是抗拒，員工在行爲上會拒絕執行命令，在情緒上對抗；一種是消極抵抗，表面上服從，但內心不情願；一種是自然主義態度，在有外部監督力量時服從，無監督時我行我素。管理者要區分不服從的類型，從主觀或客觀因素方面予以改變。對由於文化觀念造成的不服從，要特別給予注意。

案例3：對經理的妻子應該嚴肅處理嗎？

熱爐定理是一個管理理論，指管理者在管理活動中制定嚴密、完整、科學的懲罰制度，及時懲罰。其特點是懲罰制度本身具有嚴密、完整、科學和權威性，而實施過程強調無偏袒、時效性、嚴密性和警告性。它的理論根據更多是X理論。

熱爐定理在有些企業應用得很有成效。某合資企業也根據這一理論制定了嚴格的規章制度。但在第一次實施時就遇到難題：一位中方女員工由於本人的疏忽，給公司造成了損失。按規定應該懲罰，但中方主管人員心裡戰戰兢兢，不敢決斷，因爲那位女員工是外方經理的妻子！在大陸文化中，人情重於原則，主管人員覺得實在難以拿經理妻子「開刀」。但如果不處罰，以後員工就不會服從——員工本來就覺得這種鐵面無私的規章是擺門面的，如果眞的實施起來，會得罪人的。

在人情與原則的衝突中，主管把情況彙報給經理。沒想到經理對他彙報這件事感到很驚訝：「這麼簡單的一件事，你直接按規章辦不就可以了嗎？不用請示我了。」主管如釋重負地走出了經理辦公室。

討論：

(1)你認爲中方員工在服從方面有哪些特點？

(2)你認爲那位犯了錯的經理太太會服從處罰嗎？爲什麼？

(3)如果你是中方主管，你會如何處理這件事？ ⊙

（二）依賴性

對人們工作態度影響較大的還有依賴性。依賴性是指具有不同角色和地位的雙方，從屬一方以掌握支配權方的意志爲轉移，並從對方的認可中取得派生地位，其特點就是尋找同一性、援助、安全感和來自外界的許可。

對依賴性的認識，人們經歷了一個從肯定—否定—再肯定的過程。最初的研究肯定了依賴性在前文化、部落和種族階段的作用，認爲它具有保持部落興盛的功能。在殖民階段，傳統的依賴性受到衝擊，獨立、自我中心等思想意識使依賴的地位下降。進入當代社會後，競爭、獨立成爲西方社會的主流思潮，但因過分強調這些而帶來的人際關係的冷漠、社會反常等弊病也暴露無遺，人們重新認識到依賴的重要性。有些心理諮詢就側重於讓當事人產生依賴感，如羅傑斯的來談者中心療法就是透過專業或非專業的方法，使依賴關係產生。員工對企業的依賴有時也會成爲一種很好的資源，成爲一種激勵力量。

不同文化對依賴性的強調和強調的內容都不同。如日本社會對依賴性就比較強調，依賴成了員工必須具備的素質。日本員工對企業的依賴具有家庭親子色彩，員工在某種程度上可以說是「公司大家庭」中的「兒童」，他們對公司有一種服從和依賴，而公司也希望得到其忠心耿耿的回報。大陸文化中對集體的依賴性也較強，員工不僅會把自己工作上的事帶入企業，而且還在個人的「私事」上依賴組織，如家庭成員的生老病死、子女入學、就業等。西方文化中個體對集體的依賴性不高，中西方在這方面有差異，所以一些中外合資企業的外方管理者曾對這一點考慮不足，對員工依賴於組織解決住房、醫療勞保等大惑不解，沒有提供滿足中方員工依賴感心理需求的福利保障，使員工產生不安全感。

岡利亞恩（1983）在其〈依賴性傾向〉一文中總結了依賴性的特徵，認爲依賴性可以分爲三組（見表2-4）。

在三組特徵中，A組爲否定的依賴性，具有這種性格的人完全喪失了駕馭自我和各種生活境遇的能力，依賴成了個體發展的障礙；C組爲與他人中斷關係的自我依賴，其特點是缺乏與他人的交互作用，也是個體發展的障礙；B組爲肯定的依賴性，它透過個體與群體之間的健康互動而使個體逐漸成長，是正常人際交往中必需的。

表2-4 依賴性的特徵

A	B	C
奴化	關聯性	孤獨
喪失信心	責任性	自戀
無能	交互性	自我中心
放棄	信任感	退卻
陷入	持續性	間斷性
消沈	寬容性	放任

資料來源：《心理學百科全書》（下卷）（頁1915），1995，杭州：浙江教育出版社。

相互依賴是當今國際政治、經濟生活的重要內容，也是當代企業中重要的人際關係特點。跨文化企業管理者要根據員工的不同文化背景，設計出合適的B組企業依賴風格，照顧到大多數員工的依賴心理需求，使相互依賴成爲推動企業良好溝通的動力。

（三）民族優越感

在跨文化企業中，這是一個經常遇到的隱性問題——儘管很少會以民族優越自我標榜，但在行動中這一點會不自覺地流露。民族優越感可以說是「認爲自己民族是最好的」信仰，一些研究也證明很多人確實有這種信仰。人們在母文化的薰陶中很容易對本文化有一種特別的感情和愛，而且有時民族優越感和愛國主義共生。但民族優越感的實質是對其他文化和民族缺乏了解產生的一種偏見和狹隘觀點，它像一副有色眼鏡，會阻礙員工去了解和理解其他民族的特點，對跨文化管理不利。

由於民族優越感是在母文化的薰陶下形成，較難消除。在跨文化企業中，著重要預防和消除的是由民族優越感帶來的負面影響，所以重要的是意識到自己的民族優越感，並對它造成的影響保持警惕。

案例4：藏不住的民族優越感

美川是日本總公司派到中日合資企業的外方管理人員。她平時見人總是彬彬有禮，和每一位員工打招呼，而且在工作時、午餐時，都和大家打成一片。但她能明顯感覺到大家與她保持距離，有時她甚至可以感受到來自中方員工的疏離。敏感的她爲此很苦惱，她覺得這是自己在跨文化人際關係上的失敗。

有一天她很眞誠地問一位中方員工，爲什麼大家不能接納她？這位員工判斷她的誠意後，告訴她：「我們願意和妳接近，但妳有意無意中透出的『日本人優越感』讓人受不了。」美川大吃一驚，她從沒覺得自己把內心深處的這種感覺表現出來，而且她是有意識在壓抑自己這個想法。員工告訴她：「妳在和我們接觸時，儘管妳表面上和我們平等，但我們能感覺到妳骨子裡那種居高臨下的姿態，我們不喜歡。」

這次回饋對美川是一個很大刺激，她開始意識到跨文化適應的課題比她想像得要難，可能還會涉及她價值觀方面的一些調整。有些她沒有意識到的思想，並不是說它們沒有表現，員工能夠感受到它們。但她覺得欣慰的是她現在已意識到這個問題，這是改變的前提。

討論：

(1)如果你是美川，你會採取哪些措施來改變或減少民族優越感？

(2)你在跨文化環境中，有沒有表現出民族優越感？ ⊙

2.3 文化差異與管理中的文化衝突

合資企業內部存在文化差異，必然引起文化衝突，這是正常的，關鍵是這種衝突在多大程度上影響合資各方的合作與管理，以及合資各方是如何來處理這種衝突的。我們可以用一個具體的合資企業爲例（本案例改編自田志龍、楊萍、馬昶(1995)。〈國企與外企的管理運作爲什麼不同？〉。《管理現代化》，(5))，說明在管理實踐中，文化衝突是如何發生的，以及如何得到解決的。

C汽車有限公司是一家由中方控股的合資企業，中方和外方出資比例爲60：40。在管理上，雙方採用共管型管理模式，中高層管理職位都由中方和外方各派人員擔任，雙方地位平等，決策也由雙方共同做出。

2.3.1 中外雙方在管理決策中的差異

在最初的管理運作中，雙方對一期工程的發展策略就存在思維方式和觀念上的差異：中方認爲應該高起點，一次達成十五萬輛生產規模，外方認爲應根據市場調查可行性報告，具備四萬輛生產能力即可。外方根本的出發點是功利觀：企業以營利爲目的，因而更注重市場因素、利潤率，爲此會在投資前請專業諮詢公司進行可行性研究，以了解市場動態，並據此決定投資規模；中方在實際決策時更多考慮整體利益、國家利益，從而更關注企業規模的大小，因爲規模越大，得到政府重視的程度也越大，越有可能獲得政府支持，對個人的前途、利益影響也越有利。至於企業規模與效益之間是否有必然聯繫、企業產品銷路等是其次的問題（表2-5）。

最後討論的結果，雙方相互讓步：外方同意按中方的計畫去做；中方承諾給外方更多的利益保障。

2.3.2　中外雙方在計畫上的差異

在管理計畫方面，中外雙方也存在衝突：外方的計畫原則

表2-5　中外雙方在管理決策中的差異

因素	中方	外方	衝突
企業目的	1.透過合資振興民族轎車工業 2.使中方母公司在大陸轎車行業建立實力 3.營利	1.進入大陸市場 2.盈利	1.文化觀念上：見義思利觀與功利觀 2.思維方式上：整體觀與局部觀 3.目標上：多目標與單一目標
個人參與者的目的	1.對政府官員而言：以引資數量、規模、項目個數爲政績 2.對企業經理而言：合資規模與獲得政府支持、優惠政策、個人成就和榮譽成正相關	1.對政府官員：較少參與 2.對企業經理而言：投資成功即意味著個人的成功和收入增加	1.生產規模與效益之間的衝突：效益是唯一指標；大的規模才是好的 2.對政府的態度：政府是爲企業服務的；企業獲得政府支持是至關重要的

是認眞討論並制定嚴密的計畫，最好把每一筆開支都能做到計畫中，實施時嚴格按照計畫執行；中方則傾向採取靈活態度，允許節外生枝（表2-6）。

2.3.3 中外雙方在組織活動方面的差異

在組織活動方面，中方和外方也存在明顯差異，如對解決「千禧蟲」問題，中方的想法是：召集相關部門負責人，宣布計畫目標，限期在某個時間前完成；外方的想法是：先召集各相關部門，成立一個「千禧蟲」項目小組，確定負責人，然後開會討論，提出多種方案，比較後選出最佳方案，確定完成方案的時間表，定期召開會議檢查情況。外方的方案較複雜，但經

表2-6 中外雙方在計畫上的差異

	中方	外方	衝突
對制定計畫的態度	1.憑主觀和大致情況制定大概計畫，差不多即可 2.注重短期計畫 3.計畫是給他人看的，即使明知無法完成也可以提出	1.獲取足夠資訊並認眞思考，制定嚴密計畫 2.長期計畫和短期計畫同樣重要 3.計畫是爲實施而制定的，一	定要有可行性 1.文化觀念：重現實，重眼前，輕推理，隨意性強；注重推理，計畫性強 2.體制因素：好大喜功、浮誇遺風；強調計畫的可操作性
對執行計畫的態度	1.對計畫外發生的事採取靈活態度 2.鼓勵提前完成計畫；無法完成計畫是可以原諒的	1.不允許計畫外開支、生產、銷售發生 2.不允許提前或延遲計畫的完成	1.文化觀念：注重人際關係而不是計畫，人情、面子重於計畫；計畫與人際關係不相互矛盾，執行計畫並不是放棄人際和睦

過雙方溝通，最後還是採取了外方的做法（表2-7）。

2.3.4　中外雙方在管理指揮活動方面的差異

在管理的指揮活動方面，中外雙方存在的差異主要表現在：外方認爲上下級之間有嚴格的等級界限，上級有權決定下級的升遷、獎金，下級服從上級；中方認爲上級要接受下級的民主評議，所以下級對上級有監督權，員工的晉升最終要經過黨組織，上級並無全部權力。基於觀念的不同，外方管理人員有時感到自己沒有足夠的權威讓員工完成某件事，自己的權威有受到威脅感。

在管理指揮活動中，中方更注重人際關係，認爲維持人際之間的和睦比完成生產任務有時更重要；而外方則認爲生產是第一位的，對生產的關心度更高（表2-8）。如果用日本學者的PM（performance-directed & maintenance-directed theory）理論來說明，則中方傾向於M型（以維持人際關係爲特徵），外方傾向於P型（以關注生產任務爲特徵）。

表2-7　中外雙方在組織活動方面的差異

	中方	外方	衝突
組織活動	1.目標最重要，前期準備和過程不重要 2.方案往往只有一個 3.較少進行中期檢查	1.執行前的討論和論證很重要，方法的可操作性很重要 2.要在多個可能方案中選優 3.強調活動過程中的檢查	1.文化觀念：直覺思維；邏輯性 2.結果最重要，方法不重要；方法的可操作性比結果更重要

表2-8 中外雙方在指揮活動方面的差異

	中方	外方	衝突
管理指揮活動	1.下屬透過民主評議等對管理者有監督權 2.下屬的提升要經過黨組織 3.在管理中顧及面子、人情	1.董事會對管理者的績效作評價 2.上級決定下屬的升遷和獎金 3.以生產任務爲重	1.文化觀念：人情重於一切；工作重於人際關係

2.3.5 中外雙方在管理協調方面的差異

對外方經理而言，當工作都有了明確分工後，協調不應是難事，即使偶爾有分工不明確的任務，各部門都會主動承擔。但在合資企業中，協調卻是外方經理最頭痛的事之一。對於職責上沒有明確分工的事，下屬不是不管不問，就是相互推諉，有的甚至在上級讓其做時予以拒絕（表2-9）。

2.3.6 中外雙方在管理控制，尤其是在成本控制方面的差異

管理活動的控制包括生產控制、品質控制、成本控制和資金控制等。在成本控制方面，中方和外方最大的差異表現在中方缺少市場經濟條件下的競爭觀念。外方提出可以在企業內部也引入競爭機制，如公司一台大型機械需要維修，中方管理者不假思索地決定讓本廠的維修科來做，但外方提出透過引入競爭來降低成本和提高效率，即使本維修部能做，也不能輕易讓他們做，而要透過與其他維修企業的比較後再做決定。最後本

表2-9　中外雙方在管理協調方面的差異

	中方	外方	衝突
協調	1.不在其位，不謀其政，不是分內的事不做 2.自己職權範圍內的事自己不做，也不許別人做	1.每個人都對自己和企業負責 2.自己做不了的事，尋求與他人合作	1.文化觀念：宗法社會中強調名正言才順，講究名分和身分；個人負責制 2.極端本位主義，缺乏合作精神；個人主義，但強調合作 3.體制因素：過度強調承包責任制

廠維修科透過競爭拿到了任務，但成本減少、方案更優。中方管理者擔心本廠維修科如競爭不過其他企業，員工就面臨失業，而外方管理者認爲只有壓力才能產生動力，才能提高效率。

在人力資源的成本上，外方注意人員編制的最小化和最優化，能夠一個人完成的事，絕不能再招聘第二個人。但中方管理者每年在申報人員編制時，都會拚命要人（表2-10）。

2.4　文化差異與管理中領導者領導模式的差異

除了情境因素之外，在不同文化中決定領導模式的主要因素是價值觀、需求、信仰、冒險精神、認識類型以及管理者背景等方面的不同。

表2-10　中外雙方在管理控制方面的差異

管理控制	中方	外方	衝突
成本控制	項目或任務優先考慮企業內部	把項目與任務放到整個市場中考慮，成本要最優	1.文化觀念：肥水不落外人田；競爭意識也體現在企業內部
人力資源成本控制	各部門都想擴大本部門的人員規模	儘量縮減編制	1.人多力量大：人員與成本、效率之間的關係最爲重要 2.體制原因：國營企業的自我擴張衝動
資金與設備控制	1.易壞的機器設備才有必要存備件 2.消防、警報系統等不重要	1.重要的機器設備都應存備件 2.消防、警報系統都是重要的裝置	1.觀念：缺乏風險意識；有強烈的風險意識

2.4.1　價值觀

價值觀對於領導者情境知覺的形成、決策和解決問題以及人際關係等都有影響作用。G. W. England曾經指出，價值觀可以透過人的行爲引導和知覺篩選來影響人們的行爲，或者同時透過這兩種方式影響人們的行爲。前者直接影響人的行爲，後者則透過個人對他們所見所聞的選擇、過濾和理解來間接影響人的行爲。英國關於價值系統影響行爲的觀點曾經得到了許多實際結果的驗證。

英國發現，所有國家（除印度之外）的管理者都有高度的實用主義傾向。實用主義的價值觀強調生產率、利潤以及與事業成功相關的成就（如表2-11所示）。

英國的研究還顯示，印度的管理者比美國和澳洲的管理者

表2-11　管理者主要價值傾向

管理者	個案數量	道德主義的（%）	實用主義的（%）	影響（%）	混合的（%）
印度	623	44	34	2	20
美國	1071	31	58	1	9
日本	394	11	66	8	15
澳洲	351	40	40	5	14
韓國	223	12	61	9	18

更加重視組織的穩定，印度和澳洲的管理者比美國管理者更重視雇員的福利而不是利潤最大化的目標。可能印度的管理者將維持組織穩定看作是自己的終極目標，而利潤最大化只不過是實現這一目標的手段。而美國管理者在這一點上恰恰相反。澳洲的管理者不及印度的管理者那樣把組織的穩定和成長看得十分重要。

印度、澳洲和美國的管理者在個人價值目標上也存在顯著差異。印度的管理者比美國、澳洲的管理者更爲重視工作滿足、威嚴、威望、安全和權利，而且更加強調服從和順和。在變革和保守指向上，印度管理者將保守、慎行看得比變革更爲重要，而美國和澳洲的管理者則相反。

2.4.2　需求強度

管理者的價值觀會直接影響組織的營運，而管理者的需求則透過影響管理者對他們目前工作的滿意程度來影響組織營運。

馬斯洛曾經進行了有關人的需求的研究，他把人的需求分爲生理、安全、社交、尊重和自我實現等五個方面。此後，阿爾德佛把人的需求分爲生存需求、關係需求和成長需求三種。

管理者的需求有多種，不同文化背景中，人的需求也不同。**圖**2-1顯示了不同文化中需求滿足的類型，日本管理者自我實現的需求的滿足高於其他需求，英美兩國的管理者社會需求得到的滿足最高。

圖2-2則表明，發展中國家管理者的所有需求均高於其他國家的領導者，而北歐的管理者對上述需求都要求很低。

由於文化的不同，管理者及下屬的需求也存在跨文化的差異，管理模式也就有所不同。例如，在一種安全和穩定占主導地位的文化中，保守的行爲模式會成爲主體；而在一種自我實現的需要占主導地位的文化中，創新行爲則會成爲主體。

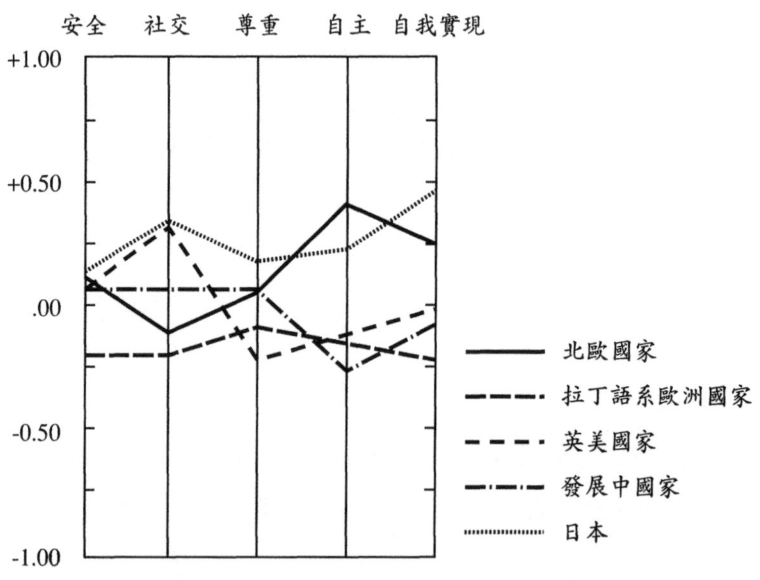

圖2-1　按國家劃分的需求滿足程度指標

2.4.3　信仰

在一個被動相信「只有外部力量才能夠決定最終結果」的氛圍中，人們會對主動控制失去信心與把握，從而使管理模式走進消極的窠臼中。而只有當人們相信自我控制時，他們才會強調準確的資料和計畫的效用。

管理者信仰的一個重要方面是對於參與的態度。與其他國家的管理者相比，美國的管理者更加相信個人具有創新的能力和展示其領導行爲的願望。

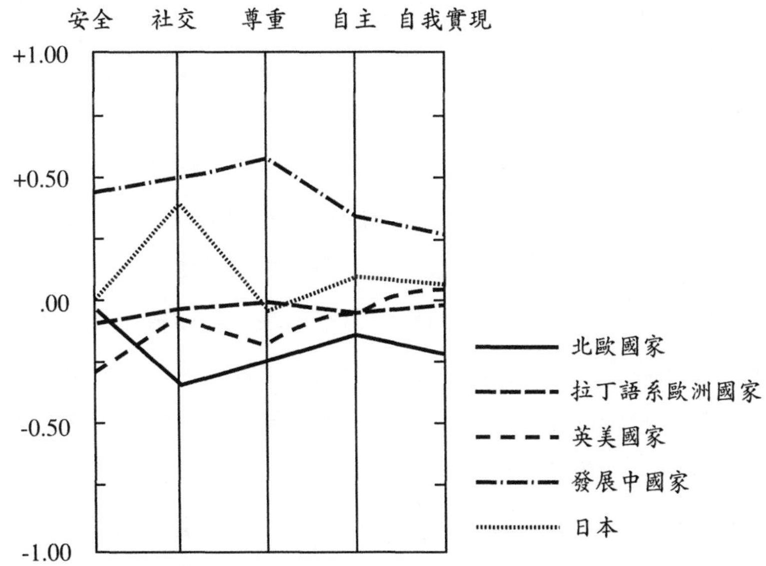

圖2-2　按國家劃分的需求重要程度指標

2.4.4 風險意識

在風險意識與領導的關係上，許多學者有以下的認識：

1.勇於冒險的人是潛在的領導人。
2.在討論問題時，勇於承擔高風險的人更具有影響力。
3.勇於承擔高風險的人具有更自信的特點，這使得他們能影響其他組織成員追隨他們的領導。
4.勇於承擔風險的人具有更大的推動力。

在冒險方面的積極進取或保守傾向是與成就動機緊密相連的。正如成就的動機存在著跨文化的不同，在冒險中的進取性和保守性也因文化而異。按照法默和里奇曼的觀點，具有相對高的成就驅動傾向的管理者一般而言是一個「好的冒險者」。他們是那些既不保守也不過分盲目進取的理性主義的人。

就保守和進取而言，在美國的管理者和歐洲的管理者之間有著明顯的不同。美國的管理者似乎是更富有進取精神的冒險家。而在土耳其、印尼、埃及等國家，在管理中似乎具有保守和理性的特徵，又具有在冒險時的非理性特徵。

貝斯曾研究了不同國家的管理者對風險的忍受力。美國和日本的管理者也具有較高的風險忍受力，而比利時、德國和奧地利的管理者對風險的忍受力則較低。特別要提及的是，研究者們發現，管理者冒險的傾向性要多於他們所冒的風險。在美國的管理者中，冒險的意願和實際冒險之間存在著相當大的差距。

2.4.5　文化差異中的領導決策

領導模式的一個重要方面是決策模式。不同的文化影響決策的不同類型，歐洲人傾向於把決策建立在過去的經驗上，並且強調品質；美國的管理者更加著眼於未來，重視數量更甚於品質。海勒曾發現，在阿根廷、智利和烏拉圭，領導人喜歡作出迅速的決策，他們所強調的是速度而不是資訊的理性化。海勒同時發現，在拉丁美洲，董事會通常是低效率的，因為他們通常沒有在會議召開之前進行準備，因而他們的決策往往建立在直覺判斷和情感的爭論上。與此相反，哈布思發現巴西人傾向於取消決策，採用「等著瞧」的態度，這可以避免出現大的問題並強調「無差異」的解決辦法。

在美國和瑞典，管理者強調理性化。日本管理者強調決策過程的客觀性，更多的是依賴他人解決問題。而美國人傾向於集體決策與參與。

解決問題時對他人的依賴程度是與決策模式緊密相關的一個重要因素。可以預見，解決問題時對他人的依賴程度越高，集體決策的可能性就越大。例如，義大利領導者在決策時對他人的依賴性最低，因此，他們就很少有集體決策的傾向。表2-12是各國對依賴他人決策與集體決策的自我評價結果。

在日本，決策過程是自下而上的，所有的群體成員都擔負著決策的責任。當取得共識之後，一個群體就將其決策送往另一組，以取得認同。決策越是重要，送達的層次也就越高。日本人依賴於群體，故而公司的基本要素是群體而不是個人。所以，體現在決策過程中，日本企業領導人的影響力遠不及美國

表2-12 對賴他人決策與集體決策的自我評價

國家分類	樣本數	依靠他人		與個人決策相對的集體決策	
		實際	傾向	實際	傾向
美國	327	5.1	6.1	5.7	5.7
英國	109	4.5	5.8	5.5	5.1
荷蘭	77	5.2	5.4	4.9	5.0
比利時	56	4.5	5.2	4.9	4.2
德—奧	156	4.7	6.8	4.8	4.5
北歐	63	5.5	6.8	4.8	4.5
法國	40	4.2	5.4	4.5	4.2
義大利	89	4.2	4.8	4.0	3.4
西班牙	35	3.6	4.3	4.3	3.3
拉丁美洲	—	—	—	—	—
印度	39	4.7	5.6	5.3	4.2
日本	72	5.0	6.5	5.1	4.8
高ROA	490	4.9	5.8	5.1	4.7
低ROA	554	4.8	5.9	5.2	4.8
合計	1044	4.8	5.9	5.2	4.8
S.D.		1.9	2.0	2.0	2.12
% V(R^2)		4.9	8.6	7.3	15.0
F國家		4.3	8.0	6.5	14.0
FROA		1.3	0.1	0.1	2.8

領導人的影響力，美國企業的決策高度集中化，主要的決策都是在高層作出的。美國的集體決策的內容主要是操作性的和任務性的事務，而不是主要政策的制定。

決策過程也會受到認知因素的影響，但它的影響並不顯著。來自不同文化背景的管理者對同一種事物的看法會有不同，不同的知覺會導致對事物不同的評價和判定，從而影響對解決問題的策略選擇。

還有一些研究人員認爲，管理者對命運、協作和信任的態度也會影響決策的類型。過分相信命運的人認爲外部的力量在控制事物的發展，而不相信命運的人認爲自己能對事物實施控制；具有高度的協作精神的人在決策中會保持協作、理解、幫助和友誼的態度；信譽低的人在決策中呈現出自私、敵意、敏感和緊張的態度。

本章摘要

- ◆文化具有習得性、群體性、差異性和共性、約束力、變遷性與穩定性。
- ◆管理是一種文化，文化在一定條件下也是管理的手段。
- ◆員工的需要、動機和態度因文化背景不同而有差異。
- ◆文化差異是中外雙方在管理決策、計畫、組織活動、管理指揮活動、管理協調和管理控制方面存在差異的重要因素。
- ◆文化差異對領導決策有影響。

思考與探索

1.文化與管理的關係如何？

2.動機自評表

下面每道題都有四個答案，請根據你的感受，把每道題的四個答案排序，把你最喜歡的答案選為4，較喜歡的選為3，次之為2，最次之為1。

(1)我喜歡　A挑戰性的工作　B與周圍人合作
　　　　　C勝任自己的工作　D對別人有影響力

(2)我喜歡　A獨特的回饋　B社會交往
　　　　　C被激勵　D能影響別人

(3)我喜歡　A適度冒險　B與他人一起工作
　　　　　C做高品質的工作　D獲得權力

(4)我喜歡　A得到別人信賴　B得到個人友誼
　　　　　C得到他人尊敬　D面對變化

把你在A、B、C、D四項上的得分分別相加，看哪一個得分最高——總分的變化幅度4至16分。如果A得分最高，就是成就動機型；B得分最高，就是歸屬動機型；C得分最高，就是競爭動機型；D得分最高，是權力動機型。如果有兩種得分相同，你就是這兩種的混合型。把你測出的結果與他人討論，看是否和他們對你的評價相符？

3.你如何看待員工需要、動機、態度的跨文化比較？

4.對第三節的案例進行討論，分析造成中外雙方管理決策、計畫、組織、指揮、協調和管理控制方面差異的主要原因是什麼。

5.文化差異對領導決策的影響作用具體表現在哪些方面？

第3章
合資企業跨文化管理的理論

3.1 跨文化企業管理的分析模式

國外一些管理學家經過研究與實驗，提出了一系列有關合資企業跨文化管理的分析模式，包括法默－里奇曼模式、尼根希－埃斯塔芬模式、孔茨模式等，這些模式都是從不同的角度對中外合資企業的環境、管理哲學、管理過程、管理效果等方面進行了具體的比較分析。

3.1.1 法默—里奇曼（Farmer-Richman）模式

這一模式是由美國印第安那大學的管理學家法默（Richard N. Farmer）和美國加利福尼亞大學的管理學家里奇曼（Barry M. Richman）提出的，故稱爲法默—里奇曼模式。

這一模式指出，各種外部環境既會影響管理效果，又會影響管理過程諸要素，而管理效果又將決定一個企業的效率，從而決定一個國家或社會（系統）的效果。法默—里奇曼模式具體地討論了外部因素對管理的影響（用圖3-1表示）。

圖3-1中，外部環境因素包括教育方面的變化因素、社會—文化方面的變化因素、政治—法律方面的變化因素、經濟方面的變化因素。

表3-1闡述了上述諸環境要素對管理中各種職能的影響。不同文化背景的國家，其影響的方面是有差別的。

法默—里奇曼模式的實質在於：

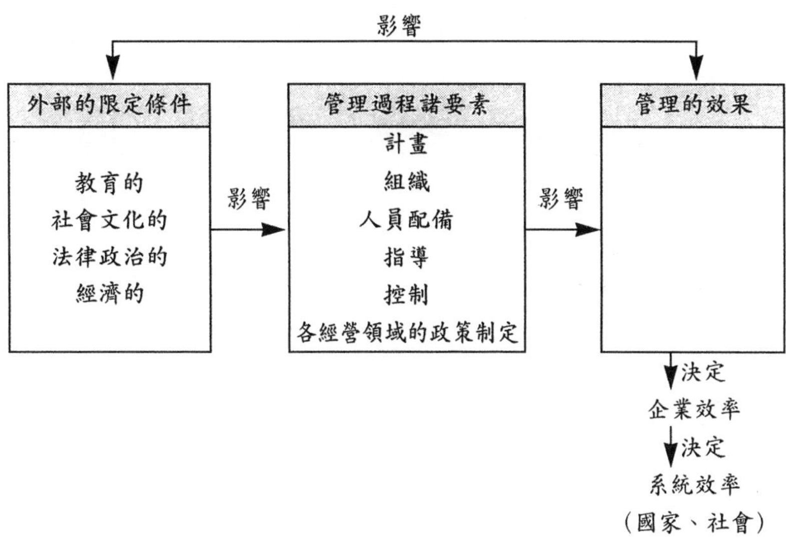

圖3-1　用於分析比較管理的法默—里奇曼模式

表3-1　外部因素對管理工作的影響

企業職能與活動	外部因素			
	教育（Ed）	社會—文化（Sc）	法律政治（Lp）	經濟（Ec）
1.計畫（Pl） 目標、策略、政策、規劃、程序、決策	Ed→Pl	日本：在決策時進行商議，決策工作自下而上	德國：在政府的領導下作計畫	Ec→Pl
2.組織（Or） 結構、職務、工作活動分組、職權、職責、協作	Ed→Or	日本：職權往往以資歷爲依據，尊重長者	德國：共同作決定，工人在檢查委員會和執行委員會中有代表	Ed→Or
3.人員配備（St） 人員需求、選擇、評價、報酬、培訓	Ed→St	日本：終身雇傭	德國：在大公司中工人參與主要的人員配備決策	Ec→St
4.領導（Le） 激勵、領導、資訊溝通	Ec→Le	日本：對公司效忠 德國：獨裁式領導	Lp→Le 德國：法律要求公司在董事會和執行委員會中列有工人代表	Ec→Le
5.控制（Co） 標準、措施、糾正	Ed→Co	Sc→Co	Lp→Co	Ec→Co

1.試圖建立一個在一個國家裡管理總效果與一系列特定集合變數之間的功能聯繫。
2.找出了管理過程的關鍵要素——組織、計畫、人員配備、領導、控制等。
3.找出了各種重要的外部制約因素。
4.試圖總結出外部制約因素與管理過程、管理效率的相互影響、制約的關係。

對法默—里奇曼模式的評價：這個模式希望能夠揭示不同國家的企業管理的獨特方式是否由下列因素造成：

1.是否由於各國企業管理者喜歡用不同的管理方式處理問題呢？
2.他們是否認爲自己的管理方式更爲有效呢？
3.是否因爲他們的管理目標與別人不同呢？
4.企業的外部環境是否存在差異呢？
5.是否他們不知道存在其他的更爲有效的管理方式呢？
6.他們是否對別人的管理方式不感興趣呢？

該模式的貢獻在於說明了環境因素對管理實務的影響，但是不足之處在於未說明管理理論的可轉移問題。

1980年，法默、里奇曼在合著的《國際管理》一書中提出了一個變種模式——比較管理的矩陣模式（如圖3-2所示）。

B、C縱橫交錯的元素網路構成矩陣形式。由此，可以對兩個或多個企業的管理進行比較。

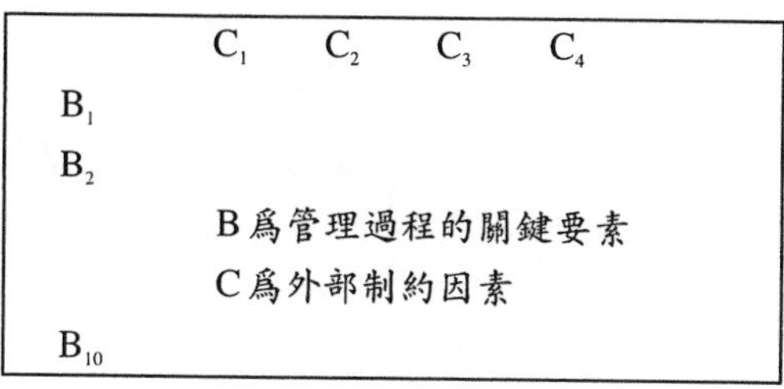

圖3-2 比較管理的矩陣模式

3.1.2 尼根希—埃斯塔芬（Nequndhi-Estufen）模式

美國的尼根希（Anant R. Nequndhi）教授和埃斯塔芬（Bemard D. Estufen）教授在共同撰寫的論文〈在不同文化和環境中確定美國管理技能的通用性模式〉中提出該模式。

尼根希—埃斯塔芬模式增加了一個「管理哲學」自變數。圖3-3為模式圖，其中自變數為管理哲學、環境因素，中間變數為管理效果，因變數為企業效果。這一模式可以解釋為：

1.管理哲學與環境因素共同影響與決定管理實踐，即管理的各項職能的發揮。
2.環境因素直接影響管理效果與企業效果。
3.管理實踐也在影響管理效果。
4.管理效果最終決定了企業效果。

3.1.3 孔茨（Koontz）模式

孔茨（Harold Koontz）把環境因素和管理基本知識區分

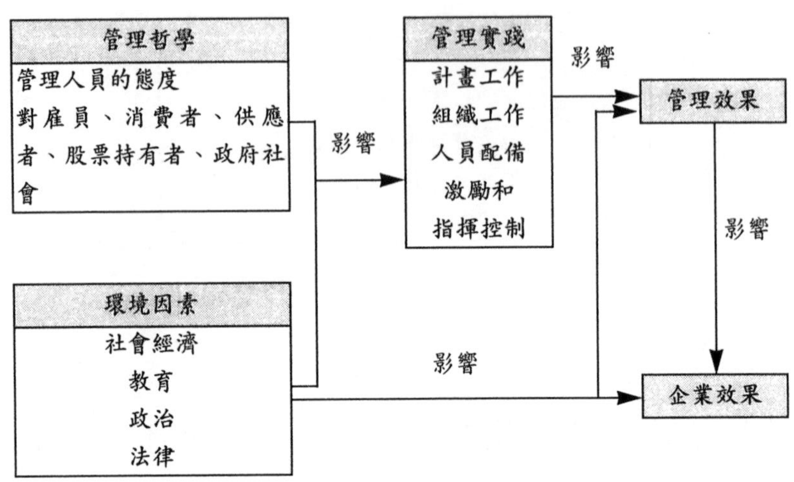

圖3-3 尼根希—埃斯塔芬模式圖

開，認爲企業經營活動可以分爲管理和非管理兩類，兩類因素共同制約企業績效。孔茨模式指出，企業績效取決於管理因素和非管理因素，管理因素可以保證非管理因素得以發展。孔茨模式如圖3-4所示。

3.1.4 尼根希—普拉薩德（Nequndhi-Placade）模式

尼根希和普拉薩德（Placade）在他們合著的《經濟增長中的管理》一書中提出了該分析模式。

該模式認爲，企業的經營管理可以分爲三個部分：

1.管理哲學：其要素包括顧客、雇員、供應商、銷售商、政府與公眾、股票持有者。
2.管理過程：其要素包括計畫、組織、人員配備、指揮、控制。

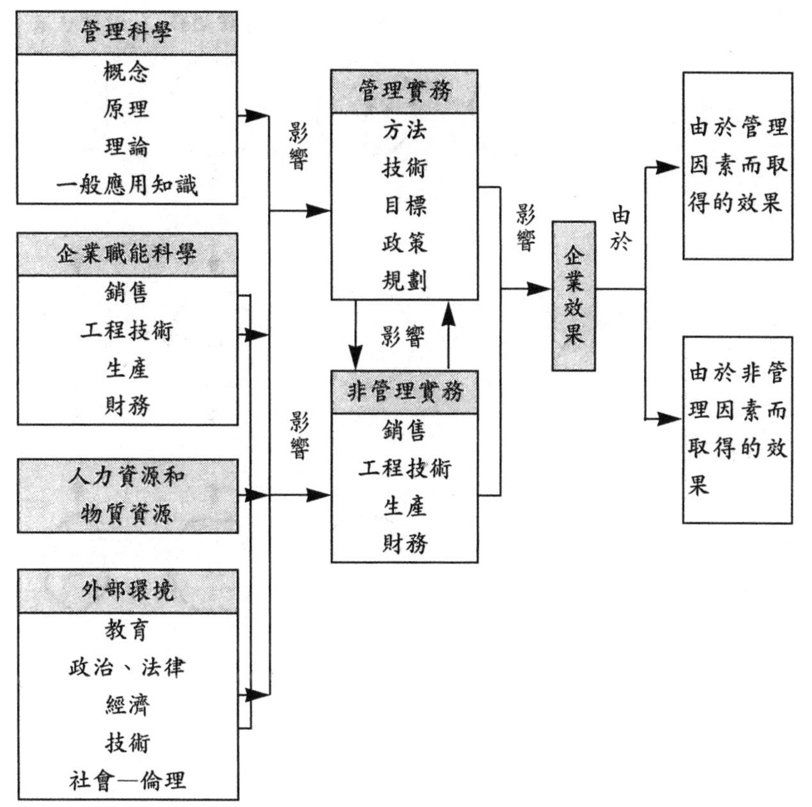

圖3-4　孔茨模式圖解

3.管理效果：其要素包括總利潤與純利潤、利潤增長、市場占有率的增長、股票價格的增長、人員流動率、顧客數量。

尼根希和普拉薩德應用原模式，對三種不同類型企業進行比較研究，得出了尼根希—普拉薩德實驗模式，如圖3-5所示。

圖3-5中，E代表環境，X代表管理哲學，P代表管理過程，Z代表管理效果。他們的實驗研究表明：

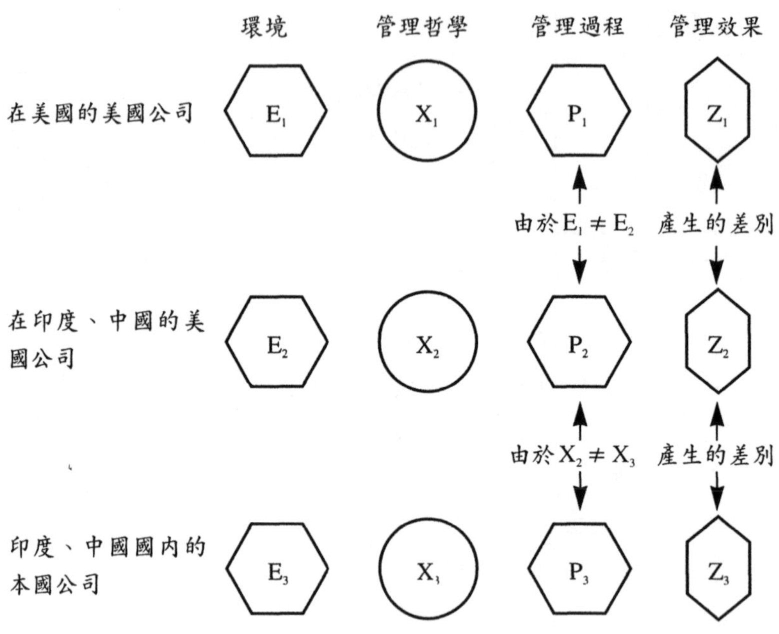

圖3-5 尼根希—普拉薩德的實驗模式

1. $E_1 \neq E_2$，即外部環境不同，$X_1=X_2$，即管理哲學相同，結果$P_1 \neq P_2$，即管理過程不同，$Z_1 \neq Z_2$，即管理效果也有差別。
2. $E_2=E_3$，$X_2 \neq X_3$，結果$P_2 \neq P_3$，即管理過程不同，$Z_2 \neq Z_3$，即管理效果也不同。

由上可見，運用這種模式，可以對不同企業（國有企業、私營企業、外資企業等）的環境、管理哲學、管理過程、管理效果進行具體的比較分析。

3.2　跨文化企業管理的理論

3.2.1　跨文化企業的管理模式

多元化企業具有不同的形式，往往經營活動複雜，組織機構遍布世界各地。如何取得不同文化的融合、協同作用，共同調動員工的積極性，提高經營績效，以及怎樣保持整體策略與各分支機構經營計畫的協調等，都是跨文化企業管理中面臨的關鍵問題。

當今，國際化企業的管理模式按照集權與分權的程度，以及母子公司之間、各子公司之間的關係，可以分爲常見的三種模式：(1)本國中心模式；(2)多元中心模式；(3)全球中心模式。

本國中心模式即以母公司爲中心的「集權式計畫和控制」的方式。其決策權高度集中於母公司，由母公司確定標準來評估各分公司的業績，控制子公司的人員和工作；母公司把自己的經營方案和經營計畫以命令或意見的形式下達給子公司；子公司的主管是由母國確定並選派的，強化企業身分和人事安排上的國籍性等。

多元中心模式即是以一個分部或國外子公司爲中心的「分權式計畫與控制」方式。這種模式下，企業決策權分散、子公司具有較大的評估、控制與經營權；母子公司之間的溝通方式十分靈活；子公司管理人員以當地國籍爲自己的身分。

全球中心模式是集權與分權相結合的計畫與控制模式。母公司給子公司更大的自主權；母子公司之間採取合作的方式，經營權與控制權在母子公司之間的分配遵循的是效率原則。在國際化企業的國際經營業務中，創建合資企業進行海外直接投資的形式顯得日益重要。

根據合資企業決策過程的特點，合資企業的管理方式可以分爲以下三種基本類型：(1)以一方母公司爲主的管理方式；(2)雙方共同管理的方式；(3)獨立經營管理方式。

無論是國際化企業採取何種的管理模式，即本國中心模式、多元中心模式或是全球中心模式；也無論是合作、合資還是獨資的外商投資劃分方法；或進而探討合資企業中所應用的是以一方母公司爲主的管理方式、雙方共同管理的方式還是獨立經營管理方式……都不可避免的牽涉到國際化企業的母國和東道主國家的社會文化背景的比較、影響、相互作用。不同國家的政治、法律、經濟、文化特徵不同，相應的價值觀和經營力量也會有很大差異；國際化企業的母公司有其獨特的文化風格，就可能與東道主國家的大多數企業的文化風格存在差異；國際化企業中的員工，在個體文化上又存在差異。所以說，我們所探討的跨文化企業是從文化差異的角度來加以定義的，而國際化企業的定義則更加側重於組織、管理、控制、營運方式等方面。在具體涉及的企業實體範圍上，跨文化企業和國際化企業有相互重疊的地方。因此，當我們談論諸如合資企業、跨國企業的時候，可以說也就是在探討有關跨文化企業的問題。

3.2.2 莫朗的跨文化組織管理理論

以往有關跨文化管理或者跨國公司管理的研究都側重於從

文化背景的差異方面來探討不同國家、不同制度、不同文化傳統條件下的組織的有效性。霍夫斯泰特（G. Hofstede）的民族文化向度論提出民族文化特徵向度有四個：權力距離、不確定性避免、個人主義—集體主義、男性度—女性度。此外，莫朗、阿德勒以及卡爾德等都對合資企業組織管理有關的跨文化現象進行了深入的探討。

莫朗（R. T. Moran）提出了跨文化組織管理理論。在《跨文化組織的成功模式》與《文化協和管理》兩書中，他提出，跨文化組織模式的管理有效性的依據是存在著一種潛在的最佳協和（synergy）作用，對減少由於一起工作時不可避免產生問題所帶來的損失是可行的。

關於跨文化協同管理中文化一體化的功效指標，莫朗認爲：

1.文化一體化是一個動態的過程。
2.包含著二種經常被認爲是相反的觀點。
3.擁有移情和敏感性。
4.意味著對發自他人資訊的解釋，它擁有適應性和學習性。
5.協同行動，共同工作。
6.群體一致的行爲大於各部門獨立行動之和。
7.擁有創造共同成果的目標。
8.它與2＋2＝5相關而不是4。由於跨文化障礙，其文化協同方程可能爲2＋2＝3，只要不是負數，便獲得了進步。
9.對其他不同文化組織的正確且透徹的理解。
10.文化一體化而並非單方的妥協。

11.文化一體化並非指人們要做事，而是基於文化而行爲時所創造的事。

12.文化一體化僅產生於多元化組織爲獲得共同目標而聯合努力的過程之中。

3.2.3 阿德勒的文化協調配合論

阿德勒（Adler）將其文化協調配合論定義爲：處理文化差異的一種方法，包括經理根據個別組織成員和當事人的文化模式形成的組織方針和辦法的一個過程。這一理論也可解釋爲文化上協調配合的組織所產生的新的管理和組織形式，這一組織超越了個別成員的文化模式。這種處理辦法是承認組成多種文化的組織中各個民族的異同點，要把這些差異看成是構思和發展一個組織的有利因素。

阿德勒在文化協調配合論中，提到了跨文化管理中文化協調的方向、處理辦法和有益的建議。

在阿德勒的文化協調配合論之基礎上，另一位國外華裔學者透過對三家中外合資企業的調研，總結了合資企業跨文化管理成功的四個要素：

1.共同的長期策略。

2.互利。

3.相互信任。

4.共同管理。

3.2.4 斯特文斯的組織隱模型論

斯特文斯（O. T. Stervens）的組織隱模型論（implicit models of organizations）理論是霍夫斯泰特理論的延伸，他認爲，權力距離與中央集權相關，然而不確定性避免和形式化——即對正式規則和規定的需要、將任務派給專家等——有關。因此，不同的國家在組織觀念上有不同的理解。

大多數法國的組織爲「金字塔型」，這是一種中央集權和形式化，即老闆在組織頂端，而其他人則處於下方適當位置上。

原西德公司爲「潤滑機器」，他們用以前訂的規範來進行組織運轉，這是「形式化」的體現，但不是中央集權。

英國爲「鄉村市場」，不是「形式化」，也不是中央集權，組織成員之間相互「討價還價」，其結果不被權威或過程所限定。

美國處於以上三種類型的中間位置，美國的組織的概念、層次等本身不是目標，規則本身也不是目標，這二者是獲得結果的手段，如果爲達到目標，那麼組織也是可以改變的。

亞洲國家的組織則是「家庭式」的，這是一種中央集權式的組織，權力明顯的被控制在「家長」的手中。

3.2.5 彼得·基林的合資企業經營論

加拿大研究合資企業的傑出專家彼得·基林（Peter Killing）根據對北美和歐洲三十五個合資企業和二個發展中國家的合資企業的調研結果，寫成了《合資企業經營的成功策略》

(*Strategies for Joint Venture Success*)一書，總結出其著名的合資企業經營論。

彼得．基林認爲衡量合資企業經營好壞可以有兩種方法：方法一是由合資企業經理按照其主觀感受進行評定；方法二認爲有兩個標誌——其中之一是趨於破產而固定資產實行轉讓，其二是由於完成狀況差而導致重大的改組。

他指出合資企業難以管理的原因不在於其任務格外困難，而在於這是一種相當不易管好的組織形式。其困難不在於外部，而在於內部，即合資企業有一個以上的母公司。

他還著重指出，誠意和技術是合資企業取得成功的關鍵。而且相比較而言，主要經驗不在技術方面，而是在人際關係方面，在合資企業中，最主要的是建立一種關係，使來自四面八方不同公司的人們能夠一起共同工作。關鍵在於能正確地協調周圍的環境，信任與相互關心是我們的關係中的主要原則。

合資企業要成功，必須做到合營者要選好、合資企業的基礎設施要制定好、合資企業的領導班子要好。

3.2.6 保羅．畢密斯的合資企業論

保羅．畢密斯(Paul W. Beamish)透過對二十七個發展中國家的六十六家合資企業進行廣泛調查，在收集資料並對其中十二家核心企業進行重點調查的基礎上，在其所著的《發展中國家的跨國合資企業》(*Multinational Joint Ventures in Developing Country*)一書中對發展中國家的經營管理進行了深入的分析。

他認爲，合資雙方的需要和承諾是合資企業取得成功的先決條件，由於充分尊重了雙方的需要和履行各自的承諾，企業

都取得了令人滿意的經營成果。

3.3　合資企業共同管理文化的新理論與模式

3.3.1　共同管理文化的基本思想

跨文化心理差異造成了跨文化的管理理論、思想、制度和方法。爲了減少合資企業中中外雙方的衝突與碰撞，俞文釗教授和賈詠提出一種能夠爲雙方共同接受的新而有效的管理模式——共同管理文化新模式。共同管理文化（common management culture, CMC）下分結構組織模式與系統展開模式兩部分。對近三十家合資企業的調研結果表明，在先進技術的引進過程中，合資動機的匹配、資訊交流等都決定於共同管理文化模式的完善程度。

俞文釗教授、賈詠所著〈共同管理文化的新模式及其應用〉一文，詳細闡述了他們在理論研究成果與實際調查的實踐基礎上提出的「共同管理文化」這一中外合資企業跨文化管理的基本理論假設。茲將共同管理文化的定義、特徵、原則和方法闡述如下：

（一）共同管理文化的定義及其構成

共同管理文化是他們針對中外合資企業這一特定組織而提出的。中外合資企業是一個中外合資各方緊密聯合的統一的經濟實體，因此要增強其生存適應能力，才能取得共同管理的成功。這就需要合資雙方共同努力，從特定合資企業的實際出發，以各方不同的管理文化爲基礎，構築起適合企業有效運行的管理模式，這一共同的管理文化或模式就是共同管理文化。

俞文釗教授等將共同管理文化定義爲：合資雙方在共同利益的基礎上，透過雙方不同管理文化在特定合資企業的共同經營管理中組合、融合，經雙方相互了解、協調而達成的企業雙方成員共識的新的管理文化或模式。它涉及合資企業的經營管理觀念及在此基礎上的決策、生產經營行爲、組織結構和相應的企業法規制度。CMC是一種跨文化管理模式，它要達成的是合資企業內部合理的企業體制和高效的運行機制。

共同管理文化下分結構組織組合模式和系統展開模式兩部分。圖3-6爲中外合資企業CMC結構模式組合圖，在這一模式中闡述了共同管理文化的特徵、原則和有效手段所組合的結構體系。

（二）CMC的四個特徵

共同管理文化的特徵決定著中外合資企業的CMC建設所應達到的程度，它直接關係到CMC這一新型管理模式在企業實際運行中的合理性和有效性。中外合資企業的CMC既體現合資企業中不同國家的獨有管理風格，又具有共同管理的特徵。

就中外合資企業而言，CMC所具有的這些特徵包括：

◆具有「中國化」特色的中外管理文化共組的跨文化管理模式

這是指在西方先進管理觀念、方法的引入和在共同管理文化的形成中，必須立足於中國傳統的管理文化，只有適應中國企業實際的管理文化才能取得最終的成功。

上海大眾汽車有限公司的原德方副總經理馬丁·波斯特博

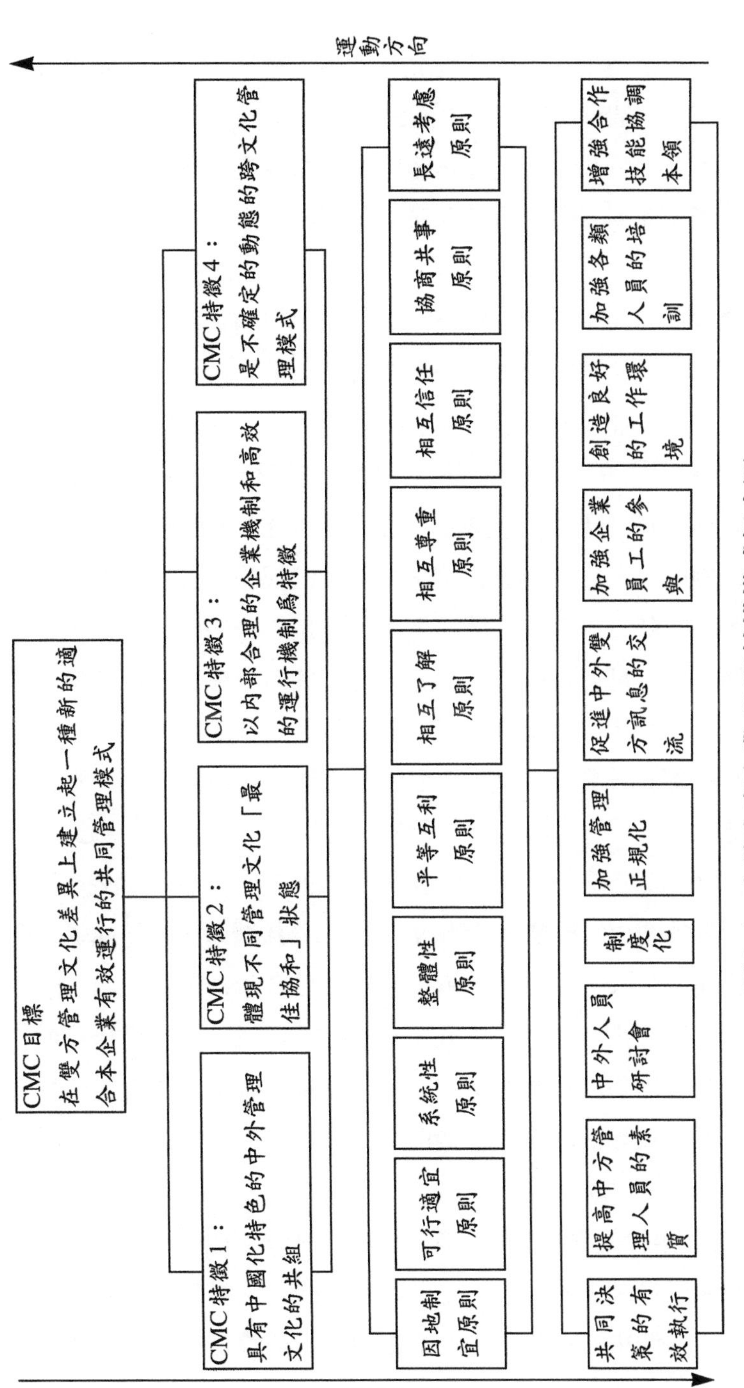

圖3-6　中外合資企業CMC結構模式組合圖

士的一番話體現了中外管理文化共組的趨勢：「爲了實現長期的目的，必須實現兩個『中國化』，即一個是技術中國化，另一個是管理中國化。」美國著名管理學家德魯克曾經說，「管理越是能夠運用一個社會的傳統價值觀和信念，它就越能取得成功」。

◆體現不同管理文化的「最佳協和」狀態的跨文化管理模式

即指在共同管理中，中外成員必須通力合作、和諧共事，使雙方的潛能達到「最佳協和」狀態，讓合資企業向合夥雙方「一致滿意」的方向邁進並達成企業的目標。在實際運作中，「最佳協和」可以是「內聚力」和「一致性」的體現。

例如，某中美合資企業在引進美國規範化管理、先進的技術等的同時，參考中方管理者擅長採用的一些成功經驗，完善地將目標管理（規範化管理）和職工的廣泛參與結合起來，把民主建設和組織結構結合起來。這種做法很適合大陸職工，因而雙方都充分發揮了積極主動性，體現了團隊凝聚力，雙方的潛能也達到了「最佳協和」狀態。

◆CMC以內部合理的企業機制和高效的運行機制為特徵

高效的運行機制是CMC有效性的直接體現，直接關係到合資企業的生存與發展。也就是說，由於合資企業的一切生產經營活動都突出以利潤爲中心，故而必須形成：要靠科學管理和現代化管理手段提高生產效率，降低生產成本；透過生產管理中的高科技和高品質意識提高產品品質；靠優質品牌和企業良好的信譽來提高市場占有率。

「董事會領導下的總經理負責制」和「直線職能參與制」在雙方共管機制下構成了中外合資企業的企業體制。透過「投資中心、利潤中心和成本中心按不同層次構成企業經營管理的寶塔式結構」，並由此形成保證企業良性循環的合理的企業機制和高效的經營運行機制。

◆CMC是一個不確定的、動態的跨文化管理模式

共同管理文化產生於合資雙方成員在中外合資企業這一多文化組織中爲獲得共同目標而聯合努力的過程之中，因此先天就具有不確定性和動態性。

中外合資雙方的管理文化在一體化過程中展開的途徑是全方位的，並且隨著企業經營策略的變更、外部環境的變化、生產規模的擴大、雙方互相了解和理解的加深而進行適應性調整，以求達到跨文化管理的有效性。

（三）共同管理文化的十條基本原則是決定共同管理文化活動的基本方式、方法，確保跨文化管理沿著正確的途徑進行

◆因地制宜原則

合資雙方只有在雙方不同管理文化的基礎上針對大陸的宏觀環境、企業的微觀特徵和員工的接受適應能力，因地制宜地建立適合本公司的共同管理模式，才能取得合資企業跨文化管理的成功。

◆可行適宜原則

在引進與移植外方先進管理方法和模式時，必須時刻關注該方法和模式在大陸是否可行，是否適宜本公司的經營管理實際等。此外，由於CMC是一個不確定的、動態的跨文化管理模式，必然要求在合資企業管理中時刻貫徹「可行適宜」的原則，適應市場的瞬息萬變。

◆系統性原則

企業是一個開放系統，因而必須將共同管理文化看作完整

的系統，促進企業經營管理的完善與發展。

◆整體性原則

為了達到「最佳協和」狀態，實現「一致滿意」的目標，就必須遵循整體性原則，使系統運行有序。

◆平等互利原則

獲得社會和經濟利益是雙方合作的基礎與共同的目的，雙方不同的投資動機構成了雙方不同的利益觀。平等互利原則保證雙方統一利益、協調一致，發揮各自優勢進行通力合作。

◆相互了解原則

相互了解包括對合作雙方的社會文化背景差異、公司文化背景與風格的差異、企業領導與員工的價值觀與特色差異的全面了解，以及對技術、公司運行規範等方面的了解與認識。

◆相互尊重原則

這是合作雙方建立誠意與信譽的保證，也是合作共事的前提。

◆相互信任原則

相互信任氣氛的達成，有利於共同管理、相互促進。

◆協商共事原則

要求雙方在共同管理中，透過協商來取得對方的支持，達成共識。

◆長遠考慮原則

企業的「生命週期」決定了只有立足於長遠的策略決策，才能夠使企業得到長足的發展。跨文化管理的經驗，還應該是企業進一步走向國際市場的基礎。

（四）十種共同管理文化的有效手段和方法是完善與發展合資企業管理的保證

◆共同決策的有效執行

「中外合資經營企業法」以及其後出爐的一系列法規規定，中外合資企業的策略決策由於關係到企業的重大問題，在董事會中由雙方當事人根據「平等互利」的原則協商決定。日常管理中的重大決策則必須由總經理和副總經理協商決定（一般由中外合資雙方分別擔任正副總經理）。因此，對共同協商和決策的機制不僅有政策的要求，還提供了共同決策管理的法律依據。

有效執行共同決策的機制首先需要在董事會和高中層管理者中開展，以下是一些成功的合資企業經驗：

1.在企業章程、制度中確定共同決策的要求。
2.以成文的或雙方都認可的統一決策模式來協調雙方的利益、思維模式以及協商決定決策結果。
3.雙方努力貫徹實施共同決策這一方式。
4.將合資企業的整體利益作爲共同決策的根本出發點和決策有效性的最終評價點。
5.強調各級員工的參與，有利於形成高品質的決策，更有利於共同實施所做出的共同決策。

◆提高中方管理人員的素質

CMC共同管理離不開中方管理人員的優良素質。如何建立人才資源高地，具體做法包括：選擇最佳的人選、加強管理培訓、建立相應合理的考核制度、創新與自我完善。

研討會。採用研討會的形式，可以促進中外管理人員相互交流企業工作的見解、意見、建議、經驗等，有時不定期的研討會能夠集中解決一些重點或難題，研討會還是傳遞訊息的一個主要管道。

制度化。現代企業要求實現規範化管理，在合資企業共同管理中，「制度化」是統一不同管理文化、確定統一的管理風格的有效手段。

CMC與企業的規章制度是相輔相成的。因爲雖然CMC是動態適應模式，但當在特定企業的一定發展時期內，規章制度具有穩定性。

制度化的內容包括：管理體制、工作方法、生產經營原則、各項工作準則。

加強管理的正規化。管理的正規化是一種實施管理的策略和體制，是指在企業內以書面形式、標準化和規則化的方法來建立起明確的工作程序、崗位職責、財務預算和標準任務單等。

促進中外雙方資訊的交流。CMC共同管理模式的建立，需要不同管理文化的雙方透過發展資訊交流，相互借鑑與學習，融合雙方的管理觀念與方法。包括從組織機構上建立資訊共用的管理系統；加強語言、專業術語、經營管理詞彙的理解；了解對方員工文化知識背景等。此外，在資訊交流中保持一種平等、坦誠、相互尊重與信任的心理狀態，有助於促進中外雙方資訊的交流。

加強員工的參與。俞文釗教授等所提出的CMC合資企業共同管理模式中尤其強調員工參與的重要性。內容包括員工參與決策和管理、進行自主管理等。

創造良好的工作環境。良好的工作環境包括良好的崗位環境和良好的人際環境。

加強各類人員的培訓。CMC合資企業共同管理模式的完善、企業先進管理與技術的引進、企業優秀文化氛圍的創建、員工素質的加強、員工士氣的提高等等，都離不開對各類人員進行培訓。

增強合作技能和協調本領。歸根到底，CMC合資企業共同管理模式的關鍵要件是合作與協調。在CMC中，這種合作與協調是在雙方努力合作和密切配合的過程中形成的，是一個學習的過程。

（五）CMC的系統展開模式

這一模式分爲共同價值觀和系統展開的結構模式兩部分。

第一，共同價值觀是指合資雙方統一的價值觀念，是企業雙方成員共用的信仰。只有在相對統一的價值觀上，才有組織的內聚力和一致性，才能統一中外雙方的管理觀念，才能確定有利於合資企業共同管理的雙方共識的企業管理模式，從而形成一個雙方優勢的聚合體。

共同價值觀的具體內容包括共同的經濟利益基礎和共同的社會效益觀，而這二者只有相互緊密聯繫，不有所偏廢，才能夠形成包括經營理念、經營目標、經營策略等方面的共同價值觀，才能夠在雙方不同的管理文化之間達成動態的平衡與協調。

對共同的經濟利益基礎和共同的社會效益觀的內涵的剖析詳見圖3-7。

第二，CMC系統展開的結構模式由三部分組成：CMC概

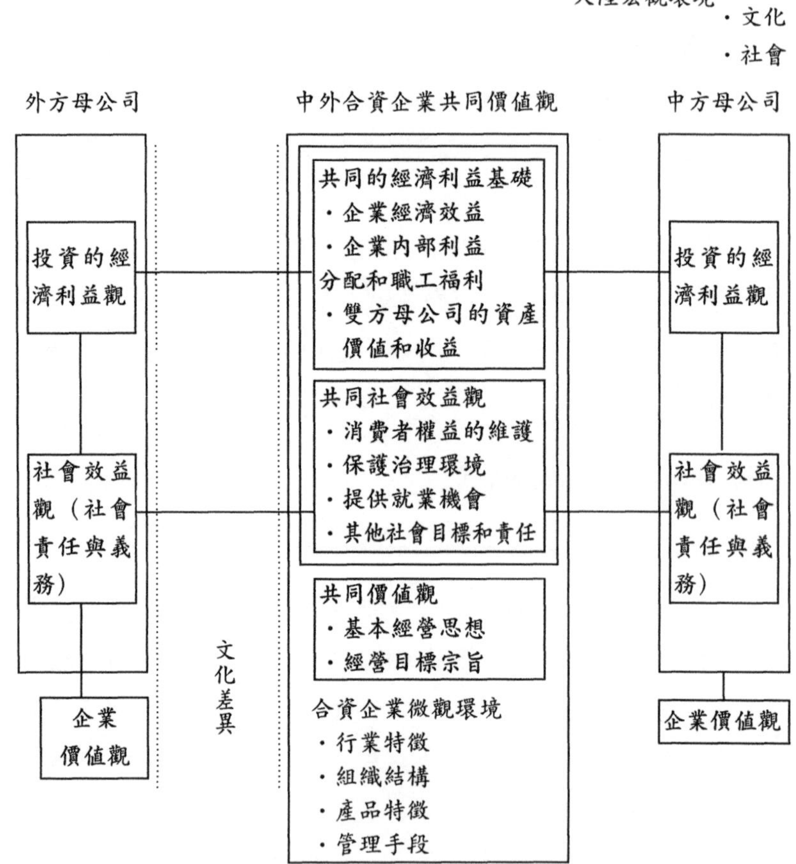

圖3-7　中外合資企業共同價值觀的形成圖

念層次模式、CMC人員層次模式（或稱職能層級模式）、CMC功能系統模式。

這三層是由表及裡、由略到詳地逐一展開的，它們之間既有獨立性，又有相容性。不同合資企業從實際出發，可以選擇

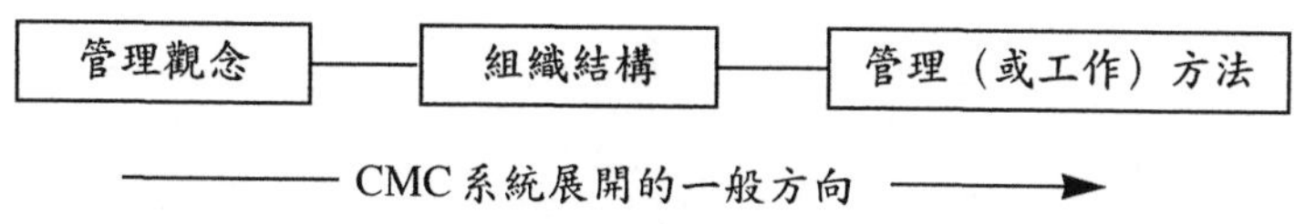

圖3-8　CMC概念層次模式的基本過程圖

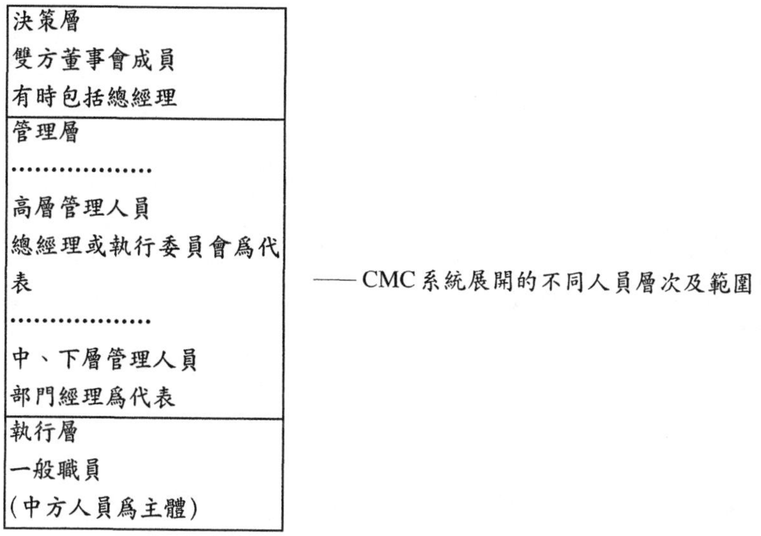

圖3-9　CMC人員層次模式的基本模型圖

其中的一個或幾個單位模式來開展共同管理文化的建設。

圖3-8是表示CMC概念層次模式的基本過程圖。其中，從管理觀念單元、組織結構單元、管理方法單元三者之間的動態過程入手逐一展開。

圖3-9是CMC人員層次模式的基本模型圖。其中，從決策層、管理層、執行層三個層次的管理文化的載體入手來建立共同管理文化。

圖3-10是CMC功能系統模式的基本模型圖。其中該模式從

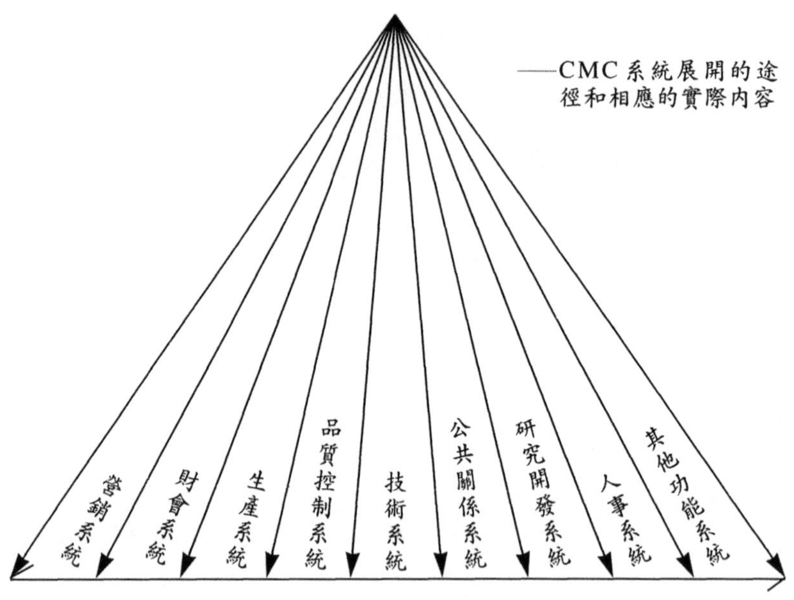

圖3-10 CMC功能系統模式的基本模型圖

企業各個功能系統（如銷售系統、財會系統、技術系統、生產系統、品質控制系統等）的思想出發，進一步深入闡述了CMC的系統開展。

綜合來看，CMC系統展開的結構模式在開展共同管理的實際過程中應該重視各單元、各組塊、各模式、各層次之間的協調、聯繫與相互支援性。

3.3.2 共同管理文化模式的實證研究

跨文化研究的方法是多元化的，其中既包括心理學中的問卷調查法，同時也包括管理學中常用的現場訪談與個案分析法等。

共同管理文化新模式是從實踐概括總結抽象化的結果，經實證研究將進一步證實這一理論模式的正確性，並進一步獲得修正和發展。

俞文釗教授等對近三十家中外合資企業作了實證研究，並對十九家企業的二十八位經理進行了現場訪談和問卷調研。這些合資外方分別爲德國、日本、美國、瑞士等，另外還包括香港與台灣。研究中收集的調研內容爲：企業的一般歷史情況，企業現行的管理模式及其評價，企業合資雙方的合資動機，對於合資外方所引進的管理、技術的先進性和可行性的一般觀點，企業的決策、經營管理機制及相應的組織機構，中方人員及外方人員對於合作關係的一些觀點，其他有關中外合資企業的情況（財務報告、總結性材料等）。調研與問卷的結果表明，在三十個研究樣本中，企業都是雙方共管型的，雙方共管的現實使得中外人員提出了要求建立一個能有效協調雙方文化差異的管理模式，及建立起中外合資共識的CMC模式。

在調查中還發現中外雙方合資動機的匹配程度（包括投資的長短期目的、合資的行爲性觀點等）與企業的決策水準有較高的相關性（$r = 0.87$）。雙方人員對於企業管理決策的合理化分配，以及相應的相互資訊交流（交流的橫向性、縱向性及順暢度）等直接決定著企業的決策水準。而以上所述的合資動機的匹配、管理決策的分配、雙方的資訊交流等都決定於共同管理模式的完善程度。所有的調查對象都承認這一事實：需要雙方建立起共同的利益基礎，並確定統一的企業管理模式——共同管理文化，以提高決策水準並減少由於管理文化的差異而造成的決策的難以眞正實施。在調查中雙方高級管理人員都認爲建立共同的管理模式關係到企業工作是否能夠實現有效管理控制。有效的管理控制被認爲是與以下幾個要素緊密相連的：雙方高層管理人員之間的協調、管理決策方式的統一、部門經理之間的合作、工作方法上的認同、管理方式的統一、矛盾衝突處理恰當、管理人員只對企業本身負責等（詳見圖3-11）。共同管理文化模式被歸結爲達成上述關鍵要素的必然前提和基礎。

研究還對合資企業本身管理系統達到完善化所應具備的一些特質進行了量化檢測，並對相應的內容作出了初步的篩選評定。調研結果獲得了十項共同管理原則：因地制宜、可行適宜、系統性、整體性、平等互利、相互了解、相互尊重、相互信任、協商共事、長遠考慮，並進一步測試了這些原則在管理中的關鍵度（詳見圖3-12）。

綜上所述，達成合資企業有效管理的手段及其測評內容可以歸結爲：共同決策的有效執行、提高中方管理人員的素質、中外人員研討會、制度化、加強管理的正規化、促進中外雙方訊息的交流、加強企業員工參與、創造良好的工作環境（包括崗位環境與人際環境）、加強各類人員的培訓、增強合作技能和協調本領。

3.3.3 共同管理文化的案例分析

以上海大眾汽車有限公司努力創建合資企業爲例，分析其共同管理文化。

上海大眾取得成功的秘訣便是CMC新模式。該企業重視建立CMC，其具體做法爲首先建立統一的價值觀念，尤其是在管理觀念上達成了統一與共識（詳見圖3-13）。

進而，根據上述的CMC系統指導思想，上海大眾在人力資

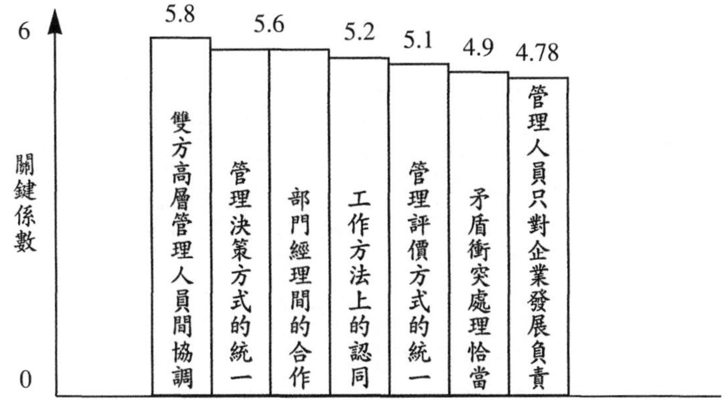

圖3-11　有效管理在合資企業中的要素組成及其關鍵度評價

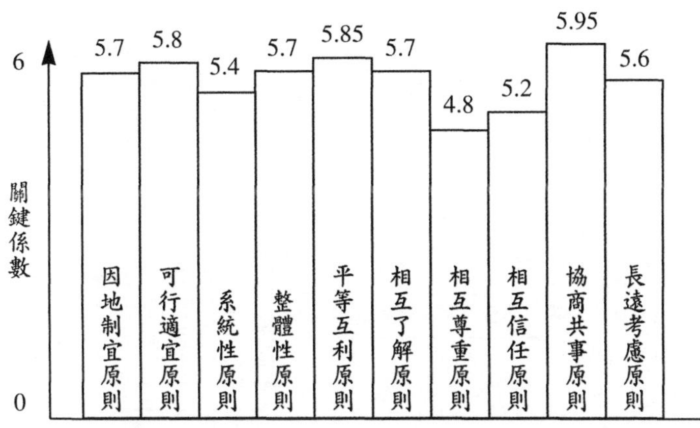

圖3-12　CMC的原則及其關鍵度排列

源管理的三個方面（民主與參與管理、企業精神與企業教育、勞動人事管理）建立了共同管理文化模式（詳見圖3-14）。如今，上海大眾在物質文明建設與精神文明建設兩方面均取得了成就。

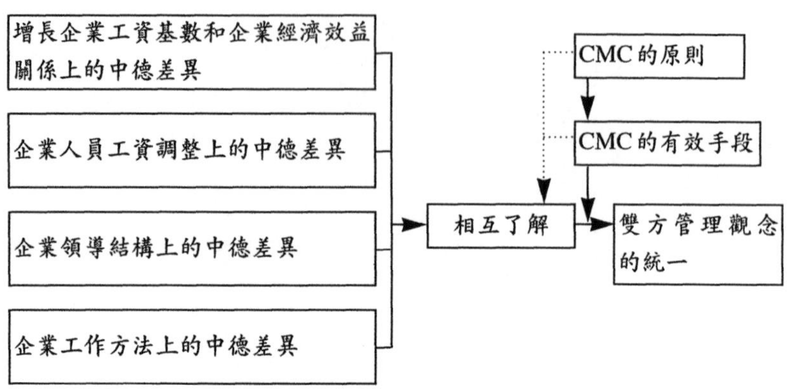

圖3-13　上海大衆CMC中雙方管理觀念的統一過程圖

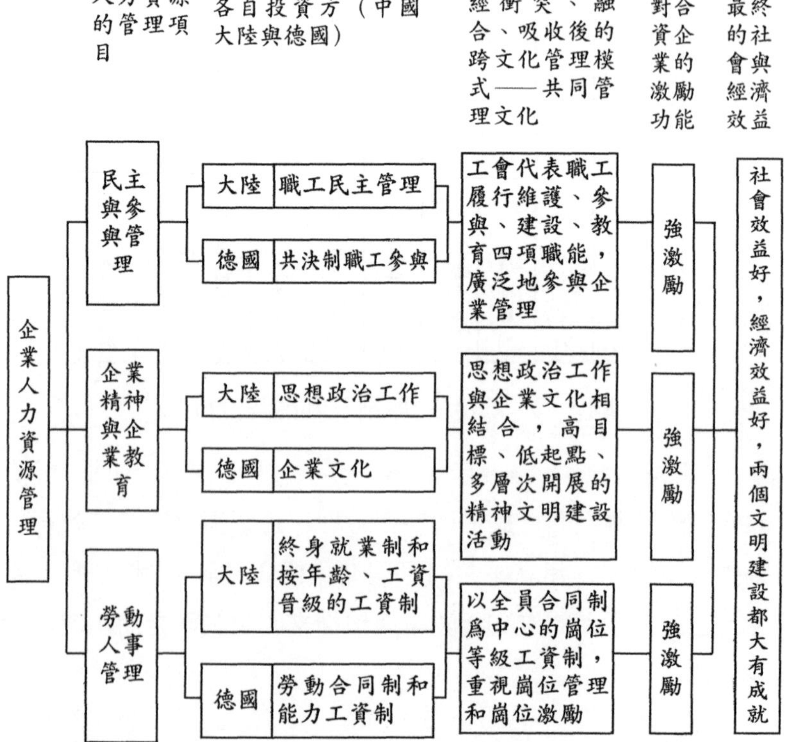

圖3-14　上海大衆汽車有限公司人力資源的共同管理模式

3.4 跨文化管理的整合同化理論

3.4.1 整合同化新理論

(一) 整合同化理論的定義與特點

整合同化理論（integrating-assimilating theory, IAT）是指跨文化管理企業主動整合（integrating）企業內外部資源，實現對多文化環境與多元化員工的同化（assimilating），建立具有獨特性、主動性、發展性、層次性特徵的管理組織與結構、管理過程、人力資源系統、企業文化氛圍，促進跨文化企業取得經濟與社會效益。

整合同化理論是共同管理文化模式的進一步推廣與提高，它具有下述五個特點：

第一，整合同化理論進一步闡明了理論三層次：從宏觀方面來看，國際企業跨文化經營，東道國與母國之間文化可能有顯著差異，需要進行適應化調整，達成整合與同化——這是第一層次。從國際企業內部進行微觀分析，企業組織內部各部門、各分支機構的不同文化氛圍，對跨文化管理同樣具有重要影響，如何完成組織之間、團隊與團隊之間的協同合作，達成靈活和諧的組織網路構建——這是整合同化的第二層次。不同社會文化背景的員工進入國際企業，如何使多元化員工達成共同願景，增進組織智商——這是整合同化的第三層次。

第二，整合同化理論是一個系統理論，對於跨國企業主文化、企業內部部門子文化均採以系統論的觀點進行研究。

第三，整合同化理論是在共同管理文化模式的基礎上發展總結出的理論，並與一些相關理論有相通之處。例如，莫朗以「最佳協和（synergy）作用」來評價跨文化管理模式的有效性；阿德勒也在其「文化協調配合論」中，提出了跨文化管理中文化協調的方向、處理方法和有益建議等。

第四，整合同化理論指出，成功的跨文化管理必須是跨文化企業作爲一個行動者主動進行的。在認知心理學中，皮亞傑的認知一發展理論涉及到認知結構隨著兒童成長而逐步建構成和再構成。其中一個重要的中心假說是：指揮的功能以及行爲由被稱爲圖式（schema）的認知結構的模式支配。個體們透過經驗發展圖式，圖式因此影響人們後來對社會的和物質的世界的解釋。透過被皮亞傑稱爲「均衡」的過程，兒童把新的經驗同化進他（她）的現存圖式，並使認知結構順應新的經驗。在兒童和環境之間以及在同化和順應之間都存在著一種動態的平衡。與此類似的，我們必須強調跨文化企業在關鍵的整合同化過程中的主動作用或「主觀意識」。

第五，整合同化理論指跨文化企業的管理應該具有動態性與發展性。跨文化企業面對的是瞬息萬變的市場、多元化的員工、全球經濟一體化的趨勢，因而客觀上要求跨文化企業的管理具有發展性、動態性。作爲學習型的跨文化企業必須根據現存的管理認知結構主動同化和組織新的資訊、新的變化，如果新資訊、新趨勢不能被加以整合，那麼便需要調節管理思想與結構、過程等。

（二）整合同化的過程

跨文化企業的文化整合過程可以分爲四個階段：探索期、碰撞期、整合期以及創新期。圖3-15中的兩條曲線所表示的是四個階段中文化衝突的大小。這兩種曲線的型態都是可能發生的，即文化衝突的高潮可能發生在碰撞期，也可能發生在整合期。

第一，探索期需要全面考察跨文化企業所面臨的文化背景狀況、文化差異問題、可能產生文化衝突的一些相關方面，並需要根據考察的結果初步制定出整合同化的方案。利用「公司簡訊」、「公司各類會議」，溝通不同文化團體之間的思想與行爲模式的差異。應當列出各方的文化要點、對於公司的期望，並列表進行「相同點」、「不同點」的比較。經理們和職員們常用圖解的方法來表示文化差異對他們的影響，這爲隨後的跨文

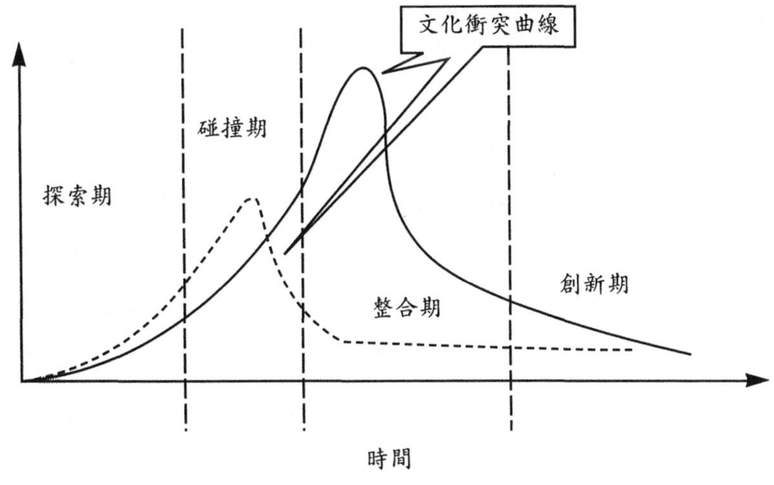

圖3-15　跨文化企業文化整合過程

化分析提供了視覺化的起點。

第二，碰撞期是跨文化企業進行文化整合的實施階段，也就是文化整合開始執行的階段。這一階段往往伴隨著一系列管理制度的出爐，因此，在這一過程中十分重要的是對於「障礙焦點」的監控。所謂 「障礙焦點」是指文化整合過程中可能產生重大障礙作用的關鍵因素，它可以是某一個人、一個利益團體、某種文化背景之下的一種制度等。隨著文化整合的進行，障礙焦點將是一個十分活躍的因素。碰撞期由於不同文化的直接接觸，發生衝突的情況是在所難免的，只是不同的跨文化企業的衝突類型不同、程度有所差異而已。因此，在碰撞期中把握好文化整合的速度和可能發生文化衝突的強度的關係也是監控障礙焦點過程中所必須注意的問題。

第三，整合期是指不同的文化逐步達到融合、協調、同化的過程，這是一個較長的階段。這個階段中主要就是形成、維護與調整文化整合中的一系列行之有效的跨文化管理制度與系統。這是一個動態的發展過程，「整合－同化」在這一階段體現得最爲明顯。跨文化管理中需要採取深度訪談等方式尋找適合於不同文化的「共同願景」、「中立點」。

第四，創新期是指在文化趨向同化的基礎上，跨文化企業整合、創造出新的文化的時期。這一時期的開始點相對於前面三個時期來說是比較模糊的，因爲很可能文化碰撞的過程就是開拓和創新的過程。而且應該說隨著跨文化企業的成長與成熟，創新期的主題和過程會不斷地進行下去。尋找出不同文化中的優點，摒棄不同文化中分別具有的缺點或不適應之處，促進一個創新的、充滿生機的跨文化企業有機體文化的整合形成。在文化碰撞的基礎之上創新出具有獨特風格的跨文化管理文化。

(三) 中外合資企業文化整合同化的五個向度

中外合資企業文化整合同化的五個向度可以包括：理性管理與人性管理相結合、民主與集中相結合、法制管理與道德約束相結合、物質激勵與精神激勵相結合（同步激勵論）、個人主義與集體主義並存發展。

西方的理性管理與大陸的人性化管理在合資企業中相互整合，使企業中既依靠法規、紀律、規章、規則、條令、計畫及其組織、機構、模式等進行管理，同時又以社會人的人性假設爲基礎，確定管理思想、制定管理原則和選擇管理方法，亦就是使企業中的人既是經濟人又是社會人，不僅避免了各種複雜的人際關係、懶惰、散漫的弊病，同時考慮了社會人的情感需求和價值歸屬感的滿足。

西方民主實現與大陸民主集中制相互整合，形成民主管理與集中管理相結合的管理形式。西方管理科學的研究表明，民主參與式的管理體制生產效率要比一般企業高10％至40％。獨裁式的管理方式永遠不能達到民主管理所能達到的生產水準和員工對工作的滿意感。大陸在企業管理中提倡「兩參一改三結合」的民主管理原則，在組織管理中強調民主與集中相結合。

西方社會以法制管理爲主，大陸則更強調道德上的約束，兩種不同觀念在合資企業中整合而形成新的管理模式。隨著社會的不斷進步，人類的文明程度會越來越高，而道德上的自我約束在一定程度上會超越法律的作用，且可以達到不治而治的效果；但現代社會特別是在市場經濟的條件下，法律上的限制又是一個不可缺少的重要環節。中外合資企業將法治與德治有機地結合，法與情理相結合，治人與治心相結合，整合同化為合資企業新的獨特的企業文化，是管理科學的一大進步。

西方文化強調以物質刺激來調動職工的積極性，認為物質基礎與經濟利益是衡量一個人的價值的重要標準，西方人更加看重結果與事實，實際的工作業績便是個人才能的體現。大陸的傳統文化則更為重視思想，關注精神方面的滿足。俞文釗教授提出了「同步激勵論」，指出有效的激勵方式是物質激勵與精神激勵相結合，這一理論在實際的合資企業管理應用中取得了較為顯著的成功。

在西方文化中，起主導和核心作用的價值觀念是個性或個人主義，這是西方文化的基本特徵之一。一切的價值、權利、義務都來自於個人，強調個人的能動性、獨立性，強調個人行動和個人利益，這在某種程度上會激發個人的開拓與首創精神。中國人多倡導和堅持企業的集體主義精神。集體主義思想是社會主義道德的核心和基礎，社會主義企業把集體主義作為企業生存和發展的精神支柱。職工關心集體的命運，維護集體的榮譽，企業內部具有和諧、真誠的親密關係。企業中各類人員的相互幫助會形成一種強大聚合力，推動企業的發展。西方個人主義與中國集體主義的整合同化，不僅可以極大地激發員工的開拓創新精神，而且在正確處理國家、集體、個人三者的關係中，更為客觀，符合實際，從而會極大地提高企業的凝聚力和創造力。

(四) 運用整合同化理論對跨文化企業進行策略轉變

跨文化企業在進行跨文化管理時，要注意實行一系列的策略轉變，以適應不同的文化。具體而言，企業可以從結構、過程、人力資源三個方面著手，實行有效的跨文化管理。這裡所舉的例子大都是國際企業的管理。

◆結構改變

結構變化就是重新進行設計組織，對組織中的部門進行必要的調整。組織文化的一般規律是，當一個人從一個團體調到另一個團體時，就會設法使自己儘快適應新團體的文化；而當某一個團體的所有成員都調動時，這些人員就會帶著他們原有的團體文化前往新的地方。由此，不論是對於新團體還是原團體而言，都會帶來新的情景、新的挑戰。運用整合同化理論對組織結構進行的適應性調整，將產生新的組織文化。例如，當某個國際企業合併或兼併了另一家企業之後，兼併企業就會派人員到被兼併企業中去；同時，被兼併企業的人員也會流入兼併企業之中。這種組織結構變動的主要目的，就是要讓被兼併企業的文化更好的與兼併企業的文化進行整合與同化。這樣，兩家公司就會有更多的組織的共同點，而不至於在文化上相互對立。

◆改變過程

改變過程涉及新的程序、不同的交流環節、不同的控制系統以及引入新型技術的方式等。例如，絕大部分的跨國公司都建立了正式的通訊網絡，這樣就能保證海外子公司能夠不間斷地與國內公司保持聯繫。這種情況下，由於互相學習並適應對方，跨國公司在國內與國外單位之間的文化就容易接近，並可能逐步整合、同化為一體。過程變化的另一種方法是，在子公司安裝新的、高技術的設備，同時派遣人員到國際企業已經使用這種設備的地方接受培訓。這種方法可以保證兩個單位都使用同一種設備，同時其完成工作的程序和系統也是相同的，從而保證子公司的文化與國內公司的文化得到整合與同化。

◆改變人力資源

國際企業要形成一定的組織文化，使組織內的個人、團體、職工能夠具有大致相同的價值觀，能在一起共同工作。因此，要形成統一的人力資源政策，以保證進行有效的招聘、選擇與提升。至今爲止，許多跨國公司利用移居國外的經理人員來管理海外企業的經營，他們感到只有「派出自己人」才能有利於進行控制。今天，更爲普遍的做法是使用當地的經理人員，因爲當地人較能了解市場和顧客，能更有效地在當地環境中工作。因而，當今的跨文化企業的管理更爲重視人的跨文化適應性以及與組織目標、組織價值觀相一致的個人素質。

國內外許多學者研究並提出了多種國際型經濟人才文化適應性的表徵因數。紐約與英國的海外研究委員會的霍姆斯與派克認爲，思想的靈活性、交際的技能、以前所受到的多種文化的影響、經驗的廣度、應變能力、對社會的適應性、遇到挫折時的堅韌性、體質和精神上的持久力和復原力等方面的能力和表現，能大致表現一種文化適應性的強度。凡文化適應性強的人一般都具有下列特徵，這些也是跨文化企業管理人員應當具有的素質：

1.心理學上的移情作用。

2.自覺性。

3.能隨機應變。

4.能容忍模棱兩可的話。

5.尊重平等。

6.非口頭的交際技能。

7.自尊性。

趙曙明等著述的《國際企業經營管理總論》中還提到跨文化企業管理人員除了應該具備專業知識、計畫、組織和協調等從事國內管理所必須具備的技能之外，還應該：

1.有對文化差異的敏感性和較強的文化適應性，身體素質好。
2.具有語言能力和人際交往能力。
3.具有業務專長、管理才幹、工作經驗及冒險精神和獨立精神。
4.具備在不同社會文化環境中綜合處理事務的能力。
5.了解東道國的社會、歷史、經濟、立法和政治經濟體制。
6.管理人員及其家庭移居國外的正確動機。

並且還指出，在不同行業、不同國家以及企業發展的不同階段上，跨國公司對其管理人員的要求是不同的。比如在貿易公司、金融機構等服務行業，更強調其文化適應性以及人文技能；而在製造業，則更強調經理人員的技術和專長。在海外經營的初期，更強調其企業家的創業精神；在增長階段則強調管理人員在營銷方面的才幹；而在企業成熟階段則更爲關注成本控制、提高產品競爭能力的素質。

綜合以上可知，對國際企業中的個人的規範、價值、信仰和哲學應該進行整合同化，這樣才能進行有效的跨文化管理。

例如，海爾集團的張瑞敏概述了海爾從「海爾國際化」向「國際化海爾」邁進的過程：「海爾國際化」首先是指海爾在人力資源管理系統、財務系統、品質監督系統等方面要求達到國際的標準，與國際水準接軌；其次，海爾的產品走向日本、韓國、歐洲、美國，開拓海外市場，例如海爾的「即時洗」新產品不斷進行技術創新，生產出第一代、第二代、第三代產品，深受國內外用戶的好評。「國際化海爾」則標誌著海爾開始跨國經營。海爾已不僅僅滿足於產品出口，而是開始在美國的洛杉磯等地建立企業，生產適合於美國市場需要的產品，走上了經營本土化的道路。海爾企業管理中的一些諸如「休克魚技術」、「賽馬不相馬」、「日清日高」等管理理念與模式保持了其完整性與統一性。

(五)「第五項修煉」與整合同化理論

彼得·聖吉（Peter M. Senge）在《第五項修煉》一書中，指出學習是一個企業的成功之道。「學習」也是二十一世紀以「人」爲本的思想的具體化。五項修煉的內容包括自我超越（personal mastery）、改善心智模式（improving mental models）、建立共同願景（building shared vision）、團隊學習（team learning）和系統思考（systems thinking）。

其中共同願景是指：針對我們想創造的未來，以及我們希望據以達到目標的原則和實踐方法，發展出共同願景，並且激起大家對共同願景的承諾的奉獻精神。在跨文化企業管理中，建立共同願景十分重要，也就是共同價值觀的塑造——在管理觀念上整合中外管理人員的認識，有共同的信念與目標，就能團結合作，人盡其才，就能使每個員工都具有方向感、歸屬感、責任感、榮譽感，把自己的前途與跨文化企業的命運緊密聯繫起來，爲企業的生存和發展貢獻聰明才智。

在提升跨文化企業的組織凝聚力方面，學習性組織要求組織成員形成對於共同願景的認同，並要求個人願景與共同願景相協調。佛洛伊德說，「認同」是群體內聚力的一種最重要的機制。H．西蒙說，「一個人在作決策時對備選方案的評價，如果是以這些方案給群體造成的後果爲依據的，我們就說那個人與那個特定群體認同了」。當雙方人員聚集在跨文化管理企業（如合資企業）這個經濟實體內一起工作時，原來各母公司長期奉行的決策偏好和參照系勢必因差異而發生衝突。由此不僅要協調中方管理人員，還要協調外籍管理人員，使雙方的思維方式相互整合、同化，作出符合合資企業整體利益的一致決策。如上海大眾張貼於每一個中、外管理人員辦公室的統一決策方式圖（如圖3-16所示）。

管理風格的定型也是保證跨文化企業整合同化形成共同文化的重要方面。企業文化與企業規章制度是相輔相成的兩個方面，合資企業也不例外。跨文化企業管理要求整合形成一套合理的、爲全體員工遵守的規章制度，實現各項管理活動制度化、規範化。

團隊學習則是指轉換集體思考和對話的技巧，讓群體發展出超乎個人才華總和的偉大知識的能力。跨文化企業的團隊應

1.正確描述問題並決定接受任務
2.收集數據（尋找使用訊息）
3.分析數據（區分客觀與主觀判斷）
4.確定問題的範圍和原因（診斷，再次給問題下定義）

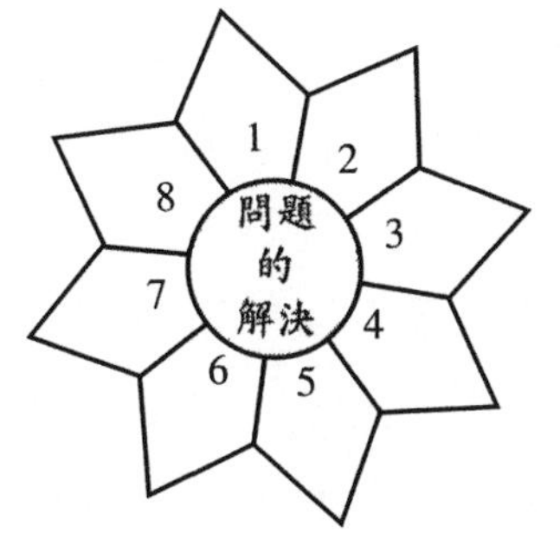

5.提出解決問題的可行性方案
6.對可行性方案進行評估
7.做出決策
8.執行（頒布決策，貫徹實施）

圖3-16 上海大眾決策方式圖

當具有共同性、交互性。在跨文化企業的管理過程中，應該不斷加強各類員工之間的相互溝通和相互了解。在跨文化企業中創造一種意見交流、心理調整和目標認同的氛圍，有助於求同存異、相互尊重與理解，促成高效能、平等互利的環境氛圍。利用包括深度會談在內的積極、有建設性的交談形式，可以促使跨文化企業的整合同化過程深入進行。

3.4.2 整合同化理論的應用與案例分析：中國對外貿易運輸總公司跨國經營之路

中國對外貿易運輸總公司係經貿委所屬外貿儲運集團，是大陸最大的貨運代理公司。四十多年來，該公司在日益激烈的國內外競爭中，不斷進取與開拓，已發展成爲蜚聲海外的特大企業，擁有近百億元人民幣固定資產、五萬名員工，國內設有十二個子公司和四百一十四家獨立核算單位，以及若干家國內合營、參股公司和五十多家分布在五大洲六十五個國家和地區，擁有固定資產總額6.7億美元的國外獨資、合資公司，經營範圍包括航運、空運、陸運和倉儲、航空快遞、集裝箱租賃、房地產開發、汽車檢測、商貿中心、賓館飯店、出租汽車等；開闢了遠、近洋航線三十多條，與全世界一百五十多個國家和地區的三百多家貨運和船務代理公司建立起業務聯繫，形成一個發達的環球運輸網路。一個「以運爲主、儲運結合、多種經營」的大型跨國公司已初具規模。

積極發展跨國經營是增強大陸大中型企業活力的一條新途徑。但是，由於不同國家截然不同的文化差異以及各不相同的企業經營環境，辦好海外企業的難度是相當大的。中國外運總公司積極走出國門，並使其所屬絕大多數海外企業紮下了根，初步形成了規模，中國外運總公司的跨國經營經驗可以歸結爲五條，從中體現了整合同化理論的實踐應用依據：

（一）充分利用外貿專業總公司的基礎，發揮長期積累的優勢

經貿系統擁有眾多的專業總公司，長期從事進出口貿易及運輸業務，逐步形成了熟練的營銷技能、發達的經營方式、靈活的資訊系統，建立了廣泛而穩定的客戶網路和遍布全球的駐外機構，在海外建立了較高的信譽和便利的融資管道。中國外運總公司的成功正是因爲它能夠立足於原有的基礎，充分發揮長期積累的優勢，使自己在國際化、集團化、實業化的潮流中，在大陸企業中處於領先地位。

（二）實行「一業為主、多種經營、全面發展」的經營活動，穩步發展海外機構，不失時機地擴大海外業務

在堅持運輸爲主的同時，中國外運總公司及時在海外開展多種經營業務，在倉儲、貿易、林業、房地產和二手設備折包運等領域進行積極而穩妥的業務拓展，使該公司在跨國經營中邁出了新的一步。

（三）海外企業當地化——跨文化企業充分整合同化當地文化

中國外運總公司對海外企業反覆強調「海外企業」，重點在「海外」二字上，要求它們認眞考察當地國家的政治、經濟、文化、歷史、社會情況以及民俗傳統，在經營管理方面，必須符合當地法律、經濟體制和經濟政策。

首先是人才當地化。中外運公司的海外企業員工有一半是當地人，他們對本國的文化、法律、經濟十分熟悉和了解，人

際關係廣泛，特別是當地的高級經營管理人才的聘用會給公司帶來可觀的經濟效益。

其次是業務當地化。除了開展中美、中加貿易貨運業務外，該公司還積極承攬第三國業務。1991年中外運加拿大公司承攬到的第三國貨物就有二十五萬噸，占他們當年貨運量的16%。

再就是經營方式和經營手段當地化。既然是在海外辦企業，他們就把自己的公司「完完全全」當作美國或加拿大的公司，儘量擺脫大陸吃大鍋飯、平均主義的思想，充分調動員工積極性。

(四) 充分信任外派職工，放手開展海外業務

總公司對駐美、加子公司的職工，不是簡單地用國內的傳統方法來指揮他們，而是根據海外的特殊環境，給他們獨立經營、自負盈虧的自主權，放手在海外開拓業務。

(五) 對海外企業實行科學化、規範化管理——目標、組織機構、管理方式整合同化

總公司雖然不像對國內企業那樣直接進行控制和管理，但也制定了對海外企業的管理辦法。重大投資項目需報總公司批准或讓總公司事先知道，並要求海外企業定期將各自的機構情況向總公司海外處作出報告，財務狀況向財會處報告。總公司爲了防止多頭管理海外企業，專門建立海外機構管理部門歸口管理。海外企業的書面申請或彙報工作首先送海外機構管理部；外派人員回國請求或彙報工作也先由海外機構管理部統一安排。爲了加強對海外合營公司的指導，總公司很注意對我方

參加董事會的成員和派出人員進行管理。該公司參加董事會的成員都必須維護該公司的利益。凡是合營企業開董事會，都要求有中方公司的主張。開董事會之前，要求把會議文件報總公司，經總公司同意後再在會議上正式提出，力爭合營公司在中國外運的總體範圍內進行活動。

本章摘要

- ◆國外一些管理學家提出了一系列有關合資企業跨文化管理的分析模式，包括法默－里奇曼模式、尼根希－埃斯塔芬模式、孔茨模式、尼根希－普拉薩德模式等。
- ◆霍夫斯泰特、莫朗、阿德勒、斯特文斯、彼得·基林等人提出了跨文化企業管理的理論：民族文化向度論、跨文化組織管理理論、文化協調配合論、組織隱模型論、合資企業經營論等。
- ◆俞文釗教授等人提出了合資企業共同管理文化新模式（CMC）與跨文化管理的整合同化理論。

思考與探索

1.簡述跨文化企業共同管理文化的理論背景。

2.論述跨文化企業共同管理文化新模式（CMC）的基本思想。

3.列舉跨文化企業共同管理文化新模式的實證研究與案例分析。

4.論述整合同化理論（IAT）的基本思想。

5.用整合同化理論解釋跨文化企業實踐實例。

第4章
跨文化的企業文化

企業文化（corporate culture）在西方有時也叫做「公司文化」或「社團文化」，是二十世紀七○年代末八○年代初發源於美國的一種新興的企業管理理論。它一問世立即就引起了世界理論界特別是企業家們的濃厚興趣，並以罕見的速度風靡全世界，有人甚至譽之爲「引起了管理學界的一場革命」。大陸自八○年代中期開始也興起了一場聲勢浩大的「企業文化」熱潮，翻譯或編撰的有關「企業文化」的論著不計其數。那麼，到底什麼是「企業文化」？合資企業或跨國公司在企業文化方面到底有何特點？企業文化對企業管理到底具有什麼樣的作用？在多元化文化背景中如何培育「企業文化」？本章我們重點討論跨文化的企業文化問題。

4.1 企業文化的一般概念

4.1.1 什麼是企業文化？

關於企業文化的定義，國內外歷來存在著許多爭議，可謂仁者見仁、智者見智。《Z理論——美國企業界怎樣迎接日本的挑戰》一書的作者威廉·大內認爲，企業文化是「由其傳統和風氣所構成的。此外，文化還包含一個公司的價值觀，如進取性、守勢和靈活性——即確定活動、意見和行爲模式的價值觀」。這種觀點把企業文化看成是由「企業的傳統風氣」和「價值觀」兩者共同構成的綜合體。大陸學者許宏認爲，企業文化指「在企業界形成的價值觀念、行爲準則在人群中和社會上發生了文化的影響。……企業文化是一種滲透在企業一切活動之中的東西，是企業的靈魂所在」。這種觀點強調那種「滲透」在企業成員靈魂深處的「價值觀」和「行爲規範」是企業文化的根本所在。美國學者謝瑞頓等人認爲，企業文化是指「企業的環境或個性，以及它所有的各個方面」。具體而言，他們認爲企業文化應該包括四個方面的內容：一是企業員工所共有的觀念、價值取向以及行爲等外在表現形式；二是由管理作風和管理觀念構成的管理氛圍；三是由現存的管理制度和管理程序構成的管理氛圍；四是書面和非書面形式的標準和程序。這種觀點的可取之處在於把企業文化看成是一個外延更爲廣泛的綜合體，除人們已經看到的價值觀念和行爲模式以外，還包括「管理氛圍」和「工作程序」。還有人主張把企業文化做狹義和廣義之分，認爲狹義的企業文化指企業在實踐中形成的基本精神和凝聚力，以及全體職工共同具有的價值觀念和行爲準則；而廣義的企業文化還應該包括企業中具體人員的文化，以及一些有關文化建設的措施、組織和制度等成分。這種觀點比前幾種觀點都有進步，因爲它不僅區分出了狹義和廣義的企業文化，而且對企業文化進行了範圍更廣的分析，使人們認識到企業文化的內涵不僅應該包括企業成員共有的「價值觀」和「行爲準則」，而且還應該包括企業長期形成的「基本精神」、「凝聚力」、「成員的文化素質」和包含在「制度」中的一些成分等內容。

從上述分析中，我們可以得到這樣兩點啓示：第一，雖然人們對企業文化的精確定義存在著明顯的爭論，但對企業文化的內涵的認識卻存在著許多一致性，比如都把「價值觀」和「行爲準則」看成是企業文化的組成部分。毫無疑問，價值觀和行為準則確實是企業文化的最重要的構成因素，但是，我們認為除了這些成分以外，還有許多內容也應該是企業文化的組成部分，諸如企業經營管理哲學和理念、企業精神等內容毫無疑問也是企業文化的重要組成部分。第二，我們認為企業文化的定義應該能夠反映企業文化的本質特徵，而所謂的企業文化的本質特徵，就是指「企業文化」區別於其他類型的文化如「社區文化」的最基本的特徵。那麼，這種本質特徵到底是什麼呢？用一句話概括，就是企業所特有的那種能夠使一個企業明顯地區別於其他企業或組織並決定其行為方式的精神風貌和信念。基於上述分析，我們認為，企業文化就是企業在長期的生產經營過程中所形成的那種區別於其他組織的本企業所特有的精神風貌和信念，以及一系列保證這種精神風貌和信念得以持久存在的制度和措施。換句話說，企業文化的內涵具體包括如下一些因素：價值觀、行為準則、企業經營管理哲學、經營理念、企業精神等構成了企業文化的核心內容，而制度和規範則構成了企業文化的表層現象和物化形式。

4.1.2 企業文化的特點和功能

(一) 企業文化的特點

一般來說，企業文化具有如下幾個特點：

一是企業文化是一種以特有的企業環境氛圍、共有的價值觀念、可供仿效的英雄人物和形象化的文化儀式為其手段的柔性管理方式，而不是以技術的和經濟的手段為核心的剛性管理方式。

二是企業文化是一種透過潛移默化的薰陶和組織與個體成員之間的心理共鳴達到組織目標實現的文化管理方式，而不是透過純粹的「科學制度」進行強制控制的管理方式。

三是企業文化是一種強調自我約束、在寬鬆的環境中充分發揮職工積極性和創造性的人性管理方式，而不是以往那種只「重視數字工具，而忽視員工能動作用的所謂的過度的理性主義或狹隘的理性主義」的科學管理方式。

總之，企業文化是一種強調以人爲中心、以各種文化手段爲調節形式、以激發成員的自覺行爲爲目的的「軟管理」方式，因此它不同於傳統的那些把人作爲管理對象、透過外在手段促使組織和所屬成員努力工作的所謂的科學管理理論和管理方式。就其對企業管理的影響和衝擊而言，企業文化理論確實給管理學帶來了革命。

（二）企業文化的功能

企業文化具有如下幾種功能：

◆約束功能

企業文化依靠價值觀念、企業傳統風氣和「軟環境」來「自律」和約束自己的職工，規範其行爲習慣，使之與組織目標相一致。因此，凡是本企業的職工無不受其影響而與企業保持高度協調。

◆引導功能

企業文化會對企業的所有成員發揮強有力的引導作用，使每一個人的心理和行爲都朝著企業所希望的方向發展，按照企業的要求從事一切活動。美國學者特雷斯・E・迪爾等人認爲，「企業文化是引導行爲的有力槓桿，它能幫助職工工作得更好一點。」

◆激勵功能

企業文化透過創造能夠尊重人並發揮人的主觀能動性的企業文化氛圍來激勵和調動職工的工作積極性，從而產生一種強烈的心甘情願地爲本企業獻身的內在動力。就其激勵效能而言，傳統的管理理論是無法與企業文化理論相提並論的。正因爲企業文化具有其他管理方法無法比擬的這種神奇的激勵功能，因此它倍受人們的關注和青睞。

◆強化功能

企業文化借助於英雄模範人物的良好形象和選擇性強化機制對符合企業傳統觀念的職工行爲進行獎勵和鼓勵，而對那些不符合或違背企業傳統的行爲則進行批評和「軟化」，從而達到強化「符合標準」的行爲的目的。當然，這種強化功能既可能是積極的，也可能是消極的。

◆內聚功能

企業文化中所倡導的價值觀和信念一旦被本企業的所有職工認同並內化爲所有人的行爲指南之後，這種文化本身就成爲一種團結和凝聚全體成員的強有力的仲介力量。

◆融合功能

企業文化利用其強大的環境氛圍和自我調節機制，把來自各種文化背景、具有不同人格特徵和行爲習慣的成員有機地融合在一起，使之能夠相互合作，共同爲企業的目標奮鬥。

◆象徵功能

企業文化一般具有對外代表企業形象的功能，成爲外界識別不同組織的有力工具。換句話說，企業文化是企業形象的象徵，是企業與企業之間或企業與其他組織之間得以相互區別的

「分界線」。

正是由於企業文化具有上述七大功能，所以它對企業的發展和成長是至關重要的。優秀的企業一般都具有自己獨特的企業文化，或者說富有獨特魅力的企業文化是促使許多企業走向成功的堅強柱石。當然，企業文化不僅能夠保證企業穩定地向前發展，而且有時甚至由於過度穩定而使企業無法實現革命性的組織變革，使得企業在某些劇烈變動的環境中無力適應市場而陷於困境。美國學者謝瑞頓等人在其《企業文化：排除企業成功的潛在障礙》一書中對此進行了深入討論，該書認爲在複雜多變的環境中某些企業的企業文化已經演變成爲組織變革的「潛在障礙」，只有變革企業文化才能使企業走出困境。

4.1.3　企業文化的產生模式

《企業文化》一書的作者迪爾等人根據對美國企業的研究，認爲常見的企業文化有四種類型：強人文化；拚命幹、盡情玩文化；風險文化；過程文化。《企業文化與經營業績》一書的作者約翰．科特等人認爲，有利於促使企業長期經營業績發展的企業文化可以劃分爲三種類型：強力型企業文化、策略合理型企業文化、靈活適應型企業文化；而不利於企業經營業績發展的企業文化也叫做「病態型企業文化」。但不論怎樣劃分企業文化類型，這些類型的產生模式大都是相似的。經過對許多企業發展史資料的分析和研究，我們發現企業文化的產生模式或者說產生發展的過程一般不外乎有以下五種情況：一是創業者倡導並積極推進和建立的模式，二是最高管理層倡導並積極推進和建立新文化的變革模式，三是由政黨或社會集團倡導並積極推進和建立的統一模式，四是企業兼併和重組後形成的企業文化新模式，五是跨文化企業或跨國公司形成模式。下面我們分別予以詳細說明。

（一）創業者模式

有許多企業文化是在企業的創業者倡導並積極推動下建立起來的。美國著名學者勞倫斯·彌勒就曾經說過，美國的文明是建立在一位宗教領袖的遠見、啓示和精神之上的。同樣，美國的許多大企業的發展興盛也是建立在其創始人所具有的遠見卓識及開創精神之上的。例如，通用電氣公司的出現是因爲有愛迪生這位發明天才，而福特汽車公司的出現則是建立在老福特的遠見卓識的基礎上的。美國的一些企業是如此，其他國家的許多企業也是如此。在這種模式下，企業創始人的獨特價值觀、信念及其經營哲學等屬於「私有」性質的精神財富，經過創始人的極力倡導和宣傳，逐漸被企業全體成員認同和接受，使創始人的思考方式、價值觀念和行爲特點逐漸演變成了整個企業的管理運作方式和精神風貌，從而以一種企業文化的形式延續下來。一般來說，企業創始人大都具有某些獨特的個人魅力，要麼是富有學識，要麼是個性鮮明，因此，他們的觀點和認識易於爲下屬成員採納，而企業的管理模式、員工行爲、產品特徵甚至廠房設施都能夠體現出企業創始人的個性特徵來。即使過上幾十年，甚至幾百年，企業文化身上仍然保留著這種創始人特有的個人印記。例如，IBM模式、P & G文化模式、豐田文化等都是由其各自的創始人最初建立起來的，雖然它們後來也經歷過不斷的革新和調整，但其基本特徵和主要框架仍然深深地打上了各自創始人的烙印。

（二）最高管理層變革模式

這種模式表明，有些企業的企業文化既非企業創始人首先倡導的，也非企業的中下層管理人員率先倡導的，而是由某個時期的新近任命的最高管理層率先倡導並積極推廣開來的。因爲這種模式所形成的企業文化與企業原來所具有的文化存在著很大的差異，而且大都是在企業進入成熟期甚至衰退期後由新的領導人經過對原有文化的批判和變革之後產生的，因此這種產生模式就叫做「最高管理層變革模式」。企業的最高層領導由於充分認識到了該企業所面臨的問題與挑戰，以及未來的機遇和發展前景，因此上任伊始就開始了大刀闊斧的改革活動，並極力倡導和宣傳自己的價值觀及其經營管理理念，他們往往身先士卒率先垂範，經過一段時間的努力之後，企業所屬成員逐漸認同並內化了最高管理層的文化價值觀，新的企業文化也就形成了。謝瑞頓等人在其《企業文化：排除企業成功的潛在障礙》一書中詳細討論了企業文化變革問題，並提出了一個企業文化變革模式。企業文化變革或新的企業文化的產生一般要經歷前後相繼的六個階段：一是需求評估，即分析評估現有文化與嚮往文化狀態之間的差距；二是行政指導，即企業最高層透過切實可行的步驟向員工們說明「企業在新的文化條件下將要走向何方以及爲何要作出此種選擇的問題」；三是基礎結構，即調整和建立有利於新文化建設的運轉過程和制度；四是變革實施機構，即建立具體承擔變革事務性工作的臨時性的執行機構；五是培訓，即培訓所屬成員了解和認同新文化模式；六是評價，即對變革實施過程及其結果進行測定和衡量。

(三) 統一模式

由政黨或社會團體在某些行業中透過強有力的輿論宣傳倡導並積極推進某種企業文化模式，使同一類型的企業形成了極爲類似的文化價值觀和信念，企業所屬成員具有相同的行爲習慣和思維方式。這種產生模式所形成的企業文化由於相互之間沒有多大差異，所以就叫做「統一模式」。大陸改革開放之前的企業文化就屬於這種類型，而且目前有些企業仍然殘留著這種特點。另外，前蘇聯和東歐的企業實質上也是這種情況。在此需要說明的一點是，目前學術界有人認爲大陸以前根本不存在企業文化，否認大陸國有企業有企業文化，這是一種錯誤的看法。應該說，每一個企業都有自己的企業文化，企業與企業文化是同一事物內部相互依賴不可分割的兩個方面。企業文化只有優劣好壞之分，根本不存在「有」與「沒有」之分。

(四) 兼併重組模式

企業兼併或重組是近年來各國企業發展中的一大趨勢，而且大有越演越烈之勢。一般來說，企業兼併或重組之後，原有企業各自的企業文化將面臨重新調整、變革和相互融合的問題，在相互磨合和逐漸適應的過程中，兼併雙方從中吸取有利成分或公認爲優秀的文化要素，經重新「構建」而成爲一種新的不同於以前的企業文化。這種新的企業文化或者較多的吸收了「此」企業的原有文化模式，或者較多的吸收了「彼」企業的原有文化模式，而一般是比較多的吸收了實力更強大的那家企業或公認的「母公司」的原有文化模式。如果是經營業績好的企業兼併破產企業，那麼兼併後所形成的企業文化將更多地保持前者的傳統，有時甚至會原封不動地「照搬」前者的成功做法。

（五）跨文化模式

企業跨國經營已經成爲歷史的必然，但是跨國經營所遇到的困難是國內經營所無法比擬的，而首要的問題就是異文化適應。換句話說，如何在與自己相去甚遠的異文化環境中生存下來，並不斷向前發展，這是跨文化企業所面臨的首要難題。根據許多專家的意見，跨國企業要想在「異文化」環境中生存並發展，關鍵就在於建立具有高度適應性的跨文化企業文化。所謂的「高度適應性的企業文化」就是指既能夠適應東道國的特定社會文化環境，同時又具有本企業特色的以「多元化」爲基調的企業文化。目前，有許多大型跨國公司已經在這方面取得了成功的經驗，總結其中的經驗教訓的研究成果也有很多，比如莫朗的跨文化組織管理理論和彼得．基林的合資企業經營管理理論，都是在總結企業跨國經營實踐經驗的基礎上提出來的被許多人認可了的企業文化理論。這些理論各有其特色，但也有各自的不足之處。例如，莫朗的跨文化組織管理理論側重於強調企業成員在具體行爲方式上的「一體化」，而對組織工作程序和制度等重要內容則重視不夠；彼得．基林的合資企業經營管理理論側重於強調組織結構和企業文化中的技術層面，但對企業文化中的精神因素的作用則強調不夠。與此相反，大陸著名學者俞文釗教授提出的「合資企業共同管理文化新模式」（簡稱爲CMC模式）則是一個全面論述跨文化企業如何建立自己的企業文化的有效理論（關於該理論的詳細內容請參見第三章）。我們有必要說明的一點是，跨文化企業建立自己的企業文化的過程與國內企業有很大的差異，尤其是共同價值觀和協和一致的企業經營哲學的建立，以及跨文化之間的溝通障礙的消除，無疑是跨文化企業文化形成和發展的關鍵所在。

4.2 跨文化企業文化的獨特性

前一節我們介紹了企業文化的一般特點和作用，也提到過跨國公司與國內企業在建立企業文化方面存在著極為不同的過程和步驟。的確，不論是世界性的跨國公司還是大陸的合資企業，只要是屬於跨文化性質的企業（這裡僅指國與國之間的文化差異），它們的企業文化就具有不同於國內企業的許多獨特屬性，而且跨文化企業內部也是五彩紛呈的，不同的跨文化企業具有各自不同的獨特的企業文化體系。當然，我們在這裡必須強調指出的是，跨文化的企業文化的這種獨特性並不排除它們之間的共同性。《尋求優勢——美國最成功公司的經驗》一書的作者托馬斯．彼得斯和小羅伯特．沃特曼在對美國最優秀的四十多家企業的長達數十年的潛心研究之後得出結論，認為儘管每個優秀企業都有各自獨特的企業文化，但這些企業之間也存在著八項相似的特徵：(1)樂於採取行動，保持工作的不斷發展；(2)接近顧客；(3)自主和企業家精神；(4)透過發揮人的因素來提高生產率；(5)領導身體力行，以價值準則為動力；(6)發揮優勢，揚長避短；(7)組織結構簡單，公司總部精幹；(8)寬嚴相濟，張弛結合。

4.2.1　價值觀和信念的多元性

與國內企業相比較而言，跨文化企業所屬成員一般都具有多元化的價值觀念和複雜的信念結構，尤其是跨文化企業成立之初這種特點更爲明顯。來自不同文化背景中的職工各自具有不同的價值觀和信念，由此決定了他們具有不同的需要和期望，以及與此相一致的滿足其需要和實現其期望的迥然不同的行爲規範和行爲表現。這不僅增加了企業管理的難度，而且也使得共同的新的企業文化的建立比人們想像的要困難得多。就一般情況而言，即使當這種全新的企業文化形成之後，跨文化企業中的所屬成員仍然保留著各自文化所特有的基本價值觀和信念。與企業成立之初相比較，此時的跨文化企業成員不僅已經形成了全新的超越各自民族文化的價值觀，而且在保留自己的基本價值觀和信念的同時又形成了一些新的價值體系。因此，跨文化企業所形成的那種全新的企業文化一般都含有多樣化的價值觀和信念。這主要是因爲，跨文化企業建立自己的企業文化的過程並不是消除原有民族文化差異的過程，而是在尊重和保留民族文化差異的前提下，建立「超越個別成員的文化模式」的全新的共用文化之過程。

從這個意義上來講，企業文化並不能消除或緩解民族文化差異，勞倫特甚至認爲企業文化只能保持並加劇民族文化差異。他發現在同一跨國公司工作的外國員工如義大利人、德國人和美國人所表現出來的民族文化差異，要遠遠大於他們各自國土上的國內企業職工之間的民族文化差異。換句話說，在跨國公司工作的義大利人更義大利化，德國人更德國化，美國人更美國化，而不是像許多人原先所預期的那樣「跨國公司可能會使民族文化差異逐漸趨於縮小」(如圖4-1所示)。

4.2.2 行爲方式上的衝突性

跨文化企業的所屬成員因爲來自不同的文化背景，所以即

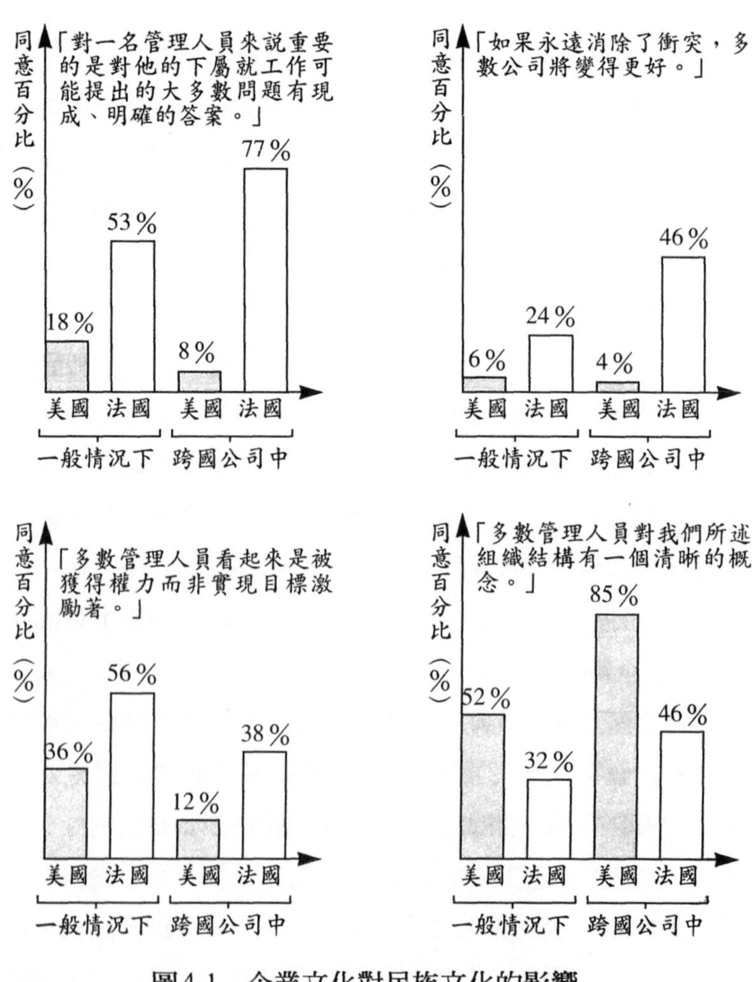

圖4-1 企業文化對民族文化的影響

使全新的跨文化的企業文化形成以後，這種企業文化內部在一定程度上仍然保留著特徵各異的各種民族文化模式，這就使得同一個跨文化企業存在著「大同而小異」的行爲規範和習慣。這些行爲規範和習慣有些是互補的，而有些則是相互矛盾的。同樣的要求和規定，不同文化的成員很可能按照不同的行爲方式執行，從而產生不同的結果。過去曾經聽過一個笑話，說一位教授要求手下的幾位研究生以「大象」爲題每人寫一篇論文。結果法國學生交上來的是名爲〈大象羅曼史〉的文章，英國學生交上來的是一篇〈獵象記〉，德國學生交上來的是一本〈大象百科全書〉，而大陸學生交上來的則是〈象肉烹調法〉。這雖是一則笑話，但卻形象地說明民族文化差異必將導致人們的行爲差異。再比如，美國人用「OK」表示「同意」對方的意見和要求並按對方的要求行動，而日本人則用「OK」表示「聽清了」，至於是否會按照對方的要求行事那就不得而知了。同樣是沈默，但它的意義未必就相同。來自一種民族文化的成員可能以此來表示支持和理解，而來自另一種文化的人們則以此表示漠不關心，還有的文化很可能意味著反對。更有甚者，某些管理人員甚至會表現出一定程度的「民族中心主義」或民族優越感，用居高臨下的態度甚至鄙視的言行舉止對待東道國的企業員工，從而引起糾紛和衝突。在跨文化企業中「民族中心主義」是導致行爲衝突和管理混亂的首要因素，必須堅決地予以消除。除「民族中心主義」以外，這些由文化差異所導致的行爲差異無疑將會給企業管理帶來一定的困難，在增加企業文化建設的難度和成本的同時，也給企業文化建設工作帶來了有益的衝突和活力，促使企業建立有效的溝通機制和資訊傳遞管道。

4.2.3 經營環境的複雜性

跨文化企業的經營環境與國內企業有很大區別。一般來說，國內企業的經營環境比較單純，企業所屬成員不存在文化隔閡和價值觀念等方面的差異，也不存在政治法律制度和風俗習慣的不同。因此，國內企業易於建立企業文化，也容易在管理方式、決策和執行方面取得共識。相反，跨文化企業所面臨的經營環境就要複雜得多。除去社會制度等方面的顯著差異以外，企業成員在管理目標的期望上、經營觀念上、管理協調的原則上，以及管理人員的管理風格上均存在明顯的差異。這些差異無形中就會導致企業管理中的混亂和衝突，使決策活動變得更加困難，使決策的執行和統一行動變得更加困難。即使建立起了跨文化的企業文化，這種差異和困難在一定程度上仍然將會繼續存在。因此，跨文化企業的經營環境一般是比較複雜多變的，這使得企業的經營成本大大增加，在某種意義上甚至會抵消勞動力價格和原材料價格比較便宜的優勢。但是，挑戰與機遇同在，跨文化企業同時也具有國內企業所不具備的許多優越性。抛去市場、勞動力、原材料和技術等眾所周知的優越條件以外，文化差異本身在一定意義上就是一種有利條件。例如，由於文化差異和觀念的衝突，勢必會增加「腦力激盪」的機會，爲新觀點和新方法的產生提供更大的可能性，從而增強企業的科學決策能力，增加創造性解決問題的能力，最終使企業變得更富有活力和競爭性。

4.2.4　文化認同和融合的過程性

我們前面曾經說過，跨文化的企業文化形成和建立的過程以及難度與國內企業有著很大的區別。就一般情況而言，由於不存在文化價值觀和基本信念方面的差異，也不存在民族性格和行爲方式上的差異，所以國內企業建立自己的企業文化所需時間週期是相對比較短的，而且全過程也是相對比較順利的，當然要達到管理層所期望的水準也必須循序漸進，花費不少代價。相反，跨文化企業要想建立和形成自己的企業文化所需時間週期就長得多，花費的各種代價也要比國內企業大許多，整個過程也比國內企業要複雜曲折。這主要是因爲，跨文化企業中存在著差異較大甚至相互衝突的文化模式，因此來自不同文化背景中的人們無論是心理世界還是外部行爲系統都存在著顯著的差異。這些差異只有逐步被人們相互理解和認識，進而產生關心、同情和認同心理，然後才能逐漸取得共識，並最終建立起共同的全新的企業文化。這是一個較漫長的過程，而且首先必須是在雙方的領導人之間取得共識，然後才有可能推動各自的同胞相互之間進行了解和認同，因此需要時間作代價。這也是一個曲折反覆的過程，不僅需要所有成員一邊相互了解對方原有的文化模式，一邊學習和接受全新的屬於該跨文化企業所特有的文化建設內容，而且也需要一邊積極工作一邊不斷地進行文化溝通並消除相互之間的一切障礙，從而爲企業文化建設做出各自的努力和貢獻。

就跨文化企業內部建立自己特有的企業文化這一過程而言，一般遵循如下步驟：文化接觸→局部了解→文化選擇→文化衝突→文化溝通→進一步選擇→文化認同→形成企業文化→進一步溝通→完善企業文化。因此週期長、過程複雜、成本高是跨文化企業建立自己的企業文化所必須付出的代價。

4.3 美國企業文化的特點

現代美國企業文化是建築在美國文化的基本精神之上的。美國文化的基本精神可概括爲這樣幾點：以力圖主宰自然界爲特徵的物質主義的世界觀，以效率、進步和工具理性爲核心的行爲取向，以個人主義和自主動機爲基礎的自我價值觀，以及以機會均等和冒險勤奮爲特色的社會倫理取向。無庸置疑，這種文化精神孕育和培養出了典型的美國式的企業管理思想和企業文化。《管理過程——概念、行爲和實踐》一書的作者W·H·紐曼和小C·E·薩默認爲，美國的管理思想中的基本精神可以概括爲這樣六個方面：(1)未來是由人決定的「命運主宰觀點」；(2)企業是一種獨立經營的社會組織；(3)任人惟賢；(4)企業決策以對事實的客觀分析爲依據；(5)廣泛地參與制定決策；(6)永無止境地尋求變革和進步。可以這樣認爲，紐曼等人的這種看法實質上揭示的是美國企業文化的一些基本特點。

綜合來自各方面的研究成果，我們認爲，現代美國企業文化一般具有這樣幾個特點：

4.3.1 追求卓越，具有濃厚的「創造性不滿足」意識

無論是整個企業還是其中的每個成員一般都不會滿足於目

前的現狀，崇尚不斷進取和發展，崇尚學習和自我改進，崇尚高效率，強調「新」、「快」、「變化」，相信明天會更好。這種卓越精神已經成爲美國企業文化的一個核心特徵，也是促使美國企業走向成功的一個主要動力。就其根源而言，這種對卓越的追求與美國社會特別崇尚「成就」、「效率」和「進步」的價值觀念是分不開的。美國學者英格蘭透過廣泛的調查已經發現，美國企業所追求的與組織目標有關的價值觀首先是「組織效率」，其次就是「高生產效率」，位居第三的是「利潤最大化」；與此相關，企業員工所追求的首先也是「成就」，然後就是「創造」和「成功」。這說明「追求卓越」確實是美國企業文化的一大特色。

4.3.2　以「利潤最大化」爲企業的終極目標

美國企業界雖然正在批判「以最大限度地獲取利潤爲根本宗旨」的企業價值目標，有些企業甚至標榜「爲社會創造財富」或者「社會利益第一」是自己的追求目標，實行所謂的「生活一品質管理」，但實質上「利潤最大化」仍然是大多數美國企業的追求目標。儘管許多企業非常關心自己的員工，關心社會發展，認爲賺取利潤僅僅是一種手段，一種爲社會發展服務的手段，但實質上這些都是一種「文飾」而已，目的在於掩蓋賺錢動機或者「激勵」員工努力工作，以爭取更大的利潤。

就企業自身的性質而言，賺取最大化的利潤本來無可厚非，但問題是美國企業往往過於重視利潤問題，甚至把它看成是企業所追求的終極目標，這就不能不追溯其文化傳統和企業股權結構。美國文化傳統向來崇尚「成就」，具有強烈的「功利主義」（實用主義）色彩，所以總是以實實在在的「經濟成就」和看得見摸得著的「硬指標」來衡量個人或企業的價值，崇拜金錢，認爲會賺錢就是英雄。美國學者羅納曾經說過，美國是一個高度實用主義的國家，強調利潤最大化、組織效率和生產率。美國哈佛大學喬治·洛奇教授也說過，美國實行的是「個人主義色彩濃厚的盎格魯—撒克遜式的資本主義」，而所謂的盎格魯—撒克遜式的資本主義說白了就是以資本的個人擁有爲特色、目的在於賺取最大利潤的資本主義制度。同時，由於美國企業的資本總額中占70％的是股權資本，而大多數股票又爲私人所持有。美國的資產所有者之所以要購買股票並成爲某個企業的股東，其主要動機就在於從其所投資本中獲取最大利潤。否則，美國人是不會購買股票的，作爲企業它必須考慮並滿足股東的這種需求。這種高度分散的資產結構和資本投資心理，加劇了私人股票持有者追求短期收益的傾向，致使美國企業的經營決策偏重於追求股東經濟效益這樣的短期目標。日本著名學者伊藤正則認爲，這種過度追求短期經濟效益的做法是導致美國企業近年來市場競爭力衰退的一個相當重要的原因。當然，在美國那樣高度發達的資本主義社會中，企業也必須具有較強的獲利能力才能在競爭異常激烈的社會中生存和發展，否則一切都是空話。因此，企業的獲利能力就成爲衡量企業行爲價值的最主要尺度。

4.3.3 強調個人價值的自我實現，崇尚競爭冒險的個人主義

美國企業家以及普通員工都信奉「自由競爭」和「機會均等」的行爲原則，認爲獨立自主比依賴他人更可靠，個人利益

是至高無上的，一切價值、權利和義務都來自於「獨一無二」的個人，因此時時處處強調自信、自尊、自我實現、突出自我和自我奮鬥，企業也爲每個職工提供充分發展其潛力的機會，鼓勵個人奮鬥和冒險創新，表現出濃厚的個人主義色彩。《Z理論》一書的作者威廉．大內就曾經深刻地指出，美國企業是一種把「異質性、流動性和個人主義」緊密結合在一起的「A型組織」。當然，這種個人主義不同於我們常說的「自私自利」。前者是以平等競爭和個人負責制爲原則，並且從根本上是有利於他人的發展和進步的；而後者則以損人利己爲前提，破壞組織績效或群體關係。就它們的具體作用而言，前者鼓勵冒險和創新，「責」、「權」、「利」集於一身，使個人或企業能夠經常處在「新的機會」之中，從而有利於企業不斷發展壯大；後者把個人利益看得高於一切，透過損害他人利益來實現自己的目標，因此只能使人與人之間的關係變得緊張甚至惡化，破壞組織目標的實現。美國許多企業乃至整個美國經濟之所以能夠持續的得到發展，這種以個人主義爲核心的價值觀起了十分重要的作用。雖然現在有許多學者都在批判美國企業文化中的極端個人主義價值觀，但無庸置疑的事實是個人主義價值觀極大地弱化了組織和他人對個人主觀能動性的制約和束縛，從而有利於最大限度地調動每個成員的創造性和潛能，使企業能夠經常保持「創新活力」。

4.3.4 強調規章制度和契約的約束作用，推崇「硬管理」

在美國企業與職工之間的相互關係主要是由一系列完備的「遊戲規則」和契約來維繫和調節的，實行「責、權、利」統一的人員聘任制，分工明確，對事不對人，因此工作效率較高。與日本企業相比較而言，美國企業的組織機構既嚴密穩定而又有靈活性，規章制度相當完備，特別重視經營的策略目標，著有《日本企業的管理藝術》一書的理查德．帕斯卡爾教授和安東尼．阿索斯教授所說的那種「硬管理」模式的典型特徵，特別重視外在控制手段如獎懲對職工行爲的約束，卻相對忽視「人員」、「最高目標」和「作風與技能」等「軟管理」因素在企業管理中的作用，比較忽視職工自身的內部精神世界對其行爲的影響和控制。雖然近年來這種現象有所改觀，許多美國企業開始重視「人情投資」和「人性化管理」，但就其根本特徵而言，美國企業對「硬管理」的推崇和強調仍然是其企業文化的基本特色，這是因爲美國文化的基本特徵如「務實」和崇尚「科學」等理性主義文化並沒有發生變化。

4.4 德國企業文化的特點

德國的企業文化與其整個文化傳統是密切相關的。一般來說，可以把德國文化傳統的特點概括爲這樣幾點：以人性「善」、「惡」相間爲基礎的人性觀，以「新教倫理」爲核心的工作價值觀，以個人主義爲特徵的人文主義思想傳統，以「純粹理性」和「實踐理性」爲根本的理性主義行爲取向。與此相應，德國的企業文化一般具有如下四個特點：

4.4.1　實行人文主義色彩濃厚的理性主義管理方式

與美國企業所實行的高度「理性化」的管理方式相比較而言，帶有人文主義色彩的理性主義管理方式雖然特別強調嚴密的組織機構和高效刻板的運行機制，注重「責、權、利」的有機結合和運作程序的科學化和規範化，體現了德國人所特有的理性化特色，但是這種管理方式又比美國式的理性化管理方式更重視職工的某些需要的滿足，具有一定程度的「人情味」。另外，由於受德國文化傳統的深刻影響，德國企業及其所屬成員具有強烈的而又不同於美國的個人主義色彩，鼓勵個人自主地大膽負責自己的工作，支援人們發揮自己的潛能並爲此提供各種機會，如完備的職位培訓制度和考核晉升制度。德國企業內部的等級制度並不像人們慣常所認爲的那樣嚴格，上下級之間一般保持著較小的權利距離，因此德國企業雖然很少強調企業內部保持良好人際關係的技巧和對下屬的控制，但企業員工之間的關係一般都比較融洽，勞資矛盾和糾紛要比歐洲許多國家都少見，而且有一系列的措施和法規保障以鼓勵職工參與企業決策，實行管理者與職工共同參與的「民主化的共同決策」，在很大程度上滿足了職工的自我實現和自我肯定的需要，從而極大地調動了職工的工作積極性。

4.4.2　以技術管理作爲企業管理的根本基礎，以技術創新帶動企業管理的飛躍

在德國企業中，技術創新和研究開發工作歷來受到人們的重視，政府和企業始終把它當作一項生死攸關的策略任務，認

爲只有不斷地更新產品和技術才能適應競爭激烈的市場，從而強化自己的生存能力。因此，爲了技術創新，凡是具備科研條件的企業一般都力圖依靠自己的科研力量開發「獨創型」技術，努力形成自己專有的「拳頭」產品，而中小型企業常常自發聯合起來共同開發新產品，或者是委託社會上的科研機構進行技術「攻關」。當然，德國企業也非常重視引進國外的先進技術，許多企業還保持著經常性的與國外企業、科研機構合作開發新產品的關係。所以，德國企業一般具有較好的經濟效益和較強的市場競爭能力。即使與其他歐洲國家比較起來，德國企業的這種對技術創新工作的強調和重視也是非常突出和顯著的。

4.4.3 德國企業文化富有集權、獨裁和直線型管理控制的特點

德國之所以具有這樣的企業文化特點，這主要是因爲：

第一，德國是一個不確定性避免程度較高的國家，企業領導及其下屬成員所具有的冒險精神比較低，不允許拿企業的生存能力來冒險。因此，實行正規的、直線型的管理控制系統有利於最大限度地降低生存風險。

第二，德國企業中所選拔的管理人員一般必須是具有「整合思想」和「整合能力」的專家，他們有能力勝任集權化的組織機構的管理工作。這種選拔管理人員的制度在一定程度上能夠保證管理人員具有較高的科學管理水準，因此實行集權式的直線管理可以最大限度地發揮管理人員的能力和工作積極性。

第三，德國企業十分重視產品品質和服務品質的提高，有著強烈的品質意識，把產品品質看作是企業生存的手段和根

本。因此，爲了保證產品品質並最大限度地降低生存風險，實行直線型的管理控制方式也許是必不可少的。

第四，職工一般都具有高度的敬業精神，把工作和職業看得高於一切，甚至把工作置於個人尊嚴和價値之上。這種工作倫理使得企業管理人員可以把注意力完全放在產品品質和勞動生產率的提高上，而不必擔心自己的命令不被下屬接受，實行集權化的直線控制系統就是順理成章的事。

4.4.4　特有的職工培訓制度

德國企業非常重視職工素質的提高，甚至把職工培訓看成是企業發展的柱石和民族存亡的基礎，形成了特有的職工培訓制度。德國企業家認爲，在所有的企業要素中，人是最最重要的第一要素，它直接決定了企業的興衰與成敗，而培訓則是有效提高職工素質的最好方式。德國企業的職工培訓一般有三個顯著特點：

第一，職工培訓的「全員性」。從藍領工人到高層管理人員，凡是企業職工都必須接受有計畫的系統培訓。

第二，職工培訓的「預先性」。凡是青年職工都必須接受爲期二至三年的職前培訓，而且實行理論與實踐相結合的培訓方式。

第三，職工培訓的「多層次性」。低層職工主要培訓內容爲文化基礎和職務操作規程，而高層管理人員所接受的培訓則主要是決策、經營和市場營銷等方面的內容，而且培訓的形式也非常多。

4.5 日本企業文化的特點

日本文化乃至日本的企業文化都深受中國傳統文化的影響，尤其是儒家倫理思想中的「和」的概念對其具有更顯著的影響。關於這一點日本學者樹山孚就曾經說過，「日本式管理的訣竅恰恰是善於激勵，而這種訣竅中有不少是淵源於中國的古典思想的。」

日本文化的一般特徵可以概括爲這樣五點：(1)以家族制度爲基礎的嚴格的等級制度是其文化基礎；(2)以強烈的民族主義意識爲核心的民族精神；(3)以「忠孝」和「報恩」爲最高道德準則的價值取向；(4)以儒家倫理思想、佛教文化和西方文化爲基礎形成的具有顯著的兼容並蓄特色的移植文化；(5)以強烈的「生存理性、危機理性和人文理性」爲核心的「日本式」理性意識。

在上述文化傳統的影響下，日本企業形成了富有自己特色的企業文化模式。關於這種模式的具體內容，不同的學者做出了不同的概括，我們在這裡只介紹兩種典型的觀點。一是大陸學者趙曙明教授的觀點，他認爲，日本企業文化有五個特點：(1)企業一般具有追求經濟效益和報效國家的雙重目標；(2)信奉家族主義和資歷主義；(3)富有集體主義和團隊精神；(4)以「和」爲本，注重勞資關係的和諧；(5)「經營即教育」的觀念深入人心。二是沈學方的觀點，他則認爲，日本企業文化可以概括爲「一個目標、兩種精神、三個觀念、四項原則和五項管理措施」。「一個目標」就是追求合理化管理型態這一首要而且唯一的目標；「兩種精神」就是既追求卓越成就，加強研究發展的精神，同時又採用終身雇傭制，使員工表現出強烈的敬業精神；「三個觀念」就是把握時間觀念、整體計畫觀念和講求品質的觀念；「四項原則」就是企業管理方式如何變化都必須依據低成本、安全、彈性管理和人性管理這四項原則行事；「五項管理」就是目標管理、目視管理、顏色管理、動態管理和自主管理。相比較而言，趙曙明的觀點要比沈學方的觀點更深刻一些。但從根本上來說，這兩種觀點都只是看到了日本企業文化的一些表面現象，並沒有眞正了解其中的奧秘。

到底什麼是日本企業文化的核心特徵呢？我們認爲，日本的企業文化既不同於歐美，也不同於中國，雖然它們都曾經深刻影響過日本企業及其文化，但由於日本是一個具有奇特性格的民族，所以它的企業文化始終具有不同於自己的「老師」的獨特之處。人們都知道，日本具有舉世公認的善於吸取別國先進技術和文化的長處，同時又具有美國學者埃德溫·賴蕭爾所說的那種在自卑感與優越感之間不停「晃動的鐘擺」的特性，總是在先進技術和文化面前先是自卑並兢兢業業、專心致志地模仿和學習，當其同化並轉化爲自己的文化時又開始瞧不起以前的良師益友，自卑感爲優越感所取代，從而逐漸演變出自己獨特的企業文化來。這種獨特的企業文化有哪些特徵呢？或許借用日本著名學者松本厚治的概念「企業主義」來概括日本企業文化的根本特徵可能是最恰當不過的。所謂的「企業主義」不僅僅指企業制度，而且也是一種新的經濟體制和經營體制。在這樣一種體制中，有三個最顯著而又明顯區別於其他國家企業文化的特徵：一是勞動與經營的結合，二是與勞動結合在一起的經營獨立於資本和國家的支配，三是終身雇傭制以及在此基礎上形成的年功序列制和企業內工會等一系列制度。下面我們分別予以討論。

4.5.1 勞動與經營的結合

在日本企業中，經營（或體現爲組織的企業）和勞動是相結合的，而不是像西方的企業制度那樣經營是與勞動完全相分離的，甚至是相互對立的；企業職工已經不再是西方企業意義上的「雇傭工人」，而是一種被企業「內部化」的承擔著經營責任的「企業人」；經營的目的在於追求所有從業人員的利益，而不僅僅是資本家的利益，勞動者也承擔起了經營的職能；由於勞動者已經承擔了經營的風險，再加上技術革新和生產的組織化等經營職能也都由所有從業人員一起承擔，所以經營者與勞動者的職能是相互滲透的，而且形成了一個不可分割的整體；這些企業人擔負著經營的自律責任，他們與企業的關係本質上是參與而不是支配；這種「自律」和「參與」是出自他們對企業經營所負的責任，這既不是心理上的責任，也不是法律和制度所強制賦予的責任，而是一種自身利益與企業的興衰密切聯繫在一起或緊密捆綁在一起的利益責任，用松本厚治的話來說，就是「企業人不是依靠權利強制性的擔負起這種責任，而是爲了追求自己集團的利益，因此他們參與經營必然會推動企業前進。在這種體制中，原動力是責任而不是權利」。在這樣一種勞動與經營緊密結合在一起的體制中，企業人始終是以整個企業的一份子的身分來開展一切工作的，他們與企業的關係再也不是雇傭或買賣關係而是一體化的終身關係，而且企業人與企業之間在根本利害問題上始終是一致的，所以所有的企業人都會最大限度地發揮自己的主觀能動性，為了企業的生存和發展拚命工作。

4.5.2 經營獨立於資本和國家的支配

日本企業的另一個顯著特徵是經營已經擺脫了資本和國家的控制。

首先，就國家與企業的關係而言，人們常常有一種誤解，認為日本政府對企業和整個經濟活動採取了一種嚴密管制措施，甚至認為日本企業是由日本政府控制的。例如，美國學者萊斯特·瑟曼在其著作中就認為，「日本的特點是將投資集中計畫，由政府集中控制。這使任何資本家都痛苦得痛哭流涕。」許多學者都提出了類似的看法。然而，實際情況恰恰與此相反，這或許是由於戰後經濟復興時期政府曾經實行過的嚴格管制措施至今仍然在人們頭腦中留有殘餘印象的結果，實質上日本早在六〇年代中期就已完成了貿易自由化。就目前的情況而言，日本政府確實很少介入產業活動，製造業方面幾乎沒有公營企業，除個別產業政府進行十分有限的限制以外，國家對企業實行的控制要比許多西方資本主義國家少得多，因此日本實行的絕不是管制型或計畫型經濟，日本企業已經擺脫了政府的控制。當然，有一點我們必須加以說明，日本企業主動承擔了其他國家政府通常所承擔的許多責任。例如日本企業實行終身雇傭制，這實際上是替政府承擔了避免失業的負擔。即使在經濟很不景氣的情況下，日本企業基本上實行企業內部失業政策，使整個日本的失業率很少超過2％。這大概也是日本政府很少或者說基本上不干預企業經營活動的一個主要原因。

其次，就企業經營與資本家和股東的關係而言，雖然日本的企業大都也實行股份制，但由於企業間相互持股並且盡力保持穩定持久的股東關係，其結果是持股行爲對企業的影響被相互平衡和抵銷了，再加上經營權與所有權是完全分離的，所以資本家和股東與企業的關係已經同本來意義上的股份制發生了極爲顯著的變化。這些變化主要包括這樣幾點：資本家和股東幾乎根本不關心其持股企業的管理以及能否收到股息，他們一般都會忠實地跟隨自己擁有股份的企業的經營意願和經營行爲；股份制企業的許多制度已經名存實亡，如董事會制度、公司監察制度以及股東代表大會制度等都成了空洞的概念，董事長僅僅成爲企業內部地位的象徵，而總經理和副總經理等職務實際上則成爲企業內部高於所有人的重要職位；企業不是由股東在控制，相反是企業控制著股東。這就使得即使像松下電器公司這樣的大型國際企業作爲一種股份制企業，其許多與股份制有關的制度也是形同虛設。企業經營與股東意願完全分離開來了，企業完全從資本家和股東的控制下獨立了出來，有了自己眞正意義上的經營自主權或經營上的獨立性。日本企業的這種持股方式一般稱之爲「產融結合的交叉持股結構」，其實質是在所有資本總額中，股權資本僅占30％，其餘均爲債務資本，而在股權資本中約70％以上爲法人股權，只有不到30％的股權資本爲個人股權，而且法人之間相互交叉持股，企業的股權是高度分散的，眞正做到了所有權與經營權的完全分離。

僅就企業管理而言，這種持股方式有兩大積極意義：一方面由於法人股在股權資本中占絕對優勢，而且相互之間交叉持股，從而大大降低了股東對企業的干預，甚至可以說股東對企業經營的干預是十分微弱或者幾乎可以忽略不計，使得日本企業擁有完全獨立的經營權。在這種情況下，企業經營者完全可以按照自己的想法管理企業，並透過追求經營的長期效益以實現自己的價值，從而最大限度地避免了經營中的短期行爲。另一方面，由於個人股權在整個資本總額中所占比例相當小，再加上法人相互交叉持股，所以企業股東對股票升值、分紅等短期利益並不太重視，相反他們更重視從企業發展中獲得長期的、持續的利益。這一點可以從近年來日本企業的法人股換手率很低、股票分紅率既低且呈下降趨勢這個方面得到很好的說明。

如果我們把中美日三國的股權結構及其經營目標做一番比較也許更能說明問題。在中國大陸企業中，國家股和法人股雖然在整個資本總額中占有絕對優勢，但由於產權不明晰，法人股與國家股實質上相差無幾，企業經營行爲主要反映的是政府利益而不是企業自身的利益，因此大陸的國有企業所追求的實質上是短期經濟指標和股票分紅這些短期行爲目標，相反對諸如技術進步和新產品開發的重視程度相當低，在這方面的投資額度極爲可憐。美國企業雖然與大陸企業在這方面有很大區別，但由於實行的是高度分散的產權機制，個人股權在整個資本總額中所占比例遠大於法人股權，使它在處理近期利潤目標與遠期成長目標之間的矛盾時，不易獲得股東對犧牲近期利益而滿足長期利益需要的有利支援，因此美國企業往往明顯地傾向於追求高額利潤以及大比例的股息分紅，而不太重視技術開發和基礎研究投資。就企業經營目標和決策基準而言，大陸國有企業的短期行爲比美國企業有過之而無不及，一點也不像日本企業那樣傾向於追求發展性的長遠目標，而是過分追求短期經濟效益和股東利益等短期目標。表4-1和表4-2對日美企業的

表4-1　日美企業各自所重視的經營目標

經營目標	日本		美國	
	位次	比重（%）	位次	比重（%）
新產品、新事業的擴大	1	60.8	9	11
市場占有率維持、擴大	2	50.6	3	53.4
投資收益率維持、擴大	3	35.6	1	78.1
國際經營策略	4	32.8	8	12.3
銷售額最大化	5	27.9	5	15.1
生產流程合理化	6	27.0	6	13.7
自有資本比率的上升	7	21.8	6	13.7
提高企業社會形象	8	18.6	10	6.8
產品性能改進	9	11.5	4	28.8
勞動條件改善	10	7.3	12	0.0
確保雇傭	11	3.8	11	1.4
股票收益	12	2.7	2	63.0

表4-2　日美企業進入新事業領域時決策基準的差異

重視程度	日本		美國	
	市場成長性	市場收益性	市場成長性	市場收益性
極爲重視	69.4	42.1	56.3	57.7
較爲重視	23.5	42.5	32.4	32.4
一般性重視	6.9	14.3	11.3	7.0
較不重視	0.3	1.0	0.0	2.8
不重視	0.0	0.1	0.0	0.0

經營目標做了詳細的比較，從表中我們可以看出這樣幾點差別：

日本企業重視新產品和新事業的擴大，以及市場占有率的維持和擴大等長期性、成長性目標，而美國企業則重視投資收益率、股票收益等短期性的、收益性的目標；在進入新事業領域時，日本企業以市場成長性爲基準進行決策，而美國企業則更重視新事業領域的收益性；日本企業不重視股票市值（股東利益），而美國企業很重視股東的利益；相比之下，日本企業比較重視勞動條件的改善，而美國企業就不太重視。同樣，大陸企業所重視的也是股東收益最大化和市場收益性等短期經營目標。當然，日本企業之所以重視對其發展有至關重要影響的長期經營目標，除去產融結合的交叉持股的企業股權結構這一最重要的因素以外，企業的融資方式和特有的終身雇傭制也是其中兩個重要因素。

綜上所述，日本企業所實行的這種特殊的「產融結合的交叉持股制度」，使得日本企業相當重視長期性的經營策略，從而最大限度地避免了企業的短期行爲。這大概也是西方企業文化與日本企業文化之間的一個很主要的區別。

4.5.3　終身雇傭制

日本企業文化的第三個特徵是實行終身雇傭制，或者說終身雇傭制是日本企業經營方式的又一大重要支柱。所謂的終身雇傭制是指青年職工自進入某個企業之後，如果沒有什麼特殊的原因，該職工必定要在該企業一直工作到退休爲止。這種制度是日本所特有的，而且並不是法律所規定的強制措施，它僅僅是一種長期經營實踐中逐漸形成的慣例罷了。

終身雇傭制的形成一般有這樣幾個原因：一是日本文化傳統使然。我們都知道，日本是一個集團意識相當強的社會，不論人們是何種身分、地位和職業，只要共同構成了一個集團，那麼他們就會產生十分強烈的集團歸屬意識。同樣，不論是企業的經營者還是普通的勞動者，只要是歸屬於同一個企業，他們就會產生一種強烈的與企業同命運共呼吸的企業團體意識，除非是出現什麼特殊情況，否則職工是不會輕易離開企業的，而企業經營者也不會輕易解雇職工。二是日本特有的經濟環境在起作用。日本是一個資源貧乏、戰爭創傷嚴重、人口密集的國家，除了人一無所有，這種狀況使日本國民深刻地意識到，要發展經濟只有充分挖掘人力資源、實現勞資協調的局面，才有可能實現國富民強的目標，而終身雇傭制正是實現勞資協調的制度保證。三是實行終身雇傭制對企業經營者和勞動者雙方都有很大的好處。對於企業經營者來說，這種制度可以最大限度地發揮培訓的效用，並減少培訓成本；對於勞動者來說，這種制度既能保證就業，同時又可以發揮自己的技術專長。另外，年功序列制也對終身雇傭制的維持起到了強化作用，因爲職工一旦變換企業，原有企業積累下來的年資將會完全消失，其工資和職務晉升一切都要從頭開始，因此職工一般不會輕易辭職。

終身雇傭制一方面可以使職工終身以企業爲家，視企業利益爲自身利益，從而極大地增強企業的凝聚力，提高職工的工作積極性；另一方面，這種制度可以保證職工不被解雇，使職工不至於反對技術革新，所以也有利於推動企業的技術進步。同時這種制度由於可以爲企業大規模地培養技術骨幹，因此也十分有利於推行全面品質管理活動（TQC）。TQC活動之所以在日本能夠廣泛推行並獲得巨大成功，主要應該歸功於終身雇傭制。另外，這種制度可以大大降低企業的培訓費用等經營成本，並且有利於企業持續穩定地向前發展，所以深受日本企業界的歡迎。正因爲終身雇傭制有這麼多的好處，所以日本企業都在拚命維持這種制度，而這種制度本身也就成爲支撐日本企業長期經營策略的又一基礎。

4.6 大陸企業文化的特點

4.6.1 中國文化的基本精神

大陸企業文化是在中國文化傳統框架內形成和發展起來的，因此無論是了解大陸國有企業的企業文化特點，還是了解大陸的中外合資企業的企業文化特點，首先都必須對中國文化的基本精神做些說明。中國文化的基本精神大致可以概括爲這樣四個方面：

（一）富有特色的人文精神

與西方的世俗化的人文精神不同，中國的人文精神側重於倫理教化，而中國人文精神最經典的表述就是先秦的儒家倫理，無庸置疑，「以仁化人，以道教人，以德立人，則是儒家倫理之將人『文』化或以『文』化人的根本精神之所在。」

（二）與西方的分析思維相對照的整體思維方式

一般而言，西方人的思維方式重在分析，首先是把自然界不斷地分解爲各種盡可能小的部分，然後仔細地詳加考察，直到一目瞭然。與此相反，中國人正好是一種重整合的整體思維方式，研究和觀察自然界時將客觀事物的整體型態作爲考察的基本層面，根據事物之間的聯繫來把握對象，從而得出一種總體的認識。

（三）強調天人協調

中國傳統文化中的天人協調觀，以《易》最爲典型。概括起來《易》中的天人協調觀其主要內容有三點：人是自然界的一部分，是天地自然的衍化產物，但又具有超越萬物的卓越地位；自然界存在著普遍規律，人也要服從這種普遍規律；人生的理想就是自強不息、有所作爲以達天人協調的境界。

（四）強調明「人倫」、講「執中」、求「致和」的人際關係

所謂的「明人倫」就是了解和遵守調節人與人之間相互關係的道德規範，所謂的「講執中」就是要求人們在處理人際關係時要把握一個合適的「度」，做到「適度」，以「中庸」爲好。所謂的「求致和」就是要求人們之間既要保持和諧的人際關係，又要做到「和而不同」，以「海納百川、兼收並蓄」的寬容態度和「厚德載物」的博大胸懷對待多樣性的個人意見和差別。

4.6.2 中國文化的基本精神對中國大陸企業文化的影響

中國文化的這些基本精神對中國大陸企業文化的形成和發展起了雙刃劍的作用，既有積極意義，又有消極作用。

首先，講求「執中」或「中庸」的文化傳統一方面使人們

保持和諧的人際關係和穩健的行爲習慣，另一方面又壓抑了人們的開拓冒險精神，既使普通大眾缺乏敢爲人先的進取精神，又難以形成出類拔萃的企業家。

其次，由於中國傳統文化重「人倫」、重價值理性，所以長久以來形成了一種「重義輕利」的價值觀念，並且人爲地把「義」與「利」對立起來，雖然這種觀念在歷史上曾經起過並且還在繼續起維持人際關係和諧的積極作用，但這種觀念目前確實起著阻礙市場經濟發展的作用，使人們不敢放心大膽地去追求企業經濟效益。

第三，重人群關係的文化傳統一方面使人們之間能夠保持「長幼有序、尊卑有別」的人際關係格局，起到維持社會和企業穩定發展的作用，並有利於建設一種感情色彩濃厚的「以人爲中心」的企業文化，但同時這種人群本位主義也使得大陸企業內部過於講究人情裙帶關係，造成人情大於「法規」的非理性局面，從而影響企業的規範化和制度化建設。

第四，整合思維方式、重人倫以及「天人合一」等文化傳統所強調的整體性和大一統價值觀念一方面有利於形成上下一致的統一行動局面，有利於企業內部的協調和溝通，但另一方面也壓抑了作爲個體的人和作爲個體的企業的主觀能動性和獨創精神，既使企業難以成爲眞正意義上的具有獨立經營權利的經濟法人實體，同時又嚴重制約和束縛著企業建設風格各異的企業文化的努力，使大陸許多企業形成了幾乎沒有多少個性色彩的「模式化」的企業文化。當然，大陸解放後實行的大一統的計畫經濟體制更加強化了這種千篇一律的企業文化模式。下面我們主要以在整個國民經濟中占主導地位的國有企業爲例，剖析大陸的企業文化特點。

4.6.3 中國大陸企業文化的特點

由於受傳統文化的影響，大陸的企業文化一般具有這樣幾個特點：

（一）政治色彩濃厚，是一種政治與經濟相結合的具有明顯社會主義公有制特徵的企業文化

就國際上企業發展的一般趨勢而言，企業只能是一種以追求經濟目標爲主、以社會目標爲輔的經濟組織，因而國外企業一般都具有經濟色彩相當濃厚的企業文化。然而，由於大陸是社會主義國家，實行的是以公有制爲主體、多種經濟成分並存的經濟制度，所以企業文化中含有大量的政治內容，例如「獨立自主，自力更生」、「堅持四項基本原則」等內容長期以來都是大陸國有企業的核心價值取向。同時，由於長期以來實行計畫經濟的結果，政企不分，結果使得大陸企業成爲各級政府機關的附庸，企業財產屬國家所有，幹部職工都占國家編制，企業的價值取向、行爲方式、經營目標乃至具體的經營計畫往往受到政府行政機關的控制和干預。這一方面使得企業成了獨具特色的政治與經濟相結合的社會組織，另一方面也使企業失去了原本應該具有的作爲獨立自主的經濟實體的許多屬性，甚至以犧牲企業長期利益來換取短期經濟效益。據一些專家的研究，大陸的股份制企業與日本企業相比較而言更注重追求股東利益等短期收益性經營目標，而對新產品開發等有利於企業長期發展的成長性目標則很少重視。另外，大陸企業的正常生產活動常常受到政治運動的影響和干預，歷史上曾經出現過而且

目前仍然還在時隱時現的那種可以稱之爲「生產過程政治化或儀式化」的現象，用發動運動的方式組織企業生產活動，如較早的「工業學大慶」，近年來的「學邯鋼」。這或許就是因爲國家股在資本總額中占有絕對優勢，而法人股（在某些企業中實質上就是變相的國家股）股東數目則很少，股權高度集中，或許還有政企不分，企業法人或經營者並沒有多大的獨立自主的經營權的緣故。

（二）注重倫理道德，表現出濃厚的倫理色彩

儘管大陸企業文化的表現型態是多種多樣的，但注重倫理道德問題始終是其主要內容。無論是幹部的任命考核，還是企業經營績效的衡量和判斷，乃至企業決策及其行爲的選擇和評價，在很大程度上往往都不是以客觀經濟效果作爲價值評判的依據，而是以道德規範和倫理標準作爲衡量的基本價值準則。因此，幹部職工是否勝任自己的工作這一問題，有時實質上就等於他們的品德和思想修養是否過關的問題，而企業經營業績的好壞問題實質上就等於是否按時保質保量的完成了上級領導機關交給的任務。從更深的層面上來說，大陸的企業文化就其主要內容而言，實質上主要是由三部分構成的：第一部分就是政治思想，第二部分就是倫理道德，第三部分就是經營管理方式和企業內部氛圍，其中倫理道德和政治思想占了最重要的位置。大陸企業文化之所以形成這種注重倫理道德的特徵，原因就在於傳統的倫理文化的影響和計畫經濟時代所形成的集權管理模式的滯後效應。

(三)「人治」、「情治」與「法治」相結合的非制度型的企業文化

雖然改革開放以來大陸許多企業都在進行企業文化建設工作，而且也取得了十分明顯的成效，但從總體上來說，大陸的企業文化建設活動仍然處在起步階段，所以「法治化」和「以情感人」的局面並未眞正形成，「人治」的成分仍然相當嚴重，諸如長官意志、口頭承諾、隨意性的和模糊性的習慣、裙帶關係等行爲隨處可見，嚴重制約了企業的規範化和制度化的發展歷程。就目前的情況而言，大陸的企業文化從總體上來講仍然「是一種『法治』、『情治』和『人治』結合型的文化」。相信未來的大陸企業文化必將是一種「人治」成分日益減少，「情治」和「法治」成分占主導地位的「以人爲中心」的有中國特色的制度化文化。

(四) 個性不鮮明

如果從作爲個體的企業這個角度進行比較，大陸大部分國有企業並未形成有自己特色的企業文化。國外許多企業大都有自己特色鮮明的個性化企業文化，換句話說，它們各自的企業文化實質上成爲自身的象徵和標誌，例如美國IBM公司的「服務」文化，日本Sony公司的「開拓者」精神等都是與衆不同的很富有個性特點的企業文化實例。然而，大陸國有企業卻未能形成這種富有特色的企業文化，有的只是千篇一律完全雷同的企業文化。例如，許多企業的企業文化都是由「團結、進取、開拓、創新」之類的標準化詞語組成。

究其原因，大陸長期以來在實行大一統的計畫經濟過程中所形成的思想觀念和思維模式的殘餘仍然在起作用，再加上企

業與政府之間所形成的那種傳統的「依附」關係尚未有效解除，企業缺乏獨立自主的經營權，因此它也難以按照自己的行業特點和性質建構富有特色的企業文化。但如果從作爲整體的企業這個角度進行比較，大陸國有企業有著明顯不同於西方和日本的企業文化特點。俞文釗教授認爲，大陸現代企業文化有這樣幾個特徵：管理主體是大陸共產黨、國家機構和社會團體，管理思想的主線是思想政治工作，管理思想的本質是民主集中制，管理的關鍵是協調，管理的基礎是爲人民服務，管理思想的靈魂是集體主義和愛國主義，管理思想的目標是抑制以自我爲中心的價值觀。

4.7　跨文化的企業文化建設

就一般情況而言，跨文化的企業文化建設活動是一個遠比國內企業或單一文化企業要複雜得多的過程。跨文化企業文化建設的首要原則是正確識別並合理運用多元文化差異。換句話說，當文化差異有助於提高企業效益時就正確使用這些差異，而如果文化差異起了消極作用時就盡可能弱化其影響。下面我們將具體討論跨文化的企業文化建設中必須解決的幾個關鍵問題。

4.7.1　正確地識別不同文化之間的差異

跨文化的企業文化建設中所必須解決的第一個難題就是如何正確地識別不同文化之間的差異。不同文化的成員共處一廠或一公司，各自原有的文化無論是在正式的行爲規範方面，還是在非正式的規範方面，抑或是技術規範方面都會存在這樣那樣的差異甚至衝突。

正式規範方面的差異主要指來自不同文化背景的企業職工之間在有關企業經營活動方面的價值觀念上的差異。例如，目前比較常見的價值觀念有如下一些類型：追求高額產值，這是大陸國有企業的員工經常追逐的傳統價值觀；「一切爲了顧客」，這是許多大型跨國公司經常追求的價值觀念；效益與貢獻並重，這是目前許多很有遠見的企業所追求的價值觀；企業的發展與成長，這是日本企業比較常見的價值觀；經濟效益優先，這是美國許多企業所追求的價值觀。此外，來自不同文化背景中的職工在風險觀念、工作和成就觀念等方面也存在一定的差異。當然，這裡僅僅是不完全的舉例而已。很顯然，持有不同價值觀的員工之間勢必產生價值觀的衝突。

非正式規範方面的差異主要指企業運作中的生活習性和風俗習慣方面的差異。例如，重合同是西方企業的經營習慣，而重人情關係則是大陸企業職工的日常習慣，其他的還有時間觀念、人際空間、生活節奏、神態、面部表情等等，這些方面的差異必將影響企業的經營管理活動。技術規範方面的差異主要指各種管理制度上的差異，例如，決策制度、人事管理制度、工資福利制度等也存在一定的差異。日本企業習慣於自下而上的共同決策方式，而西方的企業管理者則喜歡自上而下的獨裁式決策方式，大陸企業所習慣的則是民主集中制。上述這些差異所導致的衝突水準和類型可能有很大的不同，因此，跨文化企業的管理者首先必須能夠識別出差異的類型及其程度，然後才有可能採取針對性的措施予以有效的解決。

要想正確地識別出各種不同類型的文化差異來，跨文化企業必須做好幾項工作：第一，對企業管理者進行跨文化訓練，使其能夠不帶成見或偏見地去客觀地觀察和描述文化差異；第二，客觀地比較不同文化之間到底存在什麼類型的差異，以及差異的程度如何；第三，嘗試理解和解釋來自異文化的職工的思想行爲方式及其合理性；第四，詢問自己到底能夠爲來自異文化的成員做些什麼；第五，對所屬職工進行跨文化訓練，使他們也能夠不帶任何成見地觀察和描述文化差異，並理解差異的合理性和必然性。

4.7.2　對全體成員進行敏感性訓練

跨文化企業文化建設應該採取的第二項措施就是對全體成員進行敏感性訓練。敏感性訓練也叫做「T小組訓練法」，是由美國著名心理學家勒溫於1964年創建的一種改善人際關係和消除文化障礙的方法，其主要目的是讓接受訓練的企業職工能夠學會有效地進行交流、細心地傾聽以了解自己和別人的感情，從而加強人們的自我認知能力和對不同文化環境的適應能力，並促進來自不同文化背景的人之間進行有效溝通和理解。通常的做法是把十至十五名小組成員集中到實驗室，或者是遠離工作單位的地方，由心理學家主持訓練，時間一般爲一、二週。

在這個小組裡，接受訓練的小組成員既沒有要解決任何特殊問題的意圖，也不想控制任何人，人人坦誠相見並互相坦率地交談，而交談的內容也只限於「此時此地」發生的事。這種限定在狹窄範圍裡的自由討論將會使受訓者逐漸陷入緊張不安、茫然不知所措、沮喪和厭煩的情緒當中，而所謂的「此時此地」的事實際上就指人們自身的一些心理活動狀態。隨著交談的逐步深入，人們開始更加注意自己的內心活動，開始更多地傾聽自己的講話。同時，由於與他人坦誠相見地進行交談，也開始發現別人那些原來自己沒有注意到的文化和行爲差異。

實踐證明，敏感性訓練確實是一種能夠有效改善多元文化團體的人際關係的好方法。經過一段時間的訓練之後，一般可以達到這樣三個目的：一是受訓者發現了平時不易覺察到的或不願意承認的不安和憤怒的情緒，從而深入了解自己的內心世界；二是受訓者能夠設身處地地體察別人、理解別人，進行角色互換和移位思考；三是可有效地打破每個人心中的文化障礙，加強不同文化之間的合作意識和聯繫。有研究表明，參加過敏感性訓練的企業成員比沒有參加的成員在達到自己的目標方面取得了更大的進步，而且可以明顯減少跨文化企業成員之間的種族偏見，增加人際信任感和內部控制傾向，以及對異文化的鑑別和適應能力。

4.7.3 設置一個富有遠見的或超常的企業目標

建設跨文化的企業文化的第三項措施就是設置一個富有遠見的或超常的企業目標。即使經過敏感性訓練，來自不同文化背景的企業員工之間的差異和衝突必將仍然存在，但是此時的企業員工已經基本能夠正確對待文化差異，因此，設置一個超越個人文化差異的企業奮鬥目標勢必能夠使企業員工在工作中進一步消除偏見並增強相互間的信任和團結，而且也只有透過互助合作才能取得對其各自文化來說都是很重要的成果。設置這種目標的關鍵在於「公正」和超越狹隘的文化集團利益，同時又要具有較大的難度和文化吸引力，單靠某一方是無法完成的，只有合作才是實現這一富有魅力的目標的唯一出路。

4.7.4　提出富有特色的超越文化差異的企業精神

建設跨文化的企業文化的第四項措施就是提出富有特色的超越文化差異的企業精神。所謂的企業精神，按照高效琨等人的說法是指「熔鑄企業價值觀、企業目標、企業道德、企業經營觀等精華的觀念型態，是企業文化總和的高度濃縮昇華和集中反映」。換句話說，企業精神就是整個企業文化的精氣和元神，是企業文化中最核心的部分。企業一旦形成這種被各文化所屬成員廣泛接受的企業精神，就能夠充分調動企業所有員工的工作積極性，使企業產生勃勃生機和無限的發展動力。國際管理學界有一個幾乎被人們廣泛認可的說法，企業員工的知識再多也不如他們的智力作用大，智力再好也不如員工素質起作用，而素質再好又不如員工的覺悟作用大。企業精神實質上就是一種能夠充分激發員工覺悟的有力武器。

4.7.5　持之以恆地實施一整套行之有效的企業儀式和典禮

建設跨文化的企業文化的第五項措施就是要持之以恆地實施一整套行之有效的企業儀式和典禮。根據《企業文化》一書的作者特雷斯．迪爾等人的看法，企業儀式是指企業的日常活動表現形式，而典禮則指企業行爲的隆重表現形式。前者規範著員工在企業生活中的行爲習慣，後者則透過使員工終身難忘的隆重的頒獎等大型活動強化企業文化。企業行爲的這兩種表現形式都能夠把企業價值觀直觀形象地展現出來，或者說它們本身就是企業文化中最核心部分的表現形式，就像電影那樣生動形象地表達和展示「劇本」。對於普通員工來說，這種直接的儀式和典禮其效果要遠大於空洞的說教。生動形象的展示、潛移默化的薰陶是企業儀式和典禮之所以起作用的關鍵因素，而且企業儀式和典禮也是企業中的正式規範和制度的有效補充。國外許多企業之所以特別重視企業儀式和典禮，原因就在於此。

本章摘要

- ◆企業文化具有柔性管理、文化管理、人性管理方式的特點。
- ◆跨文化的企業文化具有其獨特性：價值觀和信念的多元性、行為方式上的衝突性、經營環境的複雜性、文化認同和融合的過程性。
- ◆美國企業文化的特點是追求卓越、利潤最大化、個人價值的自我實現、強調規章制度與契約。
- ◆德國企業文化的特點是理性主義管理方式、技術管理為基礎、集權型控制、重視員工素質提高。
- ◆日本企業文化的特點是勞動與經營的結合、經營獨立於資本和國家的支配、終身雇傭制。
- ◆大陸企業文化的特點是政治與經濟相結合；濃厚的倫理色彩；「人治」、「情治」與「法治」相結合；個性不鮮明。

思考與探索

1.跨文化企業文化有哪些獨特性？

2.舉例說明美國企業文化的特點。

3.談談你對德國企業文化的了解。

4.日本企業文化有何特點？

5.中國傳統文化與大陸企業文化之間的關係是什麼？

6.在建設跨文化企業文化過程中，應注意哪些問題？

第5章
跨文化企業中的人力資源管理與開發

近年來的經驗和理論研究表明，人力資源管理是跨文化企業管理中最重要同時又最容易出現問題的一個領域。已有的研究成果一致認爲，美國等西方國家流行的人力資源管理理念及其管理體制和管理制度，如果不加分析和本土化就直接應用或「輸出」到非英語國家，勢必會產生「水土不服」的問題，從而給跨文化企業的管理工作帶來許多困難。因此，了解西方流行的人力資源管理思想及其方法到底在多大程度上具有「普遍性」、如何激勵跨文化企業中來自不同文化背景的職工、跨文化企業應該如何進行自己的人力資源管理，這是目前困擾許多企業經理的一些主要問題。

5.1 跨文化人力資源管理的理念差異

「以人爲本」是近年來國際上最流行的人力資源管理理念，其效用已經在美國、日本等發達國家的企業管理中得到了證明和認可。儘管人們對「以人爲本」的管理理念及其相應的管理法則的解釋不同，但其主要內容一般包括如下幾點：基於員工不同的需要實施激勵、人力資本的開發和管理，以及爲了激勵員工和開發人力資本而設置的人事管理體制和各種人事管理制度。在具體討論「以人爲本」這種現代人力資源管理理念及其相應的管理法則的內容與文化適應性之前，有必要在這裡從三個方面對傳統的人力資源管理理念與現代人力資源管理理念之間的關係加以簡要說明：

一是激勵的客體和對象問題。傳統的人力資源管理主要局限於如何激勵普通員工，局限於如何激發普通員工的工作積極性上，而對高層管理人員的激勵幾乎完全被排除在外了，似乎高層管理人員是一個根本用不著激勵的「命中注定」必然具有較高工作積極性的群體。這實質上是麥格雷戈所說的X理論的典型反映及其效應。從根本上來說，相對於普通員工的激勵而言，對企業高層管理者的激勵是一個更爲複雜同時也是一個更爲重要的領域。這是因爲普通員工由於其工作內容和成果易於計量，相對要容易和簡單些，具有明晰性、確定性、直接性、具體操作性等特點，而高層管理人員的工作內容和成果卻不易計量，相對要複雜和困難些，具有權利性、知識性、成果無形性、效果間接性、效益的滯後性、隨機性和創造性等特點。

二是激勵本身的前提問題。傳統的人力資源管理重在已有的經濟體制和經營管理體制不變的前提下如何去激勵員工，主要局限於具體的激勵方式和方法的研究上，而現代人力資源管理的前提卻是如何設計系統、健全、完整和適宜的市場機制、政府運作機制和現代企業制度，在此基礎上輔之以具體的科學激勵方式和方法，從而實現人力資源的帕累托最優配置。

三是人力資源的開發和管理問題。在傳統的人力資源管理理論看來，如何能夠對員工已經具有的智力資源、知識資源和勞動技能資源進行合理的配置和使用，是企業人力資本開發和管理的核心問題，對於透過職業培訓等措施進一步挖掘員工潛在的智力資源等人力資源這一工作卻不太重視，至於借助於專業化的職業培訓和高等教育體系培養或提高員工的智力資本、知識和勞動技能資本等新的開發工作就更不用提了。現代人力資本開發和管理的新觀念認爲，在配置好員工已有的人力資源的前提下，透過各種形式的教育培訓工作培養和提升企業新的人力資源是企業人力資源管理的很重要的工作之一。同時，這種新觀念還認爲，人力資源不僅僅局限於員工的智力、知識和技能等看得見的有形資源，而且也應該包括其團隊精神、凝聚力、成就動機和努力等不易把握的無形資源。

「以人爲本」的核心是尊重人，尊重人的價值和需求的必然性，尊重人的「人權」。然而，人是有文化的動物，文化是模塑人的基本條件，人是文化模塑的產物。不同的文化意味著不同甚至截然相反的「人性」特徵。因而，既然實行「以人爲本」的管理，那就必須充分尊重各文化所特有的價值觀念及其行爲方式，充分尊重「人的多樣性」和差異性。換句話說，以尊重「人的多樣性」和差異性爲前提的人力資源管理正是「以人爲本」這種管理理念的最好的註解和體現。因此，從這個意義上來講，跨文化人力資源管理的核心就是容忍並尊重「多元文化」和「多元價值」，以及由此而產生的「多元忠誠」和「多樣化的人」。

然而，這勢必產生一個兩難情景，跨文化人力資源管理必須實行「以人爲本」的多元文化管理，而容忍並尊重「多元性」和差異性必然會導致跨文化企業內部出現相對立的「文化張力」，進而產生「文化衝突」，甚至有可能導致杭廷頓所說的「文化大戰」。這就提出了一個對跨文化企業來說極富挑戰性的問題，在經濟一體化與民族文化自覺意識和民族文化自我保護意識空前敏銳的今天，企業家們如何使不同文化在同一企業中友好相處，如何在承認管理的普遍法則的同時承認每一種文化各自獨特的價值觀和管理方式的有效性，以最大的限度避免管理的跨文化障礙和企業運行的失敗，是擺在每一個跨文化企業管理者和管理理論研究者面前的棘手問題。

毫無疑問，我們這樣說並不是在否認管理理念及其法則之間的「可通用性」和「普遍性」。儘管「以人爲本」的管理理念及其相應的管理法則最初起源於日本，後來又在美國學者那裡得到了理論化和概括，並在世界各國得到了普遍認可和推廣，因此它本身帶有明顯的美國文化價值觀的痕跡，但這並不是說這種管理理念及其具體應用法則就無法在美國以外的其他國家推廣使用。我們認爲，跨文化企業管理中應該說在某種程度上確實存在所謂的放之四海而皆準的「普遍法則」。這是因爲無論是什麼類型的企業，也不論是設在任何地方的企業，其管理的核心仍然是人，而擁有不同文化的人儘管存在許許多多的差異，但是作爲人類社會大家庭中的一員，人與人之間畢竟存在著一些共同的「人之常性」，這些「人之常性」既是企業管理理念和法則具有「普遍性」的基礎，也是國際性的跨文化企業賴以安身立命的根本前提之所在。然而，問題的關鍵在於對這些理念和法則本身應該做何解釋，以及怎樣去實際運用它。換句話說，跨文化企業管理中的首要問題是，把那些具有「普遍」意義的管理理念及其具體管理法則怎樣轉化爲能夠適合與其「輸出國」特點很不相同的其他文化的管理理念和法則，從而最終實現管理理念和管理法則的「本土化」。

雖然上述分析僅僅限於理論推理，但一系列的跨文化研究成果已經表明，人力資源管理理念以及相應的管理法則確實存在著顯著的跨文化差異。例如，西方流行的激勵理論大多數是建立在美國文化價值觀基礎之上的，帶有明顯的個人主義色彩和理性主義傾向。以廣爲流傳的馬斯洛需要層次論爲例，儘管馬斯洛所概括的五個層次的需要確實是廣泛存在的，但由於不同國家的文化背景之間存在著很大差異，所以在不同文化傳統的國家中，這五個層次的需要滿足之間的關係並不完全像馬斯洛所說的那樣是按照生理需要→安全需要→歸屬的需要→尊重的需要→自我實現的需要依次由低到高逐級上升的，即使在美國這樣的高成就需要和個人主義取向的社會中，人們的需要滿足模式也會存在許多差異，既存在低層需要滿足之後進一步去追求較高層次的需要這種滿足模式，也存在低層需要還未滿足就直接去尋求高層需要滿足的現象，同時還存在高層次需要遭受挫折後人們轉而倒退去追求較低層次需要的情況。此爲其一。

其二，正如霍夫斯泰特的研究成果所表明的那樣，美國是一個不確定性避免很低、而男性度較高的國家，因此最能夠激勵美國員工的是自我實現的需要和成就冒險的需要，而在文化傳統與美國迥然不同的社會中，例如像日本、奧地利、墨西哥和希臘這樣的不確定性避免水準和男性度都較高的國家中，企業對員工安全需要的滿足遠比自我實現需要的滿足具有激勵作用；與此不同的是，在瑞典、丹麥、挪威、荷蘭這樣的弱的不確定性避免和女性度相結合的國家中，企業員工注重的是生活品質（女性度）而不是效率（男性度），因此歸屬的需要就成爲最重要的激勵因素；而在泰國、巴西、智利和南斯拉夫這樣的強的不確定性避免與女性度相結合的國家中，企業員工首先注意的是生活品質和安全，因此安全需要和歸屬需要的滿足可能更具有激勵效果。大陸學者俞文釗教授認爲，目前流行的人力資源管理理論及其相關的管理制度都存在著「文化相對性」。就大陸而言，由於中國文化傳統的特殊性，所以在制定具體的人力資源管理措施時必須考慮大陸的具體情況。例如，由於大陸人民的生活水準不高，因而在動機激勵方面應該偏重於追求生活品質的提高；在勞動就業方面追求安全感，減少風險性；在需要激勵方面首先強調社會需要的滿足，其次才是個人需要和安全需要；在工作激勵方面強調健康的人際關係，減少個人間的競爭，增強班組間的競賽。

實質上，霍夫斯泰特在其〈動機、領導和組織：美國人的理論能推廣到世界嗎？〉一文中所揭示的研究結果與許多學者的研究是基本一致的。管理學家斯洛特和格林伍德在其一項對跨越四十六個國家的跨國公司的研究中發現：英語國家企業員工自我實現的需求比較強烈，而安全需要則比較低；法語國家基本與英語國家相似，但法語國家員工的安全需要要比英語國家稍微強一點，對挑戰性工作的需要強度稍微低一些；北歐許多國家的員工對「爭當先進」和工作目標的認同幾乎不怎麼感興趣，重視個人激勵而不是群體激勵；拉丁語系國家的員工注重的是工作中的安全感和企業福利，對個人成就需要並不怎麼重視；德國員工特別注重安全感和福利，並積極爭當先進；日本員工的自我發展需求比較低，特別強調工作條件和良好和諧的人際關係。美國學者羅納在對德國、加拿大、法國、英國和日本的一項調查研究顯示，對德國企業員工富有吸引力的激勵措施是滿足其安全需要、進步的需要、利益需要、認知的需要和接受訓練的機會，對加拿大員工富有吸引力的激勵措施是滿足其提高並應用技巧的需要、富有挑戰性的工作、工作自主性需要、在同事和管理者之間保持良好的人際關係、進步的需要，對英國員工最富有吸引力的激勵措施是滿足其接受訓練並提高其工作技能的需要、富有挑戰性的工作、工作自主性需要、進步的需要、利益的需要和安全需要，對法國員工富有吸引力的激勵措施是滿足其接受訓練並提高其工作技能的需要、富有挑戰性的工作、工作自主性需要、進步的需要、工作的物理環境和工作利益的需要，對日本員工最富有吸引力的激勵措施是滿足其對工作的物理環境的需要、與同事保持和諧的人際關係、安全需要、認知的需要、進步的需要、接受訓練並提高其工作技能的需要。

從上面的分析來看，由於不同文化背景中的員工具有不同的需要結構特點，所以跨文化企業人力資源管理工作必須採取適合文化特點的激勵措施組合才能起到激發員工工作積極性的目的。這說明人力資源管理中所必不可少的激勵理念及其相應的激勵機制確實存在著跨文化差異，雖然這種差異從根本上並不能完全否定激勵理論的「普遍性」，但顯而易見的事實是應該針對不同文化背景採取「本土化」的激勵機制。否則，只能是「隔靴搔癢」，甚至還可能走向願望的反面。根據帕特里希亞．派爾－舍勒的研究，中德合資企業人力資源管理中的激勵措施常常出現的跨文化問題是，由於不了解中華文化的特點和中方員工的工作動機，由於忽視工作崗位安排和福利待遇等方面的文化差異，由於實施激發積極性措施時沒有顧及到大陸特有的「集體獎酬原則」、「長者至上原則」等社會規範，由於實施的種種激勵措施都是依照西方的「專家標準」原則並因此對大陸員工要求過高，一句話，由於西方企業家是從「文化雙元中的一元」實行激勵，所以致使「西方所提供的種種刺激和鼓勵不能激發大陸人工作積極性」。

除了我們上面所說的管理與激勵的一般理念存在著跨文化差異以外，各國企業在精神激勵模式、人力資源管理制度等方面也存在著明顯的跨文化差異。限於篇幅，我們將對中美日企業人力資源管理制度之間的差異做重點討論，然後從跨文化比較的角度對大陸合資企業的人力資源管理制度的特點予以詳細介紹，並對中日美三國典型的企業精神激勵模式進行比較。

5.2　中美日企業人力資源管理特點比較

中美日三國在人力資源管理制度上存在著顯著的差異。概括地說就是：大陸實行的是一種由全員勞動合同制、效益工資制（有的企業也實行浮動工資制）、幹部聘任制這三者構成的人力資源管理制度；美國實行的是由短期雇傭制、效益工資制構成的人力資源管理制度；而日本實行的則是「終身雇傭制＋年功序列制」的人力資源管理制度。這三個國家的人力資源管理制度各有其特點，其中最主要的一些特點如表5-1所示。

下面我們分別從人員錄用制度、工資制度和教育培訓制度三個方面具體討論中美日三國的人力資源管理制度。

表5-1　中美日三國在人力資源管理制度上的差異

大陸	美國	日本
·全員勞動合同制	·短期雇傭制	·終身雇傭制
·非制度化的評價和升級	·迅速評價和升級	·緩慢評價和升級
·專業化的職業道路	·專業化的職業道路	·非專業化的職業道路
·模糊的控制	·明確的控制	·含蓄的控制
·民主集中制	·個人決策過程	·共同決策過程
·責任不明確的集體負責	·個人負責	·集體負責
·部門利益	·局部關係	·整體關係

5.2.1 人員錄用制度

美國企業一般實行的是能力主義的人才競爭機制，即透過客觀的企業職務分析面向社會擇優選擇員工，而員工在企業中的工作安排、工資和職務晉升均依據員工在工作崗位上實際表現出來的能力進行評定，至於員工的非能力因素則不大重視。美國企業的員工來源相當廣泛，既有應屆畢業生又有從其他企業轉職的職工，而且往往後者占據了很大比例。這是因爲美國是一個高度流動性的社會，企業一般也鼓勵自己的職工不斷流動以保持企業自身的活力。企業非常注重員工的實際表現，反對「論資排輩」。

相比之下，日本企業一般是根據員工的能力、適應性（工作態度）、個性和學歷等因素從中、高等學校的應屆畢業生中招聘選擇員工，其他來源的職工非常罕見，既重視員工的能力，同時也非常重視員工的非能力因素。由於日本企業非常重視新員工的職業培訓工作，再加上有終身雇傭制作保障，所以員工自進入企業的第一天起就抱定「誓死爲自己的企業」效命的宗旨。

大陸企業目前主要根據思想政治表現、品德、能力和學歷選拔錄用員工，注重員工的思想政治表現、品德和學歷，對能力因素看得不很重；員工來源主要是應屆中、高等學校的畢業生，同時也透過人才市場公開招聘從其他企業轉職的職工。隨著傳統觀念的變化和人事管理體制方面的改革，後者在大陸企業員工中所占的比例正在日益增大。另外，大陸企業在招聘員工時不太注重企業職務分析，因此所招聘的員工往往與企業的實際人才需求不相符合，從而產生了嚴重的「用非所學，學非所用」的人力資源浪費現象。

5.2.2　工資制度

美國企業實行的是「能力工資制」，即根據員工的能力水準和對企業的實際貢獻確定工資標準。在具體實施過程中，一般是根據等級評分法在確定學歷、任務難度、專業技術水準等付酬因素之後，對每個因素進行等級評定並以此爲依據確定每個人的工資，員工工資收入主要包括基本工資、刺激性工資和福利津貼三部分。由於這種工資制度體現了「能者多得」、「機會均等」的原則，所以比較有刺激性，在一定程度上能夠調動員工的工作積極性。但是，這種制度的缺陷是造成了「事實上的不平等」，再加上員工與企業經營者之間是一種「雇傭或買賣關係」，雙方都認爲員工拿到的工資與其付出努力這二者之間是一種等價交換關係，所以其作用是無法與日本企業的工資制度相比擬的。

與美國的能力工資制不同，日本企業實行的是帶有濃厚的能力主義特色的「年功序列制」，其主要特點有三：一是基本工資按年齡、企業工齡和學歷等因素決定，與工作能力沒有直接關係；二是實行定期增薪制度，即隨著企業工齡的增長每年增加一次工資；三是基本工資隨著企業工齡的增長而增加。這種工資制度體現了保障生活、對應職務、反映能力和考慮資歷四個原則，既具有公平性又具有刺激性，因此成爲促使日本企業獲得高效率的重要原因。一般來說，日本企業員工的工資收入主要包括基本工資、福利津貼、標準外工資、特別支付的工資四部分。

目前大陸企業的工資制度基本上可以概括爲「市場決定工資，企業自主分配，國家監督調控」。換句話說，在國家透過諸如立法規定最低工資標準、實行企業工資儲備制度、規定職代會民主監督等形式進行監督調控工資總額的前提下，由企業內部自主分配。企業有權在其核定的工資總額中自主使用、自主分配工資和獎金。企業有權根據員工的勞動技能、勞動強度、勞動責任、勞動條件和實際貢獻，決定工資和獎金的分配層級。企業可以實行崗位技能工資制或其他適合本企業特點的工資制度，選擇適合本企業的具體分配形式。雖然大陸企業間的工資分配形式差異較大，但大部分企業實行的仍然是結構工資制。這種結構工資是由三部分構成的：用於保障員工基本生活水準的基本工資、用於激發員工工作積極性的效益工資、用於福利的各種政策性補助。由於工資總額是由國家控制的，而且上述三部分工資各自的絕對數量和相對數量都比較少，再加上還有一些其他的社會文化因素所起的消極作用，因此企業工資制度對員工所起的作用基本上局限於維持基本生活水準和社會穩定，很少能夠發揮激發工作積極性的作用。或許可以這樣說，在大陸這樣的人口大國中，維持安定、便於管理、最大限度地增加就業機會可能是最重要同時也是最現實的任務之一。在保證穩定的前提下，如何優化工資制度，以最大限度地激發員工的工作積極性，是擺在大陸人力資源管理者和研究者面前的一個難題。

5.2.3　培訓制度

從以往的傳統來看，由於美國是一個高度流動的社會，企業本身對員工的培訓是比較少的，而員工的培訓工作或者能力開發工作主要是由企業外部社會負責的。但由於受日本企業發展的衝擊，近年來美國許多企業也開始重視員工培訓工作，並學習和移植日本企業的人員培訓制度，嘗試實行日本式的「長期持續的培訓制度」；培訓目標已從過去的個體的職能性或常規性管理能力的提高轉向增強企業的市場競爭能力，培訓內容主要與企業面臨的實際問題和發展策略直接相關，並且在企業內部開辦了管理人員培訓項目，把管理人員的培訓由以往送往名牌高校訓練轉向由企業自己進行與本企業特定發展策略相聯繫的內部培訓；注重培訓內容的實用性和培訓形式的靈活多樣性，特別強調理論與實踐相結合的培訓方式；培訓方法有課堂講授法、腦力激盪法、案例研究法、角色扮演法和情景模擬法等，拋棄了以往學員消極被動聽課的滿堂灌培訓，注重啓發學員思考問題和鼓勵學員積極參與。

就企業本身對培訓的重視程度和培訓制度的完善而言，日本或許是世界上最重視員工培訓工作的國家，而且其培訓制度十分完備，其中最具特色的是「企業內教育培訓」體系。八〇年代以前，日本的「企業內教育培訓」實際上是學校教育的延伸和補充，側重於給員工傳授基礎知識，訓練勞動技能。經過深刻反思，日本「企業內教育培訓」發生了顯著變化，認爲「企業內教育培訓」實質上是一種創造「現代企業人」的再教育過程。因此，培訓的重點已從補充知識技能轉向培養員工的企業經營意識和經營管理能力；培訓的目的主要在於培養和提高員工解決問題的能力和創造性規劃能力，同時又要使員工掌握必需的知識技能；企業內教育培訓的管道相當多，其中有面向全體員工並貫穿其整個職業生涯的「分層教育培訓」、按部門分工進行的實際業務技能教育、在經營管理實踐中現場進行的經營管理教育，以及各種形式的函授或自學。以「分層教育培訓」爲例，新員工教育主要側重於灌輸本企業的「企業精神」，以及一些新觀念教育和知識技能教育；基層管理者培訓項目主要側重於工作指導方法、工作改善方法和人事關係處理等內容，甚至專門開設了「班組長訓練課程」；中層管理人員必須接受「管理者訓練」，並實行定期輪換崗位制度，以此培養全面管理技能和工作整合能力；最高領導層培訓側重於開闊其視野，培養長遠策略眼光和領導才能。

大陸企業的培訓除在人們的重視程度上與美日兩國存在顯著差異之外，在培訓制度上也存在許多差別。儘管大陸也有「企業內教育培訓」體系，但這種體系基本是不完備的。具體而言，大陸企業內部培訓的主要目的在於提高員工的素質，側重於傳授知識技能和政治思想教育，尤其是基本技能的訓練，至於其他內容幾乎是隨意性的；培訓的對象主要是一線職工和領導層，尤其突出一線職工的崗位技能的提高，基層管理者和中層管理者的培訓尙未制度化；培訓方式主要採用課堂授課，學員只能消極被動地聽課，缺乏啓發式的與本企業面臨的實際問題有關的案例討論等形式；培訓效果不是很明顯，主要原因在於未能理論聯繫實際，而且培訓的規範化程度不高。從人們對企業培訓的認識水準來講，大陸人大多還是把企業內部的培訓工作看做是學校教育的補充和延伸，並未賦予企業內部培訓以更獨特的價值。

5.3　大陸合資企業的人事管理

5.3.1　合資企業人事管理制度的一般特徵

就大陸合資企業的員工構成來講，高層管理者大多由合資方的外國母公司外派人員和大陸原有企業的領導構成，中下層管理者大多由大陸和第三國的人員承擔，一線職工基本上爲大陸原有企業的職工以及新招聘的員工。可以看出，大陸合資企業的員工主要有三種來源，一是由外國母公司外派來的富有管理經驗而又經過跨文化培訓的外籍人員，二是經合資企業培訓並取得管理經驗和操作技能的東道國人員，三是從第三國選拔的中下層管理人員。企業內部實行勞動合同制，企業有權解雇不符合條件的員工，並重新公開招聘。因此，相對於大陸國有企業來說，合資企業有著更大的用人自主權。毋庸諱言，大陸合資企業內部在員工的選拔使用上存在著明顯的中外文化差異，甚至矛盾衝突。中方側重於所選員工的政治素質、個人歷史和人際關係狀況，注重德才兼備。外方選拔員工首先看能力，至於其他因素則是次要的。

與國有企業的「大一統」的人事管理制度相比較而言，合資企業不僅有更大的用人自主權，而且在工資福利制度上也擁有較大的自主權。只要經董事會批准，合資企業可以自行制定員工的工資標準，有權隨時自行調整工資，有權自行確定獎金種類及其數額，有權自行確定各種津貼，有權實行重獎重罰。當然，由於中外管理人員不同的文化觀念所致，管理層在工資調整理念上存在著差異。中方管理人員往往把企業工資基數的增長與企業經濟效益相掛鉤，認爲企業經濟效益好是增長工資基數的前提；在工資調整上，中方側重於考慮員工的資歷、經歷和學歷。相反，外方則認爲，企業工資基數增長的目的在於適應社會物價指數和生活指數上漲以及通貨膨脹的需要，只有當物價上漲或通貨膨脹時才應該增加工資；工資調整主要與工作性質變化有關，或者說只有當員工的工作內容發生了變化，才考慮工資調整問題。

下面我們以上海大眾汽車公司和上海施貴寶製藥有限公司爲例，具體說明大陸合資企業的人事管理制度及其特點。

5.3.2 上海大眾汽車公司的人事管理

上海大眾的人事管理工作充分吸收了其母公司德國大眾汽車公司的成功經驗，並經自己的跨文化實踐而最終趨於成熟，也可以說它就是在學習借鑑德國大眾汽車公司人事管理模式的基礎上，透過自身的不斷探索、實踐逐漸形成的。該企業的人事管理制度的核心是全員公司制，其中包括招聘、考核、錄取、使用、報酬、流動、培訓、獎懲、提升、工作時間、工作環境和勞動保護等一系列比較完整的配套政策和管理方式。該制度的目的在於透過對公司員工的尊重、理解、支持、幫助等各種激勵手段啓動員工的內在動力和工作熱情，不斷發揮其創造力和積極性，努力提高工作效率，最終培養高素質的「四有」員工隊伍。

(一) 崗位管理

上海大眾成立後，首先成立了由人事科、組織系統部和工會參加的崗位評審委員會，把企業所有工作按其內容、性質、層次等要素，劃分爲一百九十八個工作崗位，並會同各崗位的部分代表一起，對這些崗位逐一進行評審。在此基礎上，公司積極推行了以崗位管理爲先導的全員勞動合同制、崗位責任制、崗位工資制、崗位內部招聘制、內部待聘制等各種管理制度，全面完善了公司的勞動人事管理體制。崗位管理爲人員流動提供了正確標準，不僅是確定崗位工資的基礎和依據，而且是員工考核、培訓、使用、獎懲等管理活動的可靠尺度。

(二) 崗位等級工資制

在分配制度上，上海大眾採取崗位等級工資制作爲企業內部分配形式。這是一種介於等級工資制和崗位工資制兩者之間，並相容兩者特性的新穎的計時工資制度。崗位等級工資制最根本的特點是：根據崗位的內在要求，在培訓和經驗、體能要求、工作環境、工作責任和工作範圍五個因素的定量分析的基礎上來確定每個崗位的工資等級範圍。每一個符合要求的員工在某一崗位上工作，他的崗位工資等級只能在對應該工資等級的範圍內浮動。這種工資制度強調的是人員素質與崗位任務的合理匹配，也就是說既不降低任職標準，讓不符合要求的員工進入崗位，以至於不能勝任工作；同時又不能讓超過要求的員工進入崗位，以至造成人力資源的浪費。與此同時，上海大眾還實施了各部門每年按一定比例進行崗位交流制度和不符合崗位要求的員工失業制度，這就在員工中形成了優勝劣汰的危機感和對事業追求的緊迫感。

崗位等級工資制的實施，使人事部門對員工定崗定級有了一個衡量的標準，做到了員工勝任什麼崗位拿什麼工資；付出多少勞動取得多少報酬。同時，這種制度也使大陸員工改變了以往靠職稱、靠學歷、靠工齡增加工資的傳統，形成了根據崗位工資等級對崗位任務描述的要求，努力提高自身素質的良好風氣，從而使最佳貢獻獲取最佳報酬的構想成爲現實。

當然，上海大眾在崗位等級工資制的實施過程中同時也經歷了與德方管理人員在觀念和認識上的碰撞、衝擊乃至融合、溝通的過程。德方的人事專家原打算在上海大眾全盤引進並採用德國大眾的工資制度，包括一崗一級的原則和對崗位工資的級別確定等。中方在研究分析後認爲，德國大眾的工資制度與中國的文化傳統之間有著很大差異，上海大眾應該採用更適合本企業特點的工資制度。最後中方決定，應分別從不同管道向德方提出自己的看法。工會在與行政的協商會議上提出了三條意見：第一，崗位等級工資制要保障和照顧年老體弱員工的利益；第二，採用一崗多級制，即按職工技能熟練程度把一個崗位分成幾個崗位等級；第三，崗位工資級別的確定不能套用德國大眾的標準。這主要是因爲中德兩國員工的素質不同，所以應該設一些過渡工資等級，待人員經專業培訓符合崗位要求時，再取得正式的崗位工資。德方副總經理認爲工會的意見很重要，要求人事部門認眞研究並在建立崗位等級工資制時貫徹上述精神。經過各方努力，最終形成了上海大眾今天的崗位等級工資制。

(三) 崗位激勵

上海大眾在人事工作中按照德國大眾的經驗，設置了社會事務科這一職能部門，其工作宗旨是運用激勵手段做好員工在崗位上八小時以內的思想工作（純生產組織中的思想工作除外），處理因人事安排上引起的，或因生產工作環境引起的，或因社會、家庭等原因引起的而又應該認真對待的員工思想問題，以及對員工進行有關的政策諮詢。這樣做的目的在於充分地激發員工的勞動積極性。社會事務科在上海大眾的整個人事管理系統中占有很重要的位置，這說明上海大眾確實相當重視員工的激勵問題。

由於上海大眾在勞動人事管理上實行了適合大陸文化特點的以全員合同制為中心的崗位等級工資制，並注重崗位管理和崗位激勵，員工感到自身的價值在崗位內能得到較好的體現，所以與其他合資企業相比，每年「跳槽」員工比例是很低的，僅占全公司員工總數的1％左右。這說明上海大眾的勞動人事管理制度是有成效的，因而對員工具有較強的凝聚力和吸引力，這也正是上海大眾這一跨文化合資企業取得成功的關鍵所在。

5.3.3　上海施貴寶製藥有限公司的人力資源管理與開發

中美合資企業上海施貴寶製藥有限公司採取了不同於上海大眾的人力資源管理與開發的措施，這些措施主要包括以下四點：

（一）實行全員勞動合同制，強化法律意識

該公司原先實行的是職員聘任制、工人合同制，經過一段實踐發現這種做法不夠嚴密，無法發揮管理和約束的作用。職員聘任制僅是一張聘書，雖然寫明了基層管理人員的職務，但沒有明確規定雙方的權利和義務；工人合同制的內容也相對比較簡單，這就削弱了合同制的法律嚴肅性。為此該公司利用續訂合同的機會，對全體職工一律實行合同制，並對合同制的具體條款作了充實和完善，使之更具法律權威性。該公司把勞動合同制的執行作為企業內部人力資源開發的管理「母體」，以及公司與職工之間的關係紐帶。

（二）改革內部分配制度，完善激勵機制

從開業起該公司就堅持工資分配和企業效益緊密掛鉤的原則。幾年來，該公司採取「循序漸進」的策略改革分配制度，其目標是逐步消滅「大鍋飯」。第一次進行工資改革時，主要對工資分配的比重進行調整，在適當保留國有企業基本工資的同時，採用津貼分數形式，按不同職務、不同崗位給予不同分數津貼，工資收入差距有所拉開。第二次則對分配制度進行結構性改革，實行「工資為主，獎金為輔」、「工資按職務、獎金視表現」的政策，完全打破了國有企業的工資模式，實行新的工資模式。該工資結構模式是由基本生活費和年功工資，以及不同級別不同層次的職務工資兩部分組成的。基本生活費人人平等，是等值的。年功工資按工齡計算，而變值較大的是職務工資序列。該公司按高級職員、一般職員和操作工人三個不同層次劃定不同等級，從而拉開了差距，擴大了按職務定報酬的比

重，使職、酬相應，改變了原先存在的職、酬倒掛和平均主義現象。工資、獎金比例爲9：1，並改變過去的逐月評獎爲現在的半年一次的全面考評，從而改變了國有企業目前存在的工資、獎金倒掛現象。

（三）不斷完善職務條例，推行績效考評

該公司參照美國施貴寶的職務條例，結合本公司的實際，從上至下，從部門到個人，全面修訂職務條例，強調責、權、利、能的統一，給每個崗位均作了定量和定性的規定。這項工作每年都要進行一次，每次都在原有基礎上深化和提高一步。這樣，爲各司其職、人盡其才提供了標準，同時也爲實績考評、工資定級、人員配備提供了條件和依據。

績效考評是一項很有意義的工作。自1993年起該公司作了初步嘗試，效果較好。考評採取自我考評和上級考評相結合，依照工作目標、職務條例和實際表現一級考一級，並將考評結果回饋本人，與獎金、浮動工資相聯繫，產生了較大的激勵作用。

（四）採取各種有效形式開展崗位培訓

人才培訓是現代化職工隊伍建設中一項策略性的長期任務，也是開發人力資源的必要投資。該公司對職工的培訓主要採取五種形式：

◆新員工職前培訓

時間爲一週，內容主要是公司精神、品質意識、員工守則、企業概況等。

◆營銷人員的集中脫產培訓

每三個月一次，內容主要是營銷策略、營銷技術、產品常識等。

◆選派少數生產和管理幹部出國培訓，直接學習國外先進技術和管理經驗

該公司籌建以來，已選派幾十批人到美國、澳洲、新加坡、加拿大等國培訓或參加國際性學術會議，以會代訓。

◆利用外國專家來該公司指導技術的機會，安排跟班培訓，把它當做不出國的出國培訓

該公司先後接待了二百多人次的外國專家，每次都安排相應的幹部陪同工作，在接觸中接受培訓。

◆組織各類輔導培訓

幾年來，該公司結合貫徹「優良藥品製造規範」(GMP) 對各類人員進行專項培訓達三百餘次。該公司還結合業務，邀請法律顧問、工商局的同仁來公司進行法律和業務培訓。

綜上所述，該公司的人力資源管理與開發措施如圖5-1所示。而自從實行上述人力資源管理與開發措施之後，企業經營績效有了明顯提高。

5.4 合資企業精神激勵模式的跨文化差異

所謂的精神激勵是指主要借助於思想政治工作、企業精神和企業文化等手段激發員工工作積極性的激勵方式，它是相對於物質激勵而言的。精神激勵是目前國際上流行的一種激發企業員工工作積極性的主要手段，其作用正越來越受到人們的重

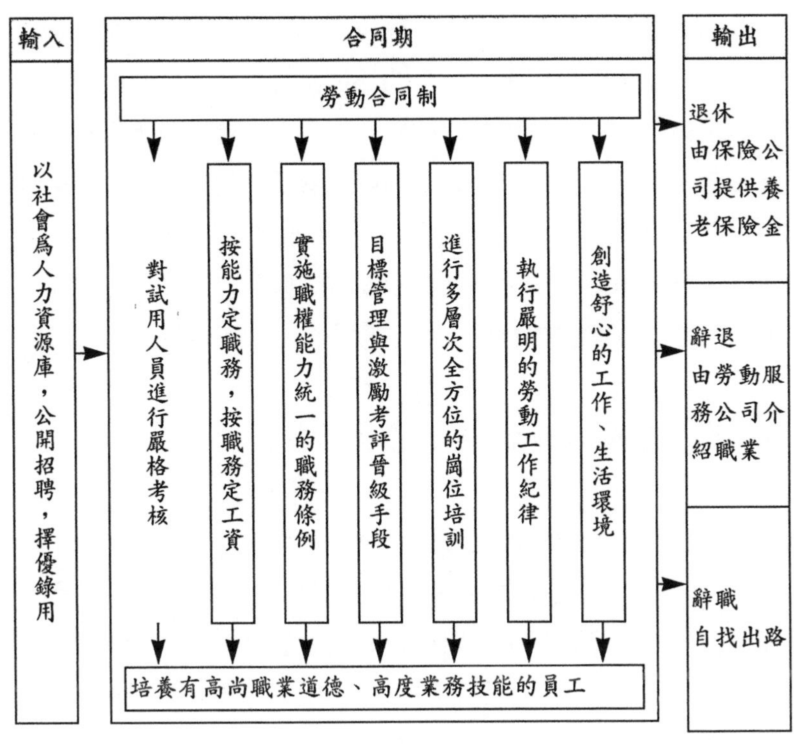

圖5-1　上海施貴寶製藥有限公司人力資源管理示意圖

視。許多管理學家一致認爲，現代企業的科學管理，最有效的並不是高利潤、高指標、嚴格的規章制度、高智力的組織結構和定量化的數學管理模式，也不是電腦或任何一種先進的管理工具、方法和手段，甚至也不是先進的科學技術，而是所謂的「企業文化」、「企業精神」。就精神激勵的內容而言，精神激勵主要包括企業思想政治工作、企業精神和企業文化；就其作用而言，精神激勵主要是培養並激發員工持久爲企業發展而獻身的信念。托馬斯．彼得斯和小羅伯特．沃特曼在其名著《尋求優勢——美國最成功公司的經驗》一書中就曾指出，「一個偉大的組織能夠長久生存下來，最重要的條件並非結構形式或管理技能，而是我們稱之爲信念的那種精神力量，以及這種信念對於組織的全體成員所具有的感召力。」因此，毫無疑問，精神激勵是值得企業家和企業管理研究者認眞對待的一個重要領域。日本企業視精神激勵爲企業成功的關鍵因素，以美國爲代表的西方發達國家雖然特別重視物質激勵的作用，但近年來也開始強調精神激勵的效用。

5.4.1 美國的精神激勵模式

美國的精神激勵方式主要是企業文化，而且許多優秀的企業都有自己「獨特」的企業精神，操作性很強是一大特點。IBM公司是美國企業中運用精神激勵激發員工工作積極性的一個典型，而且也取得了巨大的成功。IBM公司的小托馬斯·沃森在其《企業及其信念》一書的開頭寫道：「人們對一個公司每下愈況乃至垮掉的原因也許會沈思良久。不斷變化的技術趣味、不斷變化的時尚，這些都是因素……誰也未能懷疑這些因素的重要性，但是我卻懷疑這些因素本身是否就具有決定性。我認爲，一個公司成敗的眞正原因常常可以追溯到這樣一個問題，即該組織能否很好的鼓起它的員工的巨大幹勁並發揮其聰明才智……請考慮一下任何一個龐大的組織——一個持續多年的組織，那麼你就會發現，該組織之所以具有不斷完善的能力，並不是由於它的組織形式或管理技巧，而是由於我所說的信念的力量，以及這些信念對該組織的成員所具有的感召力。因此，我堅定地相信，無論是何種企業組織，爲了生存下去並取得成功，它都必須具備一整套健全的信念，來作爲它一切政策和措施的前提。其次，我還認爲，公司取得成功的唯一最重要的因素就是忠誠地嚴守這些信念。最後我認爲，公司在它的生命歷程中，爲了迎接瞬息萬變的環境的挑戰，它必須做好改革其自身的一切準備，唯獨不能改變它的信念。」小托馬斯·沃森的這些話實質上反映了美國出類拔萃的企業家的共同心聲：建立並透過強有力的企業文化激勵員工，使其能夠從自己所從事的工作中發現工作的樂趣和價值，能從工作的完成中享受到一種滿足感。這樣，員工個人的目標和需求實現了，而整個企業的目標由此也得到了實現，從而達到把人性與工作統一起來的理想境界。

IBM公司之所以能夠取得驕人的成績，與其重視企業文化建設，重視「人」的因素是分不開的。換句話說，IBM公司重視企業文化建設、重視精神激勵的作用是其能夠走向成功的「秘訣」之一。早在二十世紀二〇年代，該公司的創始人老沃森就十分重視企業文化建設，並確立了「以人爲核心，向所有用戶提供最優質的服務」的經營宗旨，明確提出了爲員工利益、爲顧客利益、爲股東利益是企業經營管理的三原則。後來這些原則逐漸發展成爲「尊重個人」、「優質服務」和「不斷創新和注重品質」三個IBM信條。許多人認爲，IBM公司成功的最大秘訣在於「卓越的企業倫理」。這些倫理精神時刻體現在IBM公司的日常經營管理活動之中，並形成了許多特有的「IBM傳統」。例如，IBM公司有個慣例：爲工作成績名列前85％以內的銷售人員舉行隆重的慶祝活動，公司裡所有的員工都參加「100％俱樂部」爲期數天的慶祝活動，而工作成績名列前3％的銷售人員還要榮獲「金圈獎」。爲了顯示這項活動的非同一般，慶祝活動的地點選得也是別具一格，比如到具有異域風情的百慕達或馬略卡島舉行，更顯得頒獎活動的隆重和熱烈。在頒獎活動期間，IBM公司一般都會播放拍攝精美的有關獲獎者本人及其家庭的紀錄片，並舉行高水準的「喜歌劇表演」，同時還要舉行一系列的難以用言語描述的精彩而令人難以忘懷的大型活動。這樣做的目的就在於充分激發員工的自豪感，並使所有IBM公司的員工都能夠感到自己是整個慶祝活動的一部分，從而形成強大的凝聚力。

「尊重所有的人」是美國許多優秀企業普遍遵守的行爲準則。例如，玫琳凱化妝品公司創辦人兼董事長玫琳凱·艾施把《新約聖經·馬太福音》中的一句話「你們願意別人怎樣對待你們，你們也要怎樣對待別人」當作自己經營管理的金科玉律。在具體的管理工作中，玫琳凱·愛施是這樣遵循這條金科玉律的：首先是對所有的人一視同仁，公平對待；其次是讓所有的員工覺得自己重要，因爲使員工覺得自己重要會鼓舞他們的工作熱情；第三，熱忱地讚美自己的員工，同時做到批評時對事不對人。托馬斯·彼得斯和小羅伯特·沃特曼在其《尋求優勢》一書中指出，美國最成功的六十多家企業具有八大共同特徵，其中一條基本經驗就是尊重人、信任人、關心人並培育人。他們兩人認爲，尊重人就是把人當作人來對待，把員工看作是合作的夥伴，以禮相待，並把他們而不是投資和自動化看作是提高生產率的主要源泉。當然，正如我們在本書第三章所指出的那樣，美國的許多企業都醉心於「硬管理」，對策略目標、規範化的管理制度和組織結構情有獨鍾，而對「人」、企業文化等「軟」管理因素則相對不夠重視。因此，我們可以這樣說，美國的優秀企業都非常重視精神激勵，而且各有自己的獨特「絕招」；然而，美國的許多中小企業未必就眞正重視精神激勵，對他們來說，物質激勵手段或許比精神激勵更有吸引力，用起來也更加得心應手。

5.4.2 日本的精神激勵模式

我們前面說過，日本或許是世界上最重視精神激勵的國家。無論是數萬人的大型企業還是一、二十人的小企業，每個企業都有自己獨特的「經營理念」或企業精神，並且非常重視用這種「理念」或精神來指導企業的日常經營活動。例如，著名的Sony公司有一個人人皆知的「Sony精神」守則，其主要內容是「Sony公司是未知世界的探索者和開拓者，它從來不想跟在別人後面走路」、「開拓者的道路充滿困難，但Sony公司的人永遠和諧緊密地團結在一起，因爲他們喜歡參加有創造性的工作，並爲把自己的才智貢獻給這一目標而自豪」。正是因爲「Sony精神」守則充分體現了日本民族的危機意識和團隊精神，成功地把企業的價值觀與日本人心目中的信念緊密地結合在一起，所以才能夠成爲深入Sony公司所有員工內心深處的信念體系，成爲推動Sony公司不斷向前發展的巨大精神動力。

此外，日本松下電器公司所提倡的「松下精神」、「松下綱領」和「松下信條」中也充滿了精神激勵的內容。它們不僅是該公司實施精神激勵的強有力的法寶，同時也是該公司走向成功之路的有力武器。單就松下精神而言，諸如產業報國、光明正大、親如一家、奮鬥向上、禮節謙讓、適應同化和感恩報德等七種精神就具有強大的激勵和鼓舞員工工作積極性的作用。在松下公司，員工並沒有被看做是像資本那樣的一種生產要素，而是一種獨一無二的能夠被培訓、開發和激勵的使企業在激烈的競爭中獲勝的力量源泉。因此，充分發揮每個員工的聰明才智，鼓勵員工爲企業提合理化建議，並對建議按等級進行獎勵，是松下公司的一貫做法。諸如此類的措施有力地激發了員工的工作熱情。

許多專家認爲，日本企業普遍重視以企業文化爲核心的精神激勵是日本創造經濟奇蹟的一個重要原因。因此，舉國上下重視精神激勵這種氛圍就與以美國爲代表的西方文化形成了較大的反差。我們認爲，對精神激勵的不同重視在很大程度上源於文化差異，以及由此而產生的對組織、對企業員工的認識差異。對此，日美兩國的許多學者，如《尋求優勢——美國最成功公司的經驗》一書的作者托馬斯·彼得斯和小羅伯特·沃特曼、《日本企業的管理藝術》一書的作者理查德·帕斯卡爾和安東尼·阿索斯、《日本的企業經營管理》一書的作者伊藤正則等人在其著作中都指出，東西方企業在如何對待組織、如何對待員工等方面存在著顯著差異。在西方文化尤其是美國文化中，企業就是一種由不同的人組合起來的組織，而參加這一組織的人都是理性的，都是爲了達到某種既定的經濟目的或獲得報酬而加入組織的。因此，員工與組織之間的關係完全是一種契約關係，企業「不需要把雇員看作是企業的一個成員，雇員主要是爲了掙工資或薪水而向企業提供勞務的局外人。企業只要支付了工資或薪水就算履行了它對雇員應負的責任」。這種對組織和員工的看法是直接導致西方企業強調規範化的規章制度、理性化的組織結構及其嚴格控制企業員工，同時相對忽視企業文化和企業精神在管理中的作用的一個非常重要的原因。相反，在日本等東方國家中，人們認爲組成組織的人不僅是有理性的，而且也是有感情的。因此，個人參加組織不僅是爲了獲取經濟報酬，而且也是爲了能夠滿足自己的精神的和社會的需要。個人與組織之間的關係並不是雇傭與被雇傭的關係，而是相互依賴的一體化的協作關係。這種對組織和員工的看法是直接導致日本企業強調企業文化建設、注重發揮員工的主觀能動性、實行「以人爲中心」的東方式管理的重要原因。

5.4.3　大陸的精神激勵模式

大陸是社會主義國家，這種社會制度決定了大陸企業有著與眾不同的精神激勵形式。重視崇高理想、強調思想政治工作、向英雄模範人物學習、激發集體榮譽感，是大陸企業精神激勵模式的主要特點。當然，這一模式也是隨著時代的變遷而變化的。1949年之後，大陸採取了向蘇聯「一邊倒」的外交政策。與此同時，大陸在向蘇聯學習經濟建設經驗的過程中，也全盤照搬了蘇聯的激勵模式——強調用共產主義理想教育來激發社會各階層的愛國熱情，樹立英雄模範人物激發人們的進取精神，並滿足職工強烈的榮譽感，使人們能夠全力以赴地投入到建設社會主義國家的行列之中。這種激勵模式的優點是重視精神激勵、重視崇高的理想和社會主義必勝的信念在企業發展中的作用，但卻忽視了物質激勵的存在。換句話說，未能很好地把精神激勵與物質激勵結合起來，片面地強調甚至誇大精神激勵的作用，最終導致了極爲有限的激勵效應。毫無疑問，在生產力水準較低，物質財富的分配尚不充裕的情況下，突出精神激勵會產生意想不到的神奇效果。

然而，精神激勵如果得不到物質激勵的支援與輔助，那它的效果將是十分有限的，而且不能持久維持。這是因爲，人的需要是多方面的，既有高層次的精神需要，同時也有基本的生存需要和生理需要。大陸五、六〇年代的實際情況說明，如果當時的精神激勵模式能夠得到物質激勵的支援，其效果將會更加明顯。然而，很不幸的是，六〇年代後期開始的「文化大革命」使精神激勵完全與物質激勵相脫離，個人的物質利益被完全否定了，人們將個人的物質利益視爲異己並納入「階級鬥爭」的軌道進行批判，而精神激勵則被形而上學地加以強調和運用，職工的生產積極性受到了很大抑制，產生了「出工不出力」、「人浮於事」等嚴重抑制企業生產發展的怪現象。事實證明，這些現象的產生並不是因爲精神激勵本身不具備激勵效果，而是因爲精神激勵如果完全脫離物質激勵，其效果既不能持久，而且作用也是有限的，甚至還可能使職工產生嚴重的逆反心理，最終導致失去激勵效應。

自大陸實行改革開放政策以後，特別是近年來，大陸的許多企業在激勵問題上又走向了另一個極端：過度強調物質激勵的作用，忽視甚至懷疑精神激勵的效果，似乎職工只有物質的或經濟的需求，只是一個理性的追求經濟報酬的「經濟人」，而沒有精神的或社會的需求。這種注重物質激勵但又忽視精神激勵的做法嚴重影響了企業內部人與人之間的關係，它不僅使得職工之間出現了相互惡性競爭的局面，而且也使得企業經營者熱中於追逐短期經濟效益和職工福利的改善，從而嚴重影響了企業的發展和市場競爭能力。對此，一些外國專家坦言，把獎金作爲提高生產的籌碼、把解決職工住房作爲激發生產積極性的主要手段，這在短期內可能是管用的，但時間長了就可能失效。如不糾正這種做法，後果是將直接影響大陸企業走向國際舞台、參與國際競爭。

5.5 民主與參與管理的跨文化差異

實行民主管理是目前世界各國企業管理思想發展的共同趨勢，民主管理本身也被西方國家稱之爲是現代管理思想的王牌之一。然而，需要說明的一點是，民主管理本身又包括兩個不同的層次：一是高層次的工業民主，另一爲低層次的參與管理。就其性質而言，工業民主是管理方式上的一種正規的、結構性的變革，是一種組織起來的民主，目的在於使管理者與員工共同做出決策；而參與管理則是一種非正式的情景性方法，其目的在於使管理者與員工在工作場所面對面做出非正式的決策。

5.5.1 美日德三國民主與參與管理概況

(一) 美國的民主與參與管理

美國普通員工參與企業管理一般是透過三種方式進行的：勞資委員會和勞資集體談判制、自主管理小組及工人股份制。

◆勞資委員會和勞資集體談判制

勞資委員會是美國企業員工參與企業管理的一種經典形式，早在十九世紀中葉就已產生。目前由於種種原因，勞資委員會的作用正日益受到人們的重視。一般情況下，勞資委員會是由八至十二名成員組成，其中一半爲管理當局的代表，另一半爲工會代表。勞資委員會的使命是：在幫助改善員工工作條件和提高工作熱情的同時，促進企業經營效果、生產率和產品品質的提高。勞資委員會的作用在美國的許多企業中確實得到了證明，它一方面開闢了普通員工參與企業管理的道路，另一方面也有助於企業經營管理者控制生產過程、降低次品率和員工的不滿情緒。然而，除了在諸如工資、改善勞動條件、福利和就業等方面能夠直接發揮影響以外，勞資委員會對企業的經營目標決策僅僅能施加很間接的或者非常小的影響。

勞資集體談判制是一種工會廣泛參與企業管理的方式，它透過勞資雙方的談判，協商解決諸如員工的工作權利問題、企業財務問題、人事問題、生產政策和技術革新等有關企業管理的一些重大問題。雖然從理論上講這種談判可以對企業經營決策和經營目標的選擇產生重要影響，但實質上由於工會組織自身素質的局限性，所以實際情況往往並不理想。

◆自主管理小組

自主管理小組也許是美國企業員工參與企業管理的最爲活躍的形式。自主管理小組主要包括自我管理小組、品質管理小組和勞動生活品質小組三種形式。無論是何種形式的自主管理小組，其共同特點是強調員工在生產經營活動中發揮主觀能動性，以此激發員工的勞動熱情和創造性。當然，自主管理小組絕不是「民主管理」或「參與管理」的理想形式。這是因爲，這些自主管理小組往往都是以具體的生產任務爲中心，在「班組」或「車間」一級進行的。它僅僅是在企業的經營政策和經營目標確定的情況下，對某一具體生產任務的貫徹執行過程的參與管理而已。

◆工人股份制

工人股份制是美國企業員工參與企業管理的又一重要方式

和途徑。雖然工人股份制企業在持股資格等方面與典型的股份制企業有著很大區別，但其運作方式基本相同。在工人股份制企業裡，企業董事會及其下屬各委員會等決策權力機構和管理機構須由工人股東大會選舉產生，並向全體工人股東負責。由於工人股份制企業使職工無論是在經濟上還是在法律上均享有企業經營管理權，因此它比前述的勞資委員會或各種自主管理小組能夠使工人在企業管理中享有更廣泛和更全面的民主權利，從而減少勞資衝突並提高勞動生產率。近年來工人股份制企業之所以在美國能夠得到迅猛的發展，其原因就在於此。

美國的民主與參與管理的最大特點就是沒有國家干預這一因素，所以工人參與企業管理的大多數方案都是由企業管理者與工會組織共同提出來的，而且是在雙方自願的原則下進行的。大陸學者王元認為，正是因為有這一特點，所以才導致了如上所述的多樣化的民主與參與管理形式。

（二）日本的民主與參與管理

日本的民主與參與管理雖然比美國實行得要晚，但卻有著更為廣泛和豐富的內容。日本企業員工參與企業經營管理活動主要是透過「企業內工會」和各類自主管理小組進行的。與美國的產業工會組織不同，日本的工會組織是按照企業組建起來的，因而被稱為是「企業內工會」。這種「企業內工會」具有不同於普通工會組織的特點，例如美國的工會組織是代表工人利益而與資方進行鬥爭的，而日本的「企業內工會」則是幫助資方協調勞資關係的；美國的工會組織基本上不受某個具體企業的興衰影響，而日本的「企業內工會」則與所在企業共存亡；美國的工會組織需要申請才能加入，而日本員工只要一進入企業就自動加入工會；美國的工會組織人數眾多、勢力龐大，易於使資方妥協，而日本的「企業內工會」則人數很少，勢力單薄，幾乎不影響資方的決策；美國的工人是工人階級的一員，與企業是雇傭與被雇傭的關係，而日本的工人並非工人階級的一員，是企業這個大家族中的一員；美國的工會組織是聯繫工人群眾與企業組織的橋樑，而日本的「企業內工會」則是進一步把工人群眾「拴牢」在企業組織上的束帶。

當然，我們必須指出的是，日本工會組織的這些與眾不同的特點事實上並沒有削弱日本員工民主參與企業管理的權利和力度，反而由於日本企業特殊的勞資關係和獨特的終身雇傭制，使日本員工能夠廣泛參與企業的一切生產經營決策活動，享有比美國員工更大的民主與參與管理權利。卡爾．佩格爾斯就曾指出，「日本的管理人員採用自下而上的職工參與管理的方法，每個人都參與決策和解決問題，決策是共同制定的。」否則，日本員工就不會有「以廠為家」、「工作狂」等令西方人大為驚歎的勞動熱情和工作積極性等現象的產生了。就日本的「企業內工會」本身而言，它確實在企業經營決策的形成、貫徹和保證中發揮了極為重要的作用。例如，代表員工與企業經營者進行集體談判，簽定勞動合同；代表員工與企業經營者在雙方自願的基礎上建立勞資協商制度（也稱之為勞資協定會），定期就有關企業經營管理的許多重大問題交換看法，達成共識；代表員工參加企業的董事會，直接參與企業經營計畫、生產計畫、銷售計畫和人事計畫的制定工作，以及投資預測、新產品開發等重大決策過程。

除工會以外，諸如品質管理小組、無差錯小組、降低成本小組等各類自主管理小組則是日本企業員工參與企業管理的更普遍和更廣泛的形式。此外，像目標管理和合理化建議活動也是日本員工參與企業管理的方式。這些自主管理小組及其活動不僅在一定程度上改變了「工人是決策執行者和具體工序的操作者」的傳統角色，而且極大地激勵了員工的勞動生產積極性，因而倍受各界人士的好評。

（三）德國的民主與參與管理

德國是民主與參與管理工作最有成效的西方國家之一，而且用法律的形式確立了工人在企業經營管理中的權利和地位。德國的民主與參與管理的主要形式是行使共決權，即企業員工與企業經營者共同決定企業管理中的一些問題。就其內容而言，這種共決權主要包括勞動法方面的共決權和經營管理方面的共決權兩種類型。前者是不涉及經營管理方面的一切重大計畫和決策的共決，並且僅僅是在個別問題上限制了企業領導的自治權；後者則是由工人直接對經營管理方面的決策施加影響的共決。就其形式而言，共決權又可以分爲企業委員會和監事會中的職工代表制兩種方式。前者的共決權由1972年通過的「企業委員會法」明文規定。根據該法律，企業委員會一般每季度召開一次全體職工大會，邀請雇主參加，並就企業的人事問題、福利情況和經濟狀況向職工大會進行報告。企業委員會的主要任務是：監督有利於員工的現行法律、法令、勞保條例、工資合同和企業協定的執行和實施；向雇主提出有利於企業及全體從業人員的措施；聽取職工和青年代表組的建議，並在建議合理時透過與雇主協商促成解決，將協商情況及其結果通知有關職工。除此以外，還有其他一些任務，這裡就不一一列舉了。企業委員會一般是借助於每月舉行一次的與雇主的會談及其所達成的企業會談協定來完成這些任務，而企業會談協定的貫徹執行及其監督往往是由雇主和企業委員會各自派出的同等數目的代表共同組成的調解機構負責的。與德國早期的工廠委員會相比，企業委員會是一種更爲正式的組織機構，其工作程序也更爲有制度，再加上企業委員會下面設置了各種專門委員會，從而對企業的經濟事務有了更深入全面的了解，因而在涉及職工利益的重大問題上享有更大的共決權，如圖5-2所示。

德國企業員工行使民主與參與管理權利的另一個途徑是選舉代表參與企業的監事會工作。根據1976年通過的「參與決定法」規定，股份制企業的監事會中股東與職工代表的席位相等，職工監事是由全體職工透過民主選舉而產生的。職工監事的任務是代表全體職工參與行使監事會許可權內的決策權和監督權，負責監督企業的政治經濟權利的行使，審議和監督企業的財務預算，監督和任免企業董事會成員。儘管有人認爲職工參與監事會工作只能行使一些諸如確認年度財務預算和董事會任免之類的表面權利，但僅就用立法的形式規定普通職工能夠直接行使監督企業經營決策的權利這一點來講，這確實是西方民主與參與管理史上的一大進步。此外，德國企業員工還擁有一定的個人參與權，例如員工有諮詢與討論權、有了解個人檔案的權利、有申訴權，以及可以用便宜的價格購買公司股票的權利等。應該承認，在整個西方國家中，德國的民主與參與管理是相對最成功的，因爲它有立法的保證。這在很大程度上不僅緩和了勞資關係，避免或減少了罷工，避免了有損於企業發展的重大糾紛的產生，而且又可以激發員工的工作積極性，並從員工中吸收到許多改進企業經營管理的好建議。毫無疑問，這種制度對進一步改善企業的經營管理工作確實起了不可忽視

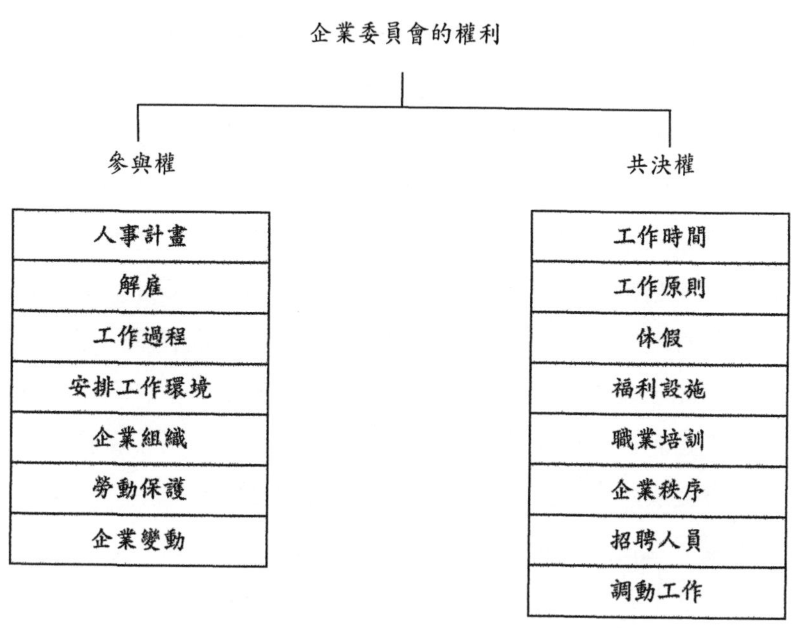

圖5-2　德國企業委員會的權利

的作用。

5.5.2　大陸的民主與參與管理

傳統的觀點一般認爲，由於社會制度和文化傳統不同，大陸企業的民主與參與管理有著不同於資本主義企業的根本特徵。這種根本特徵就是大陸職工可以依照國家法律和法規透過各種途徑和形式參加企業的決策和管理，包括企業的政治、經濟和生活等方面都由當家做主的工人參加管理。然而，這種觀點是大有商榷之處的。持上述觀點的人認爲，由於大陸實行的是社會主義公有制，所以職工本身就是國家和企業的主人，企業的廠長經理只是眾多「主人」中的一員。因此，工人是自己在當企業的家。由此，大陸的民主與參與管理當然就不同於資本主義國家受雇傭的工人階級的民主與參與管理。這裡似乎存在著一個理論上的矛盾。既然大陸的工人階級是企業的主人，既然企業的廠長經理只是眾多「主人」中的一員，那麼就可以說大陸的企業實質上是由包括廠長經理在內的眾多「主人」實施經營管理的。換句話說，大陸企業的經營管理者就是工人自身。因此，在這種情況下，就不是職工參與企業經營管理，而是職工如何管理好自己的企業，也根本用不著「參加」，因爲企業本身就是他們自己的。他們自身就是企業的「主人」，難道主人無權管理自己的企業，還要他人「授權」或「許可」之後才能「參加」管理不成？看來，問題的根源還是在產權上。在社會主義公有制的企業裡，企業的產權實質上並不屬於工人自身，而是屬於國家。雖然社會主義社會中「國家與工人」之間的關係完全不同於資本主義社會中「國家與工人」之間的關係，但由於大陸占主導地位的許多企業都屬於國家所有，所以工人實質上仍然只是「政治學」意義上的主人，而非「經濟學」意義上的主人。不可否認，這兩種意義上的「主人」是有很大區別的。也正是因爲大陸企業工人僅僅是政治學意義上的主人，所以他們並不是企業的眞正主人，眞正的主人是國家。因爲他們無權支配企業的人、財、物，只有國家有這個權利。既然工人並不是企業的眞正主人，那麼他們就必須在國家「許可」或「授權」的範圍內參與企業的經營管理活動。但由於大陸實行的是社會主義公有制，國家政權是屬於人民的，所以由國家代表工人階級行使企業所有權，並鼓勵工人積極參加企業的具體經營管理活動。應該說，正是這一點使得大陸與資本主義國家的民主與參與管理有著根本的差別。

根據「中華人民共和國全民所有制工業企業法」的有關規定，大陸工人實施民主與參與管理的主要管道是職工代表大會，「職工代表大會是企業實行民主管理的基本形式，是職工行使民主管理權利的機構」。該法律規定，職工代表大會在企業管理中可以行使如下權利：

1.聽取審議權：聽取和審議廠長關於企業的經營方針、長遠規劃、年度計畫、基本建設方案、重大技術改造方案、職工培訓計畫、留用資金分配和使用方案、承包和租賃經營責任制的報告，提出意見和建議。
2.審查同意或否決權：審查同意或否決企業的工資調整方案、勞動保護措施、獎懲辦法以及其他重要的規章制度。
3.審議決定權：審議決定職工福利基金使用方案、職工住宅分配方案和其他有關職工生活福利的重大事項。
4.評議監督權：評議、監督企業各級行政領導幹部，提出獎懲和任免的建議。
5.民主選舉權：根據政府主管部門的決定選舉廠長，報政府主管部門批准。

從上述法律條文來看，大陸工人享有的民主參與管理企業的權利遠比資本主義國家要大許多，而且範圍更爲廣泛。然而，可惜的是，大陸企業的職工代表大會在實踐中遠未發揮出法律所賦予的那些權利和作用，或者說法律賦予的權利沒有轉變成可以實際行使的權利，甚至出現了職代會「形同虛設」的局面。究其原因，一是「法治」觀念淡薄，「人治」觀念濃厚，把有關法律視爲兒戲，執法不嚴，違法不究。二是片面強調工人是企業的主人，企業利益與國家利益、個人利益是一致的，忽視甚至否定三者利益之間的矛盾性，所以並沒有採取切實可行的措施落實工人民主管理企業的權利，致使職代會權利虛化，致使「企業法」中的有關條文成為「理論」上的、沒有強制制約性的「擺設」。從上述分析可以看出，儘管大陸工人民主管理企業的許多權利並未得到眞正地貫徹落實，但無庸置疑的是：大陸的民主與參與管理制度本身要比資本主義國家的更為優越。

就兩種制度下的民主管理的具體差別而言，資本主義國家工人民主參與企業管理的權利是長期鬥爭的結果，是「爭」來的，而非自身原來就有的，大陸工人的民主參與企業管理的權利則是自身原來就有的，是社會制度本身所必然賦予的；資本主義社會工人參與企業管理的權利更多地體現在經濟事務上，而大陸則更多地體現在政治性事務上；資本主義社會工人的民主參與權利比較具體並落在了實處，而大陸工人的民主參與權利則是籠統而抽象的；資本主義社會工人的民主參與權利是有法律保障的，具有規範性和程序性，而大陸工人的民主參與權利雖有法律規定，但卻有法不依，呈現出很大的隨意性和人為性；資本主義國家之所以實施民主與參與管理的目的還在於更好地「安撫」和「籠絡」人心，以賺取更多的利潤，而大陸實施民主與參與管理的目的則在於落實工人自身所具有的管理國家或社會事務的權利，並把人民自己的企業更好地加以經營和管理；資本主義國家工人參與管理的管道及其性質與大陸有很大的區別，前者主要借助於與資方相對立的工會組織或企業委員會進行，而後者則主要是透過與企業自身利益基本一致的工會和職工代表大會實施；資本主義國家工人參與民主管理的最初動機是爲了保障自身的利益，而大陸工人參與民主管理則是爲了透過落實自己應有的權利把自己「有份的」企業管理好。

綜上所述，大陸企業的民主與參與管理與資本主義國家所實行的民主與參與管理儘管名稱相同（我們這裡主要是爲了便於比較），但內容和性質卻存在著顯著的差異。

5.6　員工目標和滿意度的跨文化比較

5.6.1　工作目標的跨文化研究

（一）工作目標

近年來員工在工作目標上的一個變化是：不再把從工作中得到報酬、物質獎勵看成是最重要的，而看重從工作中獲得的成就感、挑戰性和個人成長。人們對工作目標有了更多內在的要求。由此工作安排也要隨著工作目標的改變而有所變化。跨文化企業可以嘗試採用以下方法：

◆工作輪換

就是允許或鼓勵員工在不同部門、不同崗位之間來回流動。如鼓勵員工在二、三個或更多的崗位之間進行輪換，這個星期員工可以在流水線上工作，下個星期可以做裝配工作。輪換的複雜性或簡單性可以根據員工的能力、動機來決定。工作輪換可以減少員工因工作單調產生的乏味感和惰性，能始終給員工一種「新」環境。從工作績效與工作刺激的函數關係中我們知道，適度的工作刺激會讓員工的工作績效達到最佳，過低的刺激會使員工的工作績效降低。

◆工作擴大化

就是擴大員工的責任和權利。當從事的工作變得乏味時，可以透過讓員工學習新的技巧或擔負新的責任，激發其動機。如讓一個銷售人員了解買方的權利，讓經理熟悉對員工的培訓等，這種新習得的經驗會使「老」工作變得和以前不一樣，員工會有新的體驗。

◆工作的豐富化

就是讓工作更值得追求或讓員工有滿意感。它既包括從橫向增加工作任務，也包括從縱向增加責任。當今員工對內在的鼓勵更注重，如對成就感、個人成長、挑戰、滿意度、工作的品質等更看重，而外在的報酬、提升等有時會成爲次要的。赫茨伯格（Frederick Herzberg）用「縱向工作負荷」（vertical job loading）來描述透過讓員工的工作更加豐富來激發其內在動機。表5-2中列出一些具體的原則，每項原則都強調員工的個人貢獻。

工作豐富化不同於工作內容擴大化。工作內容擴大化是透過讓職務工作內容有更多變化而消除因重複操作帶來的單調乏味感，這只是工作範圍的擴大。而工作豐富化更多是在工作中建立一種更高的成就感和更大的挑戰性，讓員工的自尊、成就和責任需要得到更大滿足。除了表5-2中的方法外，還有一些方法也可以提高工作的豐富度，如授權給員工，讓他們來決定在其工作範圍之內的事；鼓勵員工參與各個層次的管理；讓員工看到自己的勞動對企業有怎樣的具體貢獻；把企業中的重大事項或其他決策及時通報給員工，並讓他們參加決策。

表5-2　縱向工作負荷原則

原則	包含的動機
減少控制	責任感和個人成就感
讓員工對自己的工作負更大責任	責任感和認同感
讓員工有自由挑選工作小組的權力	責任感、成就感和認同感
讓員工擁有工作自由	責任感、成就感和認同感
高層管理者定期向員工直接通報情況(不經過其上級)	內部認同感
介紹新的或更難的工作	成長和學習
讓員工專注於某一方面的工作，使其成爲這方面的專家	責任、成長和進步

美國一些大企業已實行了工作豐富化的措施，其效果是提高生產效率、降低缺勤率和人員流動率、增強士氣等。但它也有一些局限，如它更適用於對技術性、創造性要求較低的工作內容上，對那些本身就具有一定創造性和挑戰性的工作，它較難有激勵作用。即使是對那些工作內容單調的工作，員工本身是否有改變工作基本內容的需要，這也是工作豐富化實施的前提。

人們都認爲自動生產流水線上的員工最需要工作豐富化，但在大陸的一家合資企業中，員工對工作豐富化的措施反應冷淡，外方管理者不能理解，最後透過與員工訪談了解到，員工對目前的工作並沒有不滿，雖然工作單調，但對更有挑戰性的工作並沒有太大興趣，他們最希望解決的是工作安定、工資提高和社會保障措施健全問題。

案例1　在工作時間做自己感興趣的事？

M公司是一家從事高科技開發與研究的全球跨國公司。它的總部在美國，它的一個成功經驗就是：讓員工花15％的工作時間做自己感興趣的實驗，由公司提供場所、實驗材料、設備，甚至可以爲某些項目提供一定的經費。這項實驗在美國本土獲得巨大成功，員工從自由時間中得到輕鬆、快樂，因而感染了他們的工作，他們的工作效率得到很大提高。而公司收穫的不僅是工作效率的提高、工作態度的改變，還有很多可用於進一步開發、投放市場的新項目。

M公司在大陸新成立了子公司。由於它在全球公司中都推行母公司的管理制度，所以在大陸的分公司中也採取了同樣的激勵措施。誰知開始時中方員工不能理解這一點，他們無法想像公司的倉庫會向每個人敞開，取用物品無人監視，只要自己登記一下即可。很多人有顧慮：萬一丟了貴重物品追查起來，那進去過的人不就說不清楚了？再說由公司出錢做私活，心裡總是不踏實，不知這是不是公司考驗員工忠誠的一個方法？所以在開始一段時間，幾乎無人因自己的私事光顧倉庫。15％的時間成了大家聊天的好時光。

分公司管理者注意到這種狀況，認爲這和公司激勵員工內在動機的初衷相違背。經過調查走訪，摸清了員工的顧慮，意識到這和中國文化中的君子觀、潔身自好觀有關。人事部在安排專人對倉庫物品進行管理、消除大家顧慮的同時，也對員工進行培訓，播放公司總部員工積極利用15％時間的錄影，引導大家樹立一個意識：每個人都是公司的智囊團成員，儘量把自己的個人愛好與工作結合起來，在工作時就像從事自己最喜歡的事那樣投入。

討論：

(1)M公司總部的激勵措施主要是外在激勵還是內在激勵？爲什麼？

(2)M公司在大陸的分公司實行與母公司同樣的激勵措施，碰到了什麼問題？公司是怎樣解決的？

(3)你認爲分公司的措施能激發中方員工的積極性嗎？爲什麼？ ⊙

（二）工作地位

工作地位是指把工作用作確定個體相對於與他人的社會地位的標識。工作地位是工作眾多功能中的一個。心理學家D．J．特雷曼認爲工作的以下特點決定個體的權力和權威：完成受人尊重任務的知識和技能、對財力的支配權、對他人的權威性。特雷曼推斷，專業人員和管理人員始終處於工作地位的頂端，技術人員、半專業人員和低級管理人員次之，再次爲白領和藍領工人，無需技術的服務者和體力勞動者則處於工作地位的最低級。

工作地位是人們確定工作目標、衡量工作滿意感時常用的一個指標。對工作地位進行跨文化、跨年代、跨種族的研究結果表明：不同文化、不同種族、不同年代、不同性別的人們，對各種職業的社會地位有相似的看法。需要特殊技能或對重要資源有支配權的工作最受歡迎。

◆工作地位的跨文化研究

G．蕭伯格和特雷曼進行過這方面的研究。蕭伯格（1960）分析了前工業化的亞洲和歐洲城市的社會等級結構發現，各種文化之間存在相似性，從事地位高的職業會得到人們的尊重，而從事地位低的職業很難得到這種尊重。特雷曼（1977）對六十個工業化和非工業化國家所作的研究表明：國與國之間職業聲望的相關係數達0.79。

◆跨年代的研究

R．W．霍奇（1964）和他的同事對1925年和1963年美國二十九種工作進行了分析，發現其工作聲望的相關係數爲0.94。特雷曼也做過兩個不同時期的研究：1942年和1952年，荷蘭二十四種職業等級評定的相關係數爲0.94；1952年和1964年日本二十三種職業的等級評定相關係數爲0.98。

◆跨種族研究

儘管同一種族可能因分布地區、工作機會和職業性質等不同而相差甚大，不同種族之間差距可能更大，但研究表明：不同種族對工作地位的看法有驚人的相似。P．M．西格爾（1970）研究了美國白人與黑人之間對工作等級的評定，其相關係數爲0.95。特雷曼（1977）對南非五個種族進行了四十種工作的等級評定，其相關係數爲0.93。

◆對不同性別的研究

由於男性在勞動力中的比例高於女性，所以在等級評定中男性的情況比女性更具代表性。研究發現，女性也有按社會地位排列職業的傾向，而且排序和男性基本相同。賴斯（1961）對美國兩性與職業評價進行研究，發現男性和女性對職業聲望的評價相關係數高達0.98。希克斯對菲律賓和南非的研究也證明對職業聲望的評價無性別差異。

5.6.2　工作滿意感的跨文化比較

（一）工作滿意感定義及其研究的歷史

對工作滿意感人們有不同的認識，我們在這裡是從這個意義上探討它：工作滿意感是組織成員對其工作或工作經歷評估的一種積極情緒狀態（Locke, 1976）。工作滿意感是組織成員對其工作的一種特殊的態度，即他們對工作的一種情緒反應。這一概念從一問世就引起人們對它的關注，據統計，從1935年至1976年的四十年間，有三千多篇有關工作滿意感的研究論文發表（Locke, 1976），這表明工作滿意感在管理中的重要地位。

工作滿意感（job satisfaction）是企業管理的一項重要心理指標，對它的研究開始也較早。「科學管理學之父」泰勒（F. W. Taylor）提出的科學管理的目標之一就是勞資兩利：雇主在獲得最大利潤的同時，雇員能夠獲得較高的工資和自身的發展。這裡雖然沒有用「工作滿意感」這個詞，但已具備了這一思想的雛形。「工業心理學之父」閔斯特伯格（Munsterberg, 1912）在其名著《心理學與工業效率》一書中認爲，應該研究在什麼心理條件下能夠從工人處得到最大的、最令人滿意的產量，並研究工人興趣、工作報酬、工作情緒與工作效率之間的關係。工業社會學的創始人、人際關係理論的提出者梅奧（Mayo, 1933）在著名的霍桑實驗研究中發現，影響生產力最重要的因素，是在工作中發展起來的人際關係，而不只是待遇和工作環境。職工在家庭生活和社會生活中所形成的態度和企業內部的人際關係，是影響職工士氣和工作情緒的兩個因素，而工作效率是受職工工作情緒的影響的。梅奧提出的人際關係學說指出了管理工作的新方向。它突出了生產中人的因素，強調了企業管理的兩個目標：生產率和工作滿意感，並指出兩者的關係是：高的工作滿意感會導致高的生產率。

在二十世紀三〇年代，心理學家們便開始研究有哪些要素決定工作滿意感。較早的研究表明：職業類別、職位高低、年齡都對工作滿意感有影響。1935年R．霍波克發表了重要文章〈工作滿意〉，在此後的研究中，他致力於證明：在各行業中都有對工作滿意的工人，而且有些從事重複性和體力性工作的工人，比某些從事創造性工作的人更能對自己的工作感到滿意。

目前人們對工作滿意度與報酬、效率、環境等的關係仍在研究之中。有的學者認爲在不同文化單元中，人們有不同回答。如社會學家H．R．卡普蘭認爲，工作滿意有時並不是人們追求的目的，人們有時偏愛安全、高薪、工作條件良好的工作；而且，並不是所有的人都認爲工作是人生或生活中最重要的，有一些人並不在乎工作是否能提供滿意感。

對於工作滿意度與效率的關係，目前的研究尚未揭示這一點：有較高工作滿意度的員工是否是最有效率的人，或是否比滿意度低的人更有效率。

由於理論觀點不同，人們對調查結果的分析不同，有時甚至會因不同理論框架而得出不同的調查、研究結果。

了解員工工作滿意感的重要性在於：透過對工作目標的認識，管理者可以洞察員工在工作目標背後的文化觀和價值觀，並有針對性地設定組織的決策層級、管理結構和激勵方式。

（二）工作滿意感與工作本身

由於工作滿意感是個體對工作進行評估時的情感反應，所以工作滿意感與工作有密切聯繫。洛克（Locke, 1976）發表了一項對工作向度研究的總結，他指出以下工作向度與工作滿意感有密切關係：工作本身、報酬、提升、認可、工作條件、福利、自我、管理者、同事、組織外成員。透過對這些向度的描述，可以發現工作滿意感的大致情況。

赫茨伯格（Herzberg, 1959, 1968）在雙因素理論中，對導致工作滿意與不滿意的因素進行了研究和分類，發現它們是不同的，導致滿意的因素有：成就、認可、工作本身的吸引力、責任感、成長和發展；導致不滿意的因素有：企業政策與行政管理、監督、工資、人際關係及工作條件等。其中，對工作滿意感起作用的主要因素是成長與發展，對工作不滿意起主要作用的是環境因素。

案例2 從沒有員工跳槽的公司

六〇年代末，合格（Hugh）和羅蘭德（Bill Rowland）兄弟倆創辦了瑞弗雷克斯公司（Reflexite）。1983年，公司年銷售額達350萬美元，3M公司想以高於此數四十二倍的價格買下它，其他公司也躍躍欲試。該公司總裁說：「公司已賣給了它的員工。」

公司管理層知道員工需要什麼：這些掌握著高科技的人才最需要的不是錢，而是責任感和權力。如果公司授權給員工，員工會以一千倍的成績來回報。公司這樣做了。到1986年，公司的員工增加了三倍，利潤增加六倍；1991年銷售額達到3.1億美元。公司股份的59%已爲員工持有。員工每個月、每年都可以分紅。而且公司鼓勵員工從事自己感興趣的實驗研究，一位員工就是由此發明了交通標誌塗料，使交通標誌白天呈橘黃色，晚上呈銀白色，市場銷路非常好。

由於員工控股占大多數，所以員工有權決策。在八○年代末的經濟蕭條時期，員工決定減薪，高層管理者減10%，中層管理者減5%至7%，一些員工一個月不上班，不拿薪水，只享受失業津貼。在幾個月內這些措施就節約100萬美元。

該公司有一個與眾不同的特點：它從沒有員工跳槽，員工隊伍非常穩定。

討論：

(1)如果有機會選擇，你會選擇在瑞弗雷克斯公司工作嗎？爲什麼？你持有公司股份這個事實，讓你更有責任感還是覺得這是一種負擔？

(2)該公司採取了哪些激勵措施，使得員工隊伍能夠非常穩定？

(3)如果在大陸的合資企業中工作，你希望從工作中得到哪些激勵因素？ ⊙

(三) 影響工作滿意感的因素

工作滿意感與很多因素都存在相關關係，研究較多的因素有生活態度、換工作、缺勤、工作效果等。

◆生活滿意感對工作滿意感的影響

工作是人們生活的重要組成部分，所以從邏輯上講，工作滿意感會影響生活滿意感，人們的研究也證明了這一點。艾瑞斯和巴雷特（Iris & Barrett, 1972）、魏茨（Weiz, 1965）等學者發現人們對工作的態度與其生活態度之間有顯著相關，而且兩者的關係具有雙向性質（Locke, 1976）。

◆離職與工作滿意感的負相關。

這二者之間存在著顯著的負相關（Hulin, 1966; Mowday & Porter, 1982）。布雷費爾德和克萊克凱特（Brayfield & Creckett, 1955）、赫茨伯格等人也曾發現員工不滿意與離職行為之間有著密切的關係。喬科夫斯基和彼得斯（Jockofsky & Peters, 1983）認為，那些對工作不滿意的員工，當他們認為到其他組織工作有可能的話，會必然採取離職行為。

1977年F·庫德設計了職業興趣調查表，其中關於職業滿意度的最有代表性的問題是：「如果讓你在報酬相等的各項工作中自由選擇：你目前從事的工作；工作相同，但工作條件和同事不同；與目前完全不同的工作；你將選擇哪一個？」選擇後者的人顯然對工作最不滿意。大陸對這方面的研究也有，如對大陸中日合資企業員工的轉職意願研究表明（凌文輇，1993），中方員工的轉職意願是強烈的，其原因較複雜，但與工作待遇滿意度和對日方管理者的印象明顯相關。

◆缺勤與工作滿意感之間存在負相關

許多研究表明缺勤與工作滿意感之間的負相關關係。儘管相關不高，但它與工作滿意感的某些子向度仍然有較高的相關。如與工作本身的滿意相關係數為0.21，與報酬的相關係數為0.30等（Terborg, 1982）。羅布諾維茨（Rubenowitz, 1983）也指出短時缺勤率更能反映出員工的態度。

◆工作業績與工作滿意感的相關

早期的研究者提出高的工作滿意感會導致高的工作業績。但最近的研究指出工作滿意感與業績之間的相關在不同場合下是不同的。羅布諾維茨（1983）指出，在工作滿意感與業績之間起主要仲介作用的環境因素是工作的挑戰性，對於高挑戰性的工作來說，工作滿意感與業績之間存在正相關，但對於低挑戰的工作來說，二者之間的關係是不確定的。

◆社會與工作環境與工作滿意感的關係

對工作滿意感與社會環境、工作環境的關係，密西根大學調查研究中心的G．斯坦斯和R．奎因進行過對比，發現1973年至1977年間的工作滿意度比1969年至1973年有明顯下降，在工作的舒適、挑戰性、報酬、資源的充足、晉升等指標上有性別、受教育程度和工種的差異：男性下降度大於女性；受過大專教育的人下降度最大；非技能工人的下降度大於技能工人。一些學者由此推斷：隨著受教育水準的提高，人們對工種、工作條件和環境等寄予較高期望，但現實的改變跟不上人們的觀念的變化，工作期望和現實工作環境之間的巨大差異造成了滿意度的下降。

◆工作目標與工作滿意感的關係

之所以要對工作目標和工作滿意感之間的關係進行跨文化研究，是因爲工作目標是個體主觀的產物，按每個人的理解不同而定。但由於經濟發展水準、歷史傳統所限，人們傾向於把工作看成是謀生的手段或一種責任，與社會價值不一致的個人工作目標很少得到重視，所以這一點容易被人忽視。即使在一些調查研究中，被調查的員工也是傾向於這樣的表述：工作目的是謀生手段或做一些對社會有價值的事，較少涉及或意識到其他深層的工作目的，如工作滿意感等。但現實表明，儘管大多數人是因爲謀生的原因而工作，但工作帶給人們的不僅僅是薪水，還有很多超越基本生活需求之外的、複雜得多的東西，如自我尊嚴、自我價值的實現、獲得歸屬感、擁有社會地位等。這也是爲什麼很多人在衣食不愁後仍然努力工作的原因。

儘管一些研究表明，工作目標往往與工作滿意感分離——人們有時意識不到自己的工作目標與工作滿意感之間的關係。但作爲深層次的意識，即使人們沒有意識到工作滿意感，它還是會對人們的工作態度起一定作用。

◆工作滿意感的個體差異

許多研究都發現工作滿意程度隨員工的個人特徵而不同，年齡、性別、工作經歷及長短、技術熟練度、智力及職位等都會影響個體的工作滿意感。D．薩珀發現工作滿意是體力和非體力等職業大類中職業層次的一個函數。在每一類別中，較高層次的任職者比較低層次的任職者更能體驗到工作滿意。他還發現工作滿意與年齡之間有關係：二十五至三十四歲和四十五至五十四歲的任職者的工作滿意度比其他年齡的員工差。榮．伯格（Berg, 1963）和邁克東尼（Macedonie, 1969）的研究也證明了這一點：隨著工人年齡的增加，他們趨向於略微對工作更加滿意。

（四）大陸關於工作滿意感的研究現狀

大陸近年來對於工作滿意感的研究也較關注，主要有對員工動機、激勵因素等的研究。

劉大維與凌文輇（1990）調查了工作滿意感對科研單位業

績的影響，發現滿意感在一定程度上影響著科研單位的業績，其中「對資源的滿意度」對科研單位生產率的影響最大。

陳子光（1990）考察了影響知識份子工作動機和工作滿意感的主要因素，發現集體工作意識、組織氣氛、工作難度和價值、工作潛力知覺、工作結果、年齡和工資、人際關係等都對知識份子的滿意感有較大影響。

梁開廣（1986）分析了影響企業行政領導工作動機和工作滿意感的主要因素。陳雲英、孫紹邦（1994）對教師的工作滿意感進行了調查。

黃強（1986）對企業職工激勵因素進行分析中發現，大陸企業職工的基本激勵因素有七個，依次是：能力因素、基本需要因素、工作責任因素、個人發展因素、獎勵因素、領導作風因素、情緒因素。

據王重鳴、王劍傑（1995）對二百三十三名員工的職業滿意度的研究分析，對職業滿意度從高到低分別為：教師、打字員、一線工人、管理幹部。職業滿意度有性別差異：女性比男性的滿意度高，對組織設計與體制方面更滿意，對周圍事件作解釋時傾向個人因素。

（五）合資企業員工工作滿意感研究

凌文輇（1993）對中日合資企業員工的工作滿意度進行了研究。從企業中中方員工對中日合資企業的評價來看，中方員工和管理者對「現在的工資」、「工資的增長」、「福利保健」的滿意度較低，對「職業穩定性」、「晉升機會」、「頂頭上司的態度」的滿意度較高，這三項和「目前的工資」一項，管理者的滿意度都高於普通員工。在「勞動時間和休假」一項上，管理者的滿意度又顯著低於普通員工。把國內企業、日資企業、港台企業和韓國企業進行比較，中方管理者比一般員工更願意選日資企業；與歐美企業相比時，管理者對日資企業的選好度顯著低於一般工人。總體來看，大陸員工對自己所在的中日合資企業評價不高，主要原因是對工作和待遇的滿意度不高。

范津硯（1997）對中美合資企業中方員工對美方管理者的評價研究表明，二百一十六位被調查的中方人員對美方管理者的自信、獨立性強、活潑開朗、幽默等與個性有關的品質有很高評價，同意的比率達到90％以上，對直率坦誠、易成爲朋友、但不易深交、法制意識強、注重個人成就等評價占80％以上，對不喜歡與當地人交往、心胸狹窄、刻板、缺乏靈活性等負面評價占20％以上。中方員工與管理者對美方管理者的評價在有些項目上有顯著差異，如在善於學習他人、做事追求完美、彬彬有禮、有毅力、忠於組織等項目上，管理者的評價顯著低於普通員工，在交往中優越感強、愛出風頭等項目上管理者的評價顯著高於員工。總體上看，與美方管理者接觸較多的中方管理者對其評價不如員工高。有意思的是，一般員工和中層管理者對美方管理者的總體印象要比高層管理者好得多。

俞文釗等對合資企業職工工作滿意感進行了研究。其研究分爲兩部分：第一部分爲預備研究，主要透過調查、訪談確定與工作滿意感有關的因素或事件；第二部分爲正式研究，主要根據預備研究的結果編制問卷，抽樣對外資企業員工的工作滿意感進行調查，找出主要的因素，並考察個人特徵對工作滿意感的影響。

在預備研究中，對四十一名外資企業員工進行訪談，要求被試回答「您對當前工作的滿意程度如何？您對這份工作的哪些方面是滿意的，哪些方面是不滿意的？」根據對採集到的事件的歸納和整理，並結合國內外同類研究的結論，共歸納出七個影響工作滿意感的因素，分別是：個人因素、領導因素、工作特性、工作條件、福利待遇、工資報酬和同事關係。

正式研究共選取一百四十名被試，用編制的「工作滿意感評定量表」進行施測。透過對一百二十八份有效問卷的分析（開放式問題不計分），表明影響外資企業員工工作滿意感的因素主要有以下六個：

1.個人因素：主要反映在個體對於個人發展，發揮自己的潛能及學習機會等幾個方面的滿意感。它體現了個體自我實現、自尊等較高層次的需要，它對工作滿意感的解釋度爲26.0％。
2.領導水準：主要反映在企業管理者的個人能力、業務管理能力、上下級關係及企業制度方面等。它對工作滿意感的解釋度爲7.7％。
3.工作特性：包括工作的創造性、趣味性及工作能量的大小。它對工作滿意感的解釋度爲4.7％。
4.工作條件：主要包括工作環境、辦公資源、工作時間等。它對工作滿意感的解釋度爲4.1％。
5.福利待遇：包括住房條件、醫療保險、休假及年終分紅等。它與工作滿意度存在中度相關，其單獨解釋能力爲3.0％。
6.工資報酬和同事關係：包括工資獎金的數量、評定標準及同事間的協作性、競爭性、信任及尊重程度等。它們構成了影響員工工作滿意感的第六和第七個因素，對工作滿意感的決定作用相對較小，工資報酬的單獨解釋能力爲1.1％，同事關係爲1.0％。這主要和外資企業工資水準較高、人際關係較爲寬鬆有關。

研究還發現被試的性別、年齡、文化程度、職務級別、任職年限及國籍等個人因素對工作滿意感有影響。年輕者與年長者的工作滿意感之間存在顯著差別，後者的工作滿意感明顯高於前者。

從性別因素來看，女性的工作滿意感普遍高於男性。這可能與大陸傳統文化中對男女性別角色的分工有關。在大陸，傳統的社會性別角色分工是「男主外，女主內」。現在雖有一些變化，但女性還是較易對工作的要求不高，只要有良好的工作環境、較好的待遇，能滿足自己一定的發展及自尊需要，就可以產生較高的工作滿意感。而男性除掙錢養家外，還謀求較高的個人發展，對工作的要求較高，工作滿意感相對較低。

從年齡看，工作滿意感隨著人們年齡的增長而增加。年輕人對工作滿意程度較低，而老年人最高。這與國外一些研究結果相一致。這和年輕人剛開始工作，自我評價較高，對工作期望值較高有關，他們需要挑戰、自我表現的機會及工作中某種程度的自主權等，如果這些期望無法在工作中得到全部滿足，就會造成工作滿意感下降。而老年人隨年齡增長，對自我及工作都有了更爲現實的評價，比較容易在工作中獲得滿意感。

從文化程度看，受教育程度高的人比受教育程度低的人對工作的滿意程度更高，這與國外的一些研究結果一致。主要原因可能是受過較高教育的人更有機會獲得較好的工作，能爲其自我發展、工作特性及工資待遇方面提供更多的有利條件。

從職務上看，職務高的人工作滿意感高於普通員工。其原因可能在於較高的地位意味著較多的機會和更大的自由，各種動機更易得到滿足。

從工作經歷來看，工作時間短的人工作滿意感較高，但隨著工作年數增加而逐漸降低，幾年後又會有所上升，呈波浪式發展。這是由於剛從事某一工作的人由於新工作的新奇性、挑戰性，較易獲得滿意感，一旦熟悉了工作，而且在工作中遇到各種挫折或自我發展變緩，會使其不滿意感上升。這一階段，有些人會選擇跳槽，還有些人會留下來，進行自我調整和適應，工作滿意感逐漸又上升。

不同國籍的人在本研究中沒有顯示出對工作滿意感的顯著差異，但從進一步的分析中發現：外籍員工更多從工作本身的特性中得到滿足，並強調個人的成就體驗，造成外籍員工不滿的因素主要是報酬低、語言問題、辦公條件等。中方員工的工作滿意感主要來源於優越的工作條件及自身發展等因素，不滿方面主要是中、外方員工的不平等。由此可見，如何協調外資企業中、外雙方員工的關係，同時滿足雙方需要，是合資企業管理者的一個重要課題。

本章摘要

- ◆大陸、日本、美國企業在人員錄用制度、工資制度、培訓制度方面存在差異。
- ◆大陸合資企業的人事管理中實施全員勞動合同制，實現崗位管理、崗位等級工資制，推行績效考評，開展崗位培訓。
- ◆中外合資企業精神激勵模式存在跨文化差異，美國、日本主要的形式是企業精神，大陸為政治思想工作。
- ◆美國、日本、德國和大陸企業在民主與參與管理方面存在跨文化的差異。
- ◆影響合資企業員工工作滿意感的因素為：個人、領導、工作特性與條件、福利待遇、工資報酬、同事關係等。

思考與探索

1.跨文化人力資源管理存在哪些理念上的差異？

2.中、日、美三國企業在人員錄用制度、工資制度、培訓制度方面存在哪些主要差異？

3.中外合資企業人力資源管理的特點是什麼？

4.合資企業精神激勵模式的跨文化差異主要表現在哪些方面？

5.試比較中、美、日、德企業在民主與參與管理方面的差異。

6.你對工作的定位中有沒有考慮工作滿意感？你對目前的工作滿意嗎？滿意或不滿意的主要原因是什麼？

7.在不同工作單位，你的工作滿意感有沒有變化？其主要原因是什麼？

第6章

跨文化企業中人員的有效溝通

6.1 跨文化溝通的意義及過程

6.1.1 跨文化溝通的意義

跨文化溝通指在一種文化中編碼的資訊，包括語言、手勢和表情等，在某一特定文化單元中有特定的涵義，傳遞到另一文化單元中，要經過解碼和破譯，才能被對方接收、感知和理解。當資訊的發送者和接收者不屬一個文化單元時，我們就說存在跨文化的溝通。

跨文化溝通早在遠古時代就存在，但直到並不遙遠的過去，跨文化溝通的數量還十分有限，不同文化人們之間的溝通還爲空間和時間所限制。傳統的貿易、經濟也主要局限在本國疆界之內。隨著科技和經濟的發展，現在人們已超越了這一限制。全球化進程已發展成爲各國共識。跨文化的政治、經濟、外交、商品、人員交流比以往任何一個時代都要頻繁，以美國爲例，它有12％的工作崗位直接或間接與國際貿易有關——到2000年，這一比例將提高到30％左右，每年30％的國民生產總值來自於國際貿易。也就是說，到二十世紀末，美國至少有近1/3的勞動力從事與跨文化相關的產業。跨文化溝通成爲各國非常重要的活動。

隨著跨國公司和合資企業的繁榮，經濟生活中的跨文化溝通成爲必要。跨文化溝通對企業有著特別重要的意義。我們知道，企業的有效管理離不開有效溝通，對跨文化企業來說，有效溝通是跨文化企業管理的出發點，因為在跨文化企業中，管理者和員工面對的是不同文化背景、語言、價值觀、心態和行為的合作者，管理是在異文化溝通和交流的基礎上進行的。與一般的溝通比起來，這種溝通難度更大，存在語言、習俗、歷史等文化差異和文化理解的問題。溝通不當輕則造成溝通無效、鬧笑話，重則造成誤解或關係惡化。

據大陸心理學工作者的研究（淩文輇，1993），中日合資企業中方員工對日方管理者的印象中，在工作因素上對日方人員的評價較高，以欽佩和讚揚的眼光來看這些品質，認為這是日本企業經營管理的精神支柱和日本經濟高速發展的基礎，也是日本企業能與外國企業競爭的動力。即使對與工作因素相關的「愛挑剔」這一點有否定，但因為把它與日本人的工作勤奮、辦事認眞、一絲不苟等聯繫在一起，所以中方員工對此並不具有強烈反感情緒。而對日方人員的人格因素，如對大陸人的歧視、傲慢、小氣、貪婪、狡猾等充滿反感。從總體看，先開放地區的員工比後開放地區的員工對日本人的評價要高，肯定印象多些，而否定印象比例低。這種印象對中方和日方員工之間的溝通有較大影響。改善雙方溝通的關鍵不在溝通形式，而在於溝通的性質，如溝通雙方的平等、寬容等。

與同一文化單元的溝通相比，跨文化溝通的特點是文化與溝通的聯繫密切，由於文化相異，溝通時可能遭遇「文化震撼」或「文化誤解」，跨文化有效溝通的建立往往要花更多的時間、精力和努力。溝通不暢或無效往往導致跨文化企業的合作出現問題，甚至合作破裂、經營失敗。1988年的一個調查顯示，在當時已開業的六千多家合資企業中，出現問題較多的至少占15%，在大陸安家落戶的大型跨國公司和合資企業中，不乏合作成功者，但也有一些失敗的案例，如八佰伴在北京（1994）和上海（1997）的撤資、惠而浦與北京雪花（1997）的離異、標緻從廣州撤資（1997）等，這些案例表明，跨文化確實存在一定的溝通劣勢。如法國標緻從合作十五年的廣州標緻撤資，市場占有率從鼎盛時的16.1％（1991）降爲0.6％（1996）。合作失敗固然有多方面的原因，如法方的缺乏誠意等，但也和雙方從一開始就溝通無力有關。雙方存在的多方面分歧始終沒有很好的協調，隨著經營越來越差，雙方互相埋怨，互相指責，最終分道揚鑣。

可以說，成功的合資企業必定是良好溝通的企業。溝通無力或缺乏，往往會對企業發展不利，甚至有可能造成企業沒法生存。

案例1

德方管理者與中方員工對獎勵的不同理解曾引起雙方的誤會。某車間是一個團結的集體，連續幾次任務都完成得非常好。德方管理者對他們很滿意，爲了表示自己對他們的鼓勵，德方管理者在其工間休息時，到該車間和工人談天説地，並特地把他們的工休時間延長了十分鐘。工人們非常高興，那一天的工作效率也特別高。

第二天，德方管理者沒去車間。當他得知車間工人擅自將工間休息時間延長十分鐘，他非常惱火，認爲這是員工利用他的善意在偷懶，辜負了他的一片好心，延長休息時間只是一次性的獎勵。他甚至得出結論：大陸人都是懶惰的，不能對他們太好。他把車間主任叫來訓了一頓。

第三天，德方管理者親自到車間去監督工人們的休息時間。當他看到工人見了他不再像上次那樣熱情時，臉色更加陰沈。他宣布：由於昨天工人們擅自將休息時間延長了十分鐘，這是違反規定的，所以今天要把這十分鐘補回來，所以工間休息要縮短十分鐘。在他嚴厲的目光下，工人們一個一個拖著不情願的步子走上了各自的崗位。這一天，車間不僅沒能超額，而且連指標都沒有完成，還破天荒地出了兩件小事故。

後來的一段時間裡，車間工人表現平平，完全不像以前那個先進集體了。德方管理者隱約覺得有點蹊蹺。要不是有一次公司聚餐時管理者和工人稱兄道弟地碰杯，引出工人的一段話，德方管理者還不知道這一切和自己有關：「在工人看來，上司光臨車間和我們話家常，這對我們是最大的獎賞。至於延長休息時間，我們覺得不如前一件事意義大。但它既然是獎勵的一部分，我們就把它保留下來了。我們的工作成績並沒有因休息時間延長而受絲毫影響。第三天我們休息時間被無故縮短，這是一種我們不能接受的懲罰——我們沒有犯什麼錯。因爲有牴觸情緒，所以工作時思想不集中，結果出現了小事故。後來大家覺得幹得再好上司也不能理解，沒必要那麼努力，工作成績就很一般了。」

德方管理者聽得心頭一驚：一個出色的團隊差點讓他的文化誤解給毀了！在德國，人們會把休息時間延長看作是最大獎勵，而對上司親自光臨車間這一點倒沒有那麼在乎；而大陸特別強調人際間的溝通，認爲這是最好的獎勵。 ⊙

6.1.2 跨文化溝通的過程

對跨文化企業而言，文化單元的異質性會對溝通造成一定困難。在跨文化溝通解碼的過程中，原文化資訊的意義會爲異文化修改、曲解、刪節或增加，編碼者和解碼者所指向的意義、行爲就不一樣。薩姆瓦曾提出一個溝通模型如圖6-1所示。他用A、B、C表示三種不同的文化，其中A和B是較爲相近的文化，C和A、B有較大的差距，圖形和圖形間距離的遠近表示文化之間差異的大小。

在每一圖形內部，各有一個與外部圖形相似、但稍有不同的小圖形，薩姆瓦用它來表示受該文化影響的個體。圖形的變

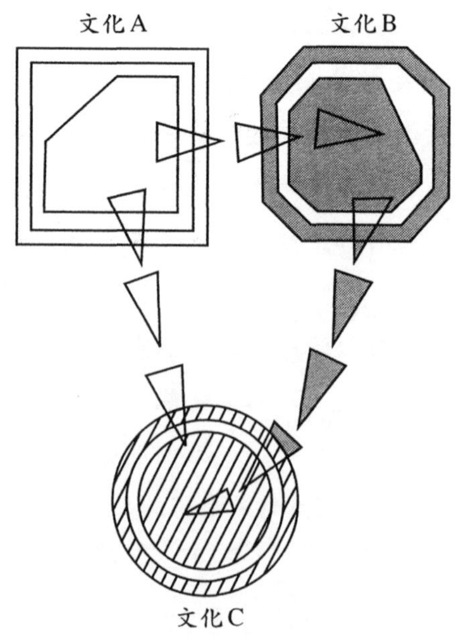

圖6-1　薩姆瓦的跨文化溝通模型

異說明：文化只是影響個體成長的一部分因素，還有其他因素在起作用；文化對不同個體的影響有差異性。

溝通的發生由箭頭表示。從一種文化發出的資訊帶有編碼者所要表達的意圖。當一個資訊被編碼時，它帶有本文化的特點；當編碼的資訊到達另一個文化單元時，它的解碼受到該文化的影響。與原資訊相比，重新被編碼的資訊涵義受到了文化的影響和修改，在意義上已發生一定的變化。

不同文化差異的大小，對解碼的難易、資訊改變程度有影響。資訊在文化A、B之間發生的變化比C與A、B之間的變化要小，這是因爲文化A與B之間有較多的相似之處，而文化C與A、B有較大差異。

跨文化溝通可以在不同的情境下發生：在同一主流文化下的亞文化群體間發生、在不同人種之間進行溝通、在不同民族和國家之間的溝通。本文主要從文化的重要屬性——民族性和國度性這個角度來考察跨文化，即考察在合資企業和跨國公司中不同國家員工之間的跨文化溝通。

6.2　影響跨文化溝通的主要因素

6.2.1　知覺

（一）知覺與溝通

知覺是對我們感覺到的事物的解釋和再認知，它包括物理的、生理的、神經的、感官的、認知的和感情的成分。在人們的溝通中，人們總是一邊聽、說、讀、寫，一邊把所接觸的內容轉化爲有意義的資訊，不可能只被動地聽、讀、寫，而不對其內容進行解釋和再認知。個體的態度、意見、感受、反應等都對溝通過程有影響，這種影響不僅包括對語言的即時反應，還包括對整個談話情景的認知，如對非語言訊號的反應。知覺被稱爲讀寫過程中的「第三隻眼」、傾聽過程中的「第三隻耳」。

知覺既受文化影響，又反映文化特點。文化是造成知覺差異的一個原因，而選擇什麼內容知覺、如何解釋、認知評價等，又都反映著不同文化。有時，找到知覺差異背後的文化原因，可能是解決問題的最佳方法，也是預防事態惡化的有效方法——人們會對定性爲文化差異的事情予以原諒，而把因認知不同造成的分歧看得較嚴重。

知覺是人類溝通的重要因素，但這個因素常被人們忽略，因爲人們以爲他們所知覺的就是現實本身，並期望別人和自己的知覺一樣。他們忽視了這一點：自己所知覺到的內容，已經被感覺、認知等加工過，可能由邏輯推理塡補了有關缺失內容，或者把不利於自己的資訊丟失或歪曲，已經不是現實本身。

在組織溝通中，知覺的作用主要表現在：

1.在溝通過程中的形成想法階段，如果組織向資訊發出者提供足夠、準確的資訊，就較易形成正確的知覺。
2.在溝通過程的編碼程序中，發出者對情景的知覺將影響到編碼的方式：哪些部分強調、哪些部分省略、哪些部分重要、重要到什麼程度、哪些部分不重要等。

3.個體在組織結構中的位置、組織外部的資訊、個體在家庭中的位置與角色等，都會影響個體的知覺。

4.組織的氛圍會影響個體知覺：組織中自下而上的管道是否通暢？上層管理人員與基層員工的關係如何？中層管理者如何看待自己既接受指令、又發出指令的角色？員工把自己看成是組織大家庭中的一員嗎？這些問題對組織成員的溝通知覺有重要作用。

（二）跨文化溝通中易造成誤解的知覺錯誤

◆偏見

偏見是個人對他人或其他事物持有缺乏充分事實根據的態度。

偏見的特點是以有限的或不正確的資訊來源爲基礎，在跨文化溝通中較難避免。偏見由於能簡化認知過程，對減少文化衝擊有一定防禦作用，所以它在溝通中是難以避免的。但實際這是一種懶惰的方法，它忽略或不花力氣去處理活生生的大量語言和非語言資訊，只抱著虛幻的、不一定是事實的想法，去套用現實，以逃避由於茫然失措帶來的焦慮、不安和緊張。

成見是偏見的一種形式。成見就是透過不完全資訊，不考慮個體成員的差異，而認定整個群體的成員都具有這些特徵。成見在跨文化溝通中是一種很常見的現象，一個人會由於社會流行觀念、家庭觀念影響、歷史因素等，對另一群體有一固定看法，並認爲該群體中每一成員都具有這一特點。如我們常說法國人浪漫，並據此認爲自己公司的法國員工個個都是這樣，相處時間長了，才發現有的法國人根本不懂浪漫。

對明智的溝通者來說，正確認識跨文化溝通中的模稜兩可、模糊情景，對其有足夠的心理準備，意識到偏見給溝通帶來的弊端，要有拋棄偏見的決心。

◆先入效應

和成見一樣，這也是一種先入爲主的認知。或由於有成見，在觀念上有預先的假設，或由於第一印象，形成對人的固定看法。它也是認知上的惰性，其消極作用是有時會影響認知的客觀性。

◆刻板印象

刻板印象是一種過度類化，根據某一群體的共同特徵而將其分門別類，並作爲認知固定下來。這是偏見的認知成分。有的外方管理人員看到一個中方員工工作效率不高，就認爲所有的大陸人都很懶惰，因而主張採取X理論，制定嚴厲的監督管理措施。即使現實證明一個人的刻板印象是錯誤的，在認知上對其錯誤進行主動糾正也有一定難度。

◆暈輪效應

它是指根據不完全資訊對被知覺對象作出的整體印象與評價，它的實質是以點概面。一個外方管理者因其中方合作者屢次在開會時遲到，而認定其沒有責任心、對工作不重視。雖然中方管理者在實際工作中的表現非常出色，外方管理者還是對總部彙報他表現不佳。直到總部來了解情況時，才明白其中的文化誤解：中方管理者是非常重視工作、有責任心的，之所以開會遲到，是因爲要在「老外」面前拿拿架子，不讓中方員工說他對外國人奴顏婢膝。外方管理者這才意識到，用守時與否作爲衡量對工作的態度，只在西方文化環境中行得通，在大陸不一定對。

6.2.2 價值觀

(一) 價值觀的涵義

價值觀就是個人或社會對某種特定的行爲方式或存在的終極狀態，比對與其對立的或相反的行爲方式或存在的終極狀態更喜歡的一種持久的信念。其特點是具有穩定性和連續性。

價值觀的核心是信念。信念指對某一命題、陳述或學說在情緒上的接受。

從心理學上看，價值觀由三部分組成：(1)認知成分，主要指信念、世界觀；(2)情感成分，指體驗到的價值觀正面或負面的情緒或情感；(3)行爲成分，指根據認知成分和情感成分而採取的行動。異文化衝突經常由行爲表現出來，但造成的原因則往往是認知和情感成分。改變或修正價值觀一般從認知和情感上入手較易見成效。

文化價值觀是文化背景的一部分，它規定一定文化單元中的好壞、對錯、是非、眞假等標準，是人們思維和行動的一個準則。

案例2

如一外方管理人員發現，讓中方員工做好自己工作地點的清潔衛生很難，尤其是隨地吐痰、擤鼻涕等習慣難以糾正。他就經常有意識地在車間裡表演如何吐痰、擤鼻涕在手絹中，他以爲這種言傳身教能感染員工，想不到他在餐廳無意中聽到的一段對話，讓他再也不願在公眾面前做這個動作了：

「你看到了吧，咱們的主管好像又傷風感冒了，一個勁兒吐痰、擤鼻涕。」

「別提了，再提我就吃不下去飯了，他好噁心呀！竟然把那麼髒的東西包在手絹裡，而且還放在口袋裡。」

「是呀，這麼髒，眞讓人受不了。」

這位主管後來才明白，在大陸，髒的東西留在自己身上是不潔的，把痰吐到地下在大部分人看來是「乾淨」的；而在他自己的國家，髒的東西暴露在別人面前是不乾淨的，放在自己身上是「乾淨」的。

這位主管後來提出的建議是：聘請香港美容師直飛過來，到企業爲員工講解個人形象設計，並爲員工免費理髮、美容。員工個人形象改變了，不僅精神面貌爲之改變，而且爲了讓環境與整潔大方的個人形象協調，主動保持環境整潔。考慮到中方員工不習慣用手絹把「髒」東西放到口袋裡，就在車間擺放了痰盂、捲筒紙等來解決。至於隨地吐痰、擤鼻涕，很少有人再這樣做，偶爾有，也會遭到大家一致批評。

這位主管直接改變員工行爲的做法失敗了，但他從認知和情感入手的努力，獲得了成功。 ⊙

（二）東西方文化與價值觀

◆東西方文化的差異帶來了價值觀的迥異

美國學者K．S．希特朗和羅伊．T．科克戴爾在《跨文化傳統的基礎》一書中，對西方文化、東方文化、美國黑人文化、非洲文化和回教文化進行了對比研究，他們發現：

在西方文化中占首要位置的價值是：個性、效率、守時、爭先、金錢、男女平權、教育、率直、尊重青年、靈魂拯救等；在東方文化中占首要位置的價值是：和睦、謙遜、權威主義、感恩戴德、集體責任感、熱情好客、人的尊嚴、愛國主義、尊重老人、財產繼承、耕地崇拜、環境保護等。

在東西方文化中都占有重要地位的有：社會等級、膚色、宗教、男子漢氣概等。

◆各種不同文化中的理想人

美國學者凱勒．史密斯（Kyle D. Smith）、塞達．史密斯（Seyda Turk Smith）和約翰．克里斯多福（John C. Christopher）對幾種不同文化中的理想人做了調查研究，發現（品質按其選擇頻度排序）：

對一百九十七名台灣人的問卷調查表明，理想人應該是有愛心、體諒別人、獨立、樂觀、樂於助人、心胸寬廣、有遠大目標、身體健康、對人友善、負責任、積極、受過教育、關心別人、家庭生活美滿、坦誠等。

對二百零二名美國大陸人的問卷調查研究發現，理想人應是：關心他人、慷慨、誠實、幫助他人、有感情、友好、幽默、熱情、傾聽、可信賴、有禮貌、開放、理解、同情等。

對一百五十一名菲律賓人調查發現，其理想中的人應該具有：誠實、關心他人、幽默、理解、熱心腸、慷慨、有感情、幫助他人、考慮周全、社會化、友好等。

對一百四十八名土耳其人的調查得出結論，其理想人應具有：受尊敬、誠實、無偏見、勤奮、幫助他人、聰明、有遠大目標、成功、寬容、溝通良好、善待人和生物、不自私等。

基於不同的文化價值觀，不同文化形成了對理想人的不同品質描述。在企業中，不同文化的員工會用不同的理想人形象去評價他人的言行，影響相互的人際關係，甚至管理風格。

◆美國員工價值觀與其他文化的對比

美國學者施沃茲（Schwartz）用價值觀調查表對美國人的價值觀進行研究，結果將美國人的價值觀分爲四類（後又分爲十類）。用該量表對大陸企業的二百零九位員工和美國企業的六十六位員工進行問卷調查的結果表明（吳榮先，1997）：美國員工的價值觀結構完全符合施沃茲的四種價值觀體系，大陸員工的價值觀與施沃茲的四類或十類價值觀有差異。對美國員工重要的價值觀對中方員工不一定重要，中方員工非常重視天倫之樂（小康生活、自在、家庭安康、健康、敬重父母與長者、富有、快樂、世界和平）、重視生活中的可控制性（自立、國家安全、富有、眞摯的友誼、社會秩序、自由、獨立、世界和平、平等），還重視個人資源（家庭安康、健康、富有、成功眞摯的友誼、能幹、學歷）。大陸員工不喜歡尋求刺激（刺激性、多彩的生活、好奇、競爭性、冒險）和競爭（有影響力、競爭性），同時也不希望受到思想的束縛（隨遇而安、溫和、天人合一、自律、尊重傳統、服從、虔誠、超脫），不希望在自己和他人之間存在相互影響和相互控制（權力、社會權力、有影響力、服從、權威），不希望消極順應自然和順應社會（適應、超脫、虔誠、隨遇而安、天人合一、服從、超脫），而希望從社會適應中爭取主動性。由此可見，美國員工的價值觀有其特殊性，不一定能適用於異文化背景。

美國人價值觀的獨特性還表現爲：

實用。美國人認爲實用的東西才有價值，不實用的東西就沒有價值。但有時其他文化認爲有實用性的東西，美國人並不認爲其有價值，這一點往往形成美國員工與他國員工在企業目標、市場定位等方面的衝突。

效率。美國經濟就是在效率的基礎上運作的，衡量效率的標準是成本和收益。而在其他文化中，效率可能是由滿意感、愉悅感等來衡量。

物質主義。美國人用財富、豪宅、名車、豪華遊艇等物質來衡量。事業成功與否也是用收益、現金流、財富聚積等來評判。而在其他文化中，成功可能以爲企業做多少貢獻、是否獲得社會承認、有多少休閒時間等來衡量。

工作倫理。努力工作被看作美德，它不僅提高自尊，而且給改善生活提供可能性。而其他文化有可能強調休閒、輕鬆地生活、盡可能避免做太多工作等。在合資企業中，美國人傾向於把後者看成是懶惰、胸無大志的人，而忽略了文化差異。

對變化的態度。美國人在看到變動的好處之前是不會願意改變的，有時表現爲對變化的抵制，但與那些認爲「變化是不好的」、鄙視變化者的文化比起來，美國人又是善於變動的。

隱私。不論是在工作中，還是在生活中，美國人都習慣擁有隱私權。而在人口密度高、人際距離小的文化中，就會缺乏隱私權，個人空間泡（personal bubble）也小得多，在後一種文化環境中工作的美國人，往往把他人的關心當作是侵犯個人隱私，從此不願與此種人交往。他們不理解這種在美國文化中的「侵犯」，在另一種文化中實際是一種善意和關心，與打探隱私無關。

個人主義。美國人強調個性化，追求和儘量表現與眾不同的方面。而有些文化提倡從眾、同一，不願和別人不一樣，而且標新立異者往往會受到社會的譴責。在這種文化環境中工作的美國人往往因太自我而被當地人打入「另類」。

競爭。市場經濟造就了美國激烈的競爭及人們的競爭意識。而有些文化認爲競爭是不好的，提倡合作，儘量避免競爭。在這種文化背景下工作，美國人有意識地強化競爭的做法常會遭到抵制。

不正式。美國人穿著隨便，相互之間稱呼第一個名字，很少有禮儀，不講求正式。而有些文化對服飾、禮儀、言談舉止有明確規定，所以有些美國人到了國外，由於表現太隨便，而被認爲是不尊重別人、不把工作當回事。

平等。美國自認爲在平等方面走在其他文化前面。有些文化存在種姓制度、性別歧視、年齡歧視、宗教歧視等，美國人到這些文化地區，有時會做出讓當地人感到出格的事。

（三）價值觀對管理的影響

由於文化價值觀不同，不同文化價值觀的管理人員有不同的管理行爲，員工行爲與管理人員或企業行爲往往相衝突，這是企業管理所遇到的最困難的事情之一。合資企業管理的協調功能，很大一部分就是在管理人員及員工價值觀上的協調。而跨文化企業共同管理文化的形成，關鍵就在於文化價值觀的協同。

管理人員的價值觀對管理的影響具體表現在：

1.對其他個體或群體的看法影響其人際關係。

2.對解決問題方法選擇的偏好。

3.衡量他人行爲是否道德的標準。

4.企業文化、組織目標與自身價值觀的吻合程度，從而對其接受或拒絕。

5.選擇的人力資源管理的方法和手段。

最佳管理不是讓跨文化企業中只存在一種文化價值觀，而是讓員工意識到多元文化價值觀的存在、發現他人重要的價值觀，並能夠理解他人的價值觀，在解決問題時考慮：哪些是由於價值觀不同而引起的分歧？哪些是技術性的爭端？對前者予以充分的理解，對後者可以予以充分論證。

案例3

一個合資企業人事主管在培訓時給員工講了這樣一個案例：

「有一個公司規定任何人走進車間都要戴安全帽、穿絕緣靴，並有一個員工專門負責監督此事。有一天，該公司董事長親臨視察，在他進入車間時，負責安全的人攔住了他，用緊張得發抖的聲音說：「我知道您是董事長，但除非您按規定戴好安全帽、穿好絕緣靴，否則您不能進入車間。」董事長制止了想要批評安全員的管理人員，戴好帽子、穿好靴子才進入車間。」

培訓主管的本意是希望大家討論得出這樣一個結論：每個人都必須遵守規則，連最高層管理人員也不例外。但他沒想到中方員工說：「這個安全員太不識相了，別看董事長這次沒說他，沒準想批評他的管理人員下次就會給他穿小鞋。」美方員工說：「如果眞的是規則面前人人平等，爲什麼那名安全員會緊張得聲音發抖？」德方員工說：「如果從董事長到普通員工，大家都能遵守規則，爲什麼還要設一個專人來管這件事？」法方員工說：「我們對這條規則本身表示懷疑，它到底是保護工人利益的，還是只用來管理工人的？如果是保護工人利益的，爲什麼董事長沒有自覺遵守規章制度？」主管聽得汗都冒出來了。他經歷了一次不同文化價值觀的衝擊，這是他在國內培訓所沒有遇到的。 ⊙

6.2.3 全球化引起的企業溝通障礙

全球化趨勢一方面創造了新的溝通方式、手段和機會，另一方面，國家、民族、文化差異又使組織在全球化進程中遇到了來自內部和外部的溝通障礙。

（一）組織內部的溝通障礙

◆勞動力多元化

勞動力構成在民族、國籍方面越來越多樣化，有的跨國集團和合資企業中有來自幾個國家的員工，他們在語言、行爲方式、生活方式、價值觀念等方面都存在差異，員工之間、員工與管理者之間都存在一定的溝通困難，而這些成員必須學會合作共事，管理者必須學會用能被不同群體接受的方式與其溝通。

◆組織層次及部門繁多，增加了溝通難度

一些大型跨國公司、合資企業因規模大，所以組織層級數目繁多，資訊在傳遞過程中被過濾的可能性就更大。資訊過濾（filtering）是指資訊發送者根據自己的偏好，有意操縱資訊，使資訊顯得對接收者更爲有利的一種行爲和過程。如對眞實資訊進行壓縮，只說上司想聽的話，就是一種過濾。由於每個層級都對資訊進行過濾，所以最後高層管理者得到的已是失眞的資訊。

（二）組織外部的溝通障礙

組織外部的溝通障礙主要有：資訊多元化、社會文化多元化、組織外部和相關溝通對象多元化。

◆資訊多元化

由於資訊的來源是全球範圍內的，所以對資訊正確解碼的難度就大大增加了。有時同一資訊在不同國家的涵義可能不一致，如「紫羅蘭」作爲男式襯衫商標，在大陸被消費者認爲是很富有浪漫氣息的，而在西方被認爲是暗指性變態者，所以這種商標的男式襯衫在西方國家滯銷；有時資訊來源使資訊的準確性和眞實性不夠，如一個跨國公司在他國買地蓋工廠，想利用廠房旁邊的河把甘蔗從產地運輸過來，加工成糖。等一切就緒，才發現甘蔗成熟季節，正是河水氾濫之時，根本沒有辦法運輸。投資失誤的主要原因在於進行可行性研究時，研究者沒有把和自己國家不同的季節因素考慮在內。

◆社會文化多元化

主要指社會活動的各個方面都打上了跨文化的烙印，從人們日常的用品、組織對外溝通的對象等，無不在全球化進程影響下。組織必須考慮不同國家經濟水準、社會傳統、信仰、價值觀等的獨特性，以此確定自己的市場策略、管理風格等。在美國國內以高效率、強硬著稱的談判專家，在中東談判中未必是高手，因爲中東阿拉伯地區強調談判中人際關係的重要性，其節奏要緩慢得多，強勢風格易讓談判對手有被冒犯感。

◆組織外部和相關溝通對象多元化

組織外部的溝通對象包括有關機構、部門、群體或個人，由於全球化的深入、相互依賴的增加，各組織之間有著千絲萬縷的聯繫，能否與其他組織良好溝通是企業生存和發展的重要條件。如何獲得東道國政府和金融機構的支援，如何與供應商、銷售商保持密切的合作，甚至如何與東道國競爭對手保持健康的競爭關係，都增加了組織相互間溝通的難度。

6.2.4 影響跨文化企業內部溝通的因素

(一) 溝通者的因素

在組織溝通中，人的因素，尤其是溝通者之間不同的文化、背景、經驗和動機等使得交流變得困難。主要有：

◆不理解所聽到的

由於「聽」在人們的溝通中占大約一半時間，所以聽懂他人的話就很重要。但在跨文化溝通中，由於文化、語言相異，思維習慣不同，或所談內容為聆聽者所不熟悉，不理解對方在說什麼的情況時有發生。有時即使語言上可以聽懂，意思上仍有可能不懂。

◆作判斷的傾向

個體出於本能，傾向於對自己聽到的資訊作判斷：哪一部分是重要的、哪一部分是不重要的，並由此決定強調或省略某些資訊。但一個人的判斷可能與另一個人不同，資訊在傳遞過程中就有可能把眞正重要的部分缺省掉。透過提高個體的傾聽技巧、用書面方式傳遞資訊有助於克服這個障礙。

◆補全缺失資訊的傾向

對於溝通過程中不完整的資訊，個體有補全缺失資訊的本能。如果新添加的內容與原資訊不一致，溝通效果就會受影響。提供完整資訊對克服這一點有幫助。

◆「全都了解」的心態

有一種人當他們認爲自己知道所有的資訊時，就會關閉溝通中傾聽和接收的通道。自我心態在其中起作用——他們不願承認自己的無知，不願對自己的判斷提出質疑。對這種人，在語氣上要注意保全其面子，可以用「正如你所知道的……」或「如你所意識到……」的假設句，讓其繼續接收資訊。

◆知覺差異

個體在知覺上的差異是溝通的障礙。個體對同一件事的觀點、結論可能不一樣，跨文化溝通中的這個障礙很難克服，因爲每個人都是透過自己的獨特視野來看世界。使用明確、具體的詞，而不是模糊、抽象的詞，傳遞事實而不是結論，會有助於克服這個障礙。

◆社會定型

社會定型指人們頭腦中存在的關於某一類人的固定形象，它是社會知覺恆常性的表現。如人們常有的：黑人都是超級運動員、吉普賽人都是算命的等。有一個腦筋急轉彎題目可以說明社會定型對人們的影響之深：

一個小男孩在車禍中受了重傷，而他父親在車禍中喪生。人們把小男孩送到醫院急救。一個世界著名的外科醫生走了進來。這位醫生看了一眼小男孩，馬上說：「我不能給這個男孩手術！他是我兒子！」請問這是怎麼回事——男孩的父親已在車禍中喪生了呀！

大部分人需要思考後才能回答這個問題。答案是醫生是男孩的母親。爲什麼人們不能一下回答出來？因爲在社會定型中，外科醫生很少由女性擔當。如果情節改爲：

一位護士走進來，看了一眼，驚叫起來：「這是我的兒子！」

人們就能馬上反應過來這是孩子的母親。溝通中的社會定型很難克服。最好的辦法是儘量少用會引起社會定型反應的字眼，如性別、種族、宗教、民族、行業等。

◆兩點思維方式

人們在溝通中的一個思維傾向是把事物過分簡單化，用好和壞、對和錯、能幹和無能等進行歸類。這種極端思維方式不能適應現代複雜化、多樣化的社會。組織中一些人不同意管理層的決定，並不等於反對，在同意和反對這兩者之間還有不支持這個緩衝帶。克服兩點思維方式的一個方法就是：提醒自己找到兩個極端之間的連續帶。

◆不假思索，脫口而出

快節奏的工作及生活，使很多人養成了「先說後想」的習慣，一些習慣在網路上完成溝通的人也有「先伊眉兒（E-mail），後細思量」的情況。未加思索便出口的反應，有時不夠理智，帶有一定的衝動性，常常使接收者處於防禦狀態，由於溝通的特點之一是不可逆性，所以這種衝動對雙方建立信賴關係不利。

◆維持現狀，拒絕變化

大多數人對離經叛道的做法持否定態度。抵制變化是人類本能最強烈的法則之一。變化的力度越大，人們的抵制越強烈。對此，管理人員要逐步而耐心地向員工通報準備採取的新措施，並解釋爲什麼要改變，而且說明新措施與舊措施之間的關係。良好溝通能緩解人們對變化的不安、畏懼等，人們只有在理解後才會採取行動。

◆非正式群體的存在

非正式組織最早由梅奧（George Elton Mayo）透過霍桑實驗發現。它主要指在正式組織中自然形成的一種無形組織，不是正式的聯合體，爲滿足生產以外的某種心理需要而產生。在非正式群體中，資訊可能會發送，或不被發送，或被歪曲，或被改變。改進方式是儘量讓非正式群體的目標與正式組織一致或不衝突，鼓勵非正式群體中的重要溝通者傳遞準確資訊。非正式群體在不同的文化中扮演的角色是不同的。在大陸和日本，人們非常重視非正式群體對自己的接納，如果自己的做法遭到非正式群體的反對、排斥，就會修正自己的行爲，如一位中方員工受到外方管理者的當眾表揚後，在非正式群體中受到指責，說他「爲外國老闆賣命」。爲能夠繼續和非正式群體溝通，他改變自己的行爲，不再幹得那麼出色，和非正式群體的整體氛圍一致。

◆害怕傷害員工感情

管理者知道員工對自己的反應很注重，所以有時對批評員工總是心存顧慮，擔心自己這樣做會傷害員工的感情。有時甚至在表揚員工時都顯得猶豫不決。這種心態會妨礙組織溝通。對此的解決辦法，是在平時的溝通中就和員工建立良好的合作與相互理解關係，對員工的批評不一定要以傷害員工的感情爲代價，對做得不好的員工，可透過向其提供榜樣、指導者的方式，使其有所改進，而對做得好的，予以及時表揚，達到最佳的激勵效果。

◆人類心智的局限

客觀事物的複雜度和數量超過個體的接受限度時，就會出現溝通障礙。特別是對新員工，剛開始的一段時間裡，對規則、操作過程、遇到困難如何處理等不知曉，如果培訓做得不好，適應工作就變得艱難，度過適應期後，一切就會得心應手。解決方法是對新員工提供循序漸進的指導，對其所遇到的問題進行詳細解答，並專門爲新員工準備書面的指導手冊。

案例4

如一家合資企業從眾多應聘者中挑選了一位新秘書莎莎。因前任秘書已於半個月前離開，所以上班第一天，辦公室主任領她匆匆忙忙到各個部門轉了一圈，大致交待了她的職責，就讓她獨當一面，開始正式工作。莎莎正望著前任留下的一大堆文書發愁，有人告訴她：「總經理在叫妳。」她匆忙走到總經理辦公室外，正在接待客人的老總正衝她打手勢。她看不懂，很緊張，茫然地搖搖頭。老總有些不耐煩地走出來說：「Two cups of coffee.」等莎莎分別找到杯子、咖啡和水，把它們送進總經理辦公室時，客人已起身告辭。總經理有些不高興，但沒說什麼，接下來就口述三封信，讓莎莎記錄。莎莎發現老闆的英文帶有很重的口音，她不習慣，老闆又說得快，她的速記不太好，只能用中文記錄，加上有些業務方面的名詞她聽不懂，只能硬著頭皮一次又一次地問。總經理後來說：「怎麼比我自己寫信都費勁。」

打好信，爲找到收信人的地址，莎莎不得不在文書中翻騰半天。這期間，又有人來查文檔、要打字……下班時，高度緊張一天的莎莎覺得累極了，她對自己能否勝任這份工作開始懷疑。事情太多、太難、太快，她覺得自己難以接受，而且她覺得人際間距離比她想像得大。接下來的幾天中，她一直在這種感覺中度過，每天都疲憊不堪，臉上總是掛著緊張兮兮的表情。周圍的人都覺得她是一個效率不高、不太能幹的秘書。一星期後，莎莎辭職。她說：「我承認我不太能幹，但你們從一開始就把我當作在這裡工作了很久的秘書，你們忘了，我只是一個新秘書。」

半年後的一天，辦公室主任偶然在另一家公司發現正在當秘書的莎莎，他順便向該公司的人問起莎莎的情況。對方說：「這是我們公司有史以來聘到的最能幹的秘書。她的前任對她培訓半個月後，她就基本能獨立工作了。我們現在都離不開她了。」辦公室主任陷入了沈思——當初莎莎沒做好，到底是自己公司的原因，還是莎莎眞的沒能力？ ⊙

(二) 非溝通者的因素

◆空間距離

空間距離的增大，往往會減少溝通的數量。對跨國公司來說，直接把總部的決定通知子公司，遠比先打長途、寄文件徵求其意見，等回饋傳送回來，進行修改後，再通知下去要方便得多。現代通訊手段的發展，已爲解決這個問題提供了物質可能性——透過網路，人們可以便捷、快速地溝通，完全不受空間距離的限制。公司可以透過建立自己的全球通訊網、資料庫，以保證其溝通管道暢通無阻。

◆組織結構的距離

組織層級結構中的距離會影響溝通。如果自下而上、橫向和縱向的溝通管道都不完善，良好的溝通就很難建立。對此的解決方法是：建立有效的組織溝通結構和機制，包括橫向、縱向的溝通管道。

此外還有語義歧義、缺乏詞彙、語言技巧等因素，這些將在後面詳述。

6.3 建立有效的跨文化溝通

6.3.1 語言溝通

（一）語言在跨文化溝通中的作用

◆語言的文化內涵

語言是文化的載體和直接表現形式，除了字面意思外，每一種語言還有其獨特的文化內涵，與文化之間都有千絲萬縷的聯繫。人們主要是用語言（口語和書面語）這種形式來表達、傳遞自己的情感、思想，語言在溝通中的作用是其他任何東西沒法替代的。在組織中，最好的計畫、決定、方案都是透過語言來讓他人知道的。正確使用語言，是溝通有效的必要條件。

但有時管理者過分注意自己的遣詞造句，就會忽略對員工的態度，而員工在接受資訊時，則把態度看作資訊重要的組成部分，管理者的冷淡態度會使員工不願意接收資訊。

語言文字的使用是很微妙的。儘管接收者的理解會影響對資訊的解碼，但發出者的用詞是造成語義歧解的主要原因。

案例5

小雯是外語系畢業的高材生，應聘到一家中外合資企業當了職員。她負責各種信函的回覆。這天小雯擬好兩封信，請經理過目簽字。經理看完信，向她指出有兩句話欠妥。一句是「You claimed you paid your bill on this month.」經理説：「這句話從字面上看沒什麼語法錯誤，用詞似乎也沒錯，但我們的客户接到信後會有意見，因爲你用了claim這個詞，其隱含的意思是説你自稱這樣，但我們不認爲這樣，我們不相信你。」另一句是「We are granting you loan for 20000 EU.」經理説：「這句和上句一樣，都是隱含著字面以外的意思，granting傳遞出的意思是：我是上級，我有權決定你的事務，是一種對客户居高臨下的態度。」小雯沒想到自己在學校時學的東西在這裡遭到挑戰。她感到僅用字典上的意思來寫東西是不夠的，自己對語言文化背景的了解還太少。她仔細看了經理重新寫過的兩句話：「We believe you will pay your bill as you said...」、「Your loan has been approved for...」 ⊙

◆翻譯過程中的文化資訊損失

翻譯被稱爲再創作的藝術，因爲在翻譯過程中，另一種語言中的文化資訊有時很難在本民族語言中找到對應物，這部分資訊要麼翻譯者本人也沒有察覺，要麼只能意會不可言傳。

成語、詩歌等這類歷史、情感、文學積澱較深的語言文字，一向爲翻譯中的難點。成語、俚語、典故等，常會造成翻譯上和溝通上的誤解。在中蘇兩國邊界談判中，蘇方堅持雙方談判的基礎是：中方承認以前俄國侵占大陸的領土合法，中蘇兩國不存在領土爭端；中國立場與此相反。中國代表對蘇聯蠶食中國領土的行徑表示憤慨，說蘇方這是「得隴望蜀」。不想第二天蘇方代表提出抗議，說中國代表污蔑他們對中國的甘肅、四川有領土要求。中方代表感到莫名其妙，後來才明白，翻譯不懂「得隴望蜀」是個成語，就把它照字面上的字義來翻譯了。

有時資訊接收者按本國語言文化來詮釋其他語言，會增添原資訊中所沒有的色彩。如有一個公司管理者因一個誤會而向他的合作者——一位漂亮的外國女士致歉。她說了句：「Let it just like water under the bridge.」管理者不很明白這句話的確切涵義，猜測是「流水無情」的意思。如果眞是這樣，在大陸成語中，「流水無情」總是和「落花有意」連在一起，不知這位女士是否也在暗示「落花有意」？管理者回來後請教了別人，始知：這句話的意思只是「過去的事情就讓它過去吧」，沒有絲毫感情暗示。一個新的誤會這才消除。有一位員工在加班時上司對他說了句：「You work like a dog.」當時他還有點不高興，以爲上司是把他的疲憊相比喻成dog，向人請教始知是表揚他工作努力。後來他把這句話活學活用在另一位外方女同事身上，誇她：「You look like a dog.」女同事並沒有像往常那樣說：「Thank you.」他覺得很奇怪，問原因，才知自己一詞之差，是在說女同事「妳好醜啊！」還有一位到外方同事家做客的中方員工誇主人家的孩子說：「Your baby is very naughty.」主人夫婦聽了面面相覷，他連忙求助於在場的其他中方人員，才知他本意想說的「您的孩子頑皮可愛」，在主人聽來是在說：「您家的孩子有些賴兮兮的。」因爲naughty一詞帶有貶義。他趕緊按別人教給他的「Your baby is very active.」去糾正。這種因語言而造成的誤解不勝枚舉。

如果說在交談中的語言誤解只是造成禮儀上的失禮，那麼企業行爲、貿易中的文化誤解就有可能造成經濟損失。如在中國傳統文化中，「蝠」與「福」諧音，所以「蝙蝠」也因此而被當成是吉祥的象徵，有些商品就用「蝙蝠」來命名，如「蝙蝠牌」燈和「蝙蝠牌」吊扇等。但英國文化中把蝙蝠當做瘋狂而眼瞎的吸血動物，沒有一點吉祥之意，所以，當此類商品銷至英國時自然不受歡迎。大陸「紫羅蘭牌」男襯衣，曾因其浪漫的商標名而得到顧客的青睞，但銷到西方後，翻譯成英文，除了其本身的涵義外，還暗指「沒有男人氣的男性」、「搞同性戀的男人」，襯衣雖然品質好，男士卻不敢買。「帆船」也因其遠航之意而爲大陸企業青睞，但作爲外銷商品，這個名字未必合適，因爲翻譯成英文後，Junk除指船外，還有「假貨、破爛」之意，誰敢買自稱爲假冒僞劣產品的東西 ?!「白象」也是爲大陸人熟悉的商標名，但外銷時直譯不一定最佳，因爲White Elephant還有「累贅、無用」之意。可見，要注意外銷商品的商標名稱在其他文化中的涵義，因爲商標名稱本身就是一種文化載體。

國外有些名稱或商標翻譯成中文後，其原有的涵義會消失。如有一家外國眼鏡公司用OIC作爲商標，不僅巧妙地把一副眼鏡的構圖融入其中，而且其發音連起來還是一句話：「Oh, I see!」（噢，我看見了！），風趣幽默。但這個商標在大陸，其風趣性只能爲懂英語的一部分人欣賞。一些巧妙的翻譯等於是給予原詞新的生命，如大家熟悉的「百事可樂」，其英文原名是Pepsi-Cola，其中Pep的讀音使人聯想起飲料的泡沫氣體，si使人聯想起開瓶時的嘶嘶聲，其音調的高低起伏確實讓人有美妙聯想。但在打入大陸市場時，該公司充分考慮到潛在消費者的文化特點，沒有簡單地直接用音譯，而是結合音譯和當地文化，重新命名了新的商標名稱「百事可樂」，既有吉利之意，又保留了一定原讀音的特點，可以說是一個成功典範。

◆可能存在的交談語言情況

跨文化溝通時，在傾聽中存在的主要問題是說者和聽者之間的知覺、語言不一致，其情況有下列幾種：

雙方語言不通，透過翻譯交談。這種方式對翻譯的依賴性過大，有些資訊在翻譯那裡就丟失了；翻譯有可能把談話雙方沒有的一些情感、資訊加進去；談話雙方對回饋等待的時間過長，影響思維的連續性。如有兩家企業正在談判成立一家合資企業的事宜，雙方透過翻譯溝通。前兩天，中方覺得外方語言貧乏，翻來覆去都是那幾句話，對對方的素質產生懷疑，對合作有否定傾向。後兩天因男翻譯生病，又換了一個女翻譯。中方發現對方的語言一下豐富起來，語言中包含的訊息量也一下大起來。中方覺得很奇怪，不知對方怎麼會有這麼大的變化，後來才知道是前一個翻譯「貪污」了許多資訊的細節。

雙方使用第三種語言。這對雙方都是外語，語義歧解的情況更容易出現。由於是使用非母語，精神緊張度較高，雙方很容易疲勞、注意力不集中，從而降低溝通效率。

某一方持另一方的語言，但為非母語。對非母語的精通程度會影響溝通有效性，如沒在所持語言國家生活過，對語言環境、文化的陌生，可能會造成雙方使用同一個詞，但表達的語意完全不同。

雙方使用同一種語言，均為母語。這種情況最為理想，最有利於溝通和傾聽。這時影響溝通的主要因素有：語言的地域特點如何；雙方的經濟地位、社會階層、價值觀是否差別不大；雙方是否對談話內容都了解，且感興趣。

◆口語交流和書面語溝通

語言交流的形式有多種，口語和書面交流在組織的不同層面起不同的作用。不同文化、不同溝通層面對溝通形式的要求不同。中國人在正式溝通中更重視書面形式，而一些外方管理人員習慣於口頭傳達指示。一位美方管理人員在國內常用口頭的形式，給下屬說明任務。到大陸來以後，他開始也常常這樣做，但經常有下屬要求：「請您把任務用書面的形式寫給我吧！」他問：「是我什麼地方講得不清楚嗎？」下屬說：「不是，有了書面的文字，我們就可以拿給其他人看，表明是您讓我做的。」他對此困惑不解：難道口頭上告訴他人，就無效了嗎？很久後他才明白，在大陸，這不光是在大陸的契約觀中，書面比口頭更正式──口說無憑，立字為據，還是下屬不敢承擔責任的一種表現。白紙黑字，鐵證如山，出了事就由他本人負責。這和美國個人負責的文化傳統很不同。

在研究中外合資企業時，有的學者發現大陸員工對以圖形、表格等形象化的內容，學習速度要比純文字快。所以他建議對員工手冊、各項規定都盡可能配以輕鬆的插圖。這種學習模式可能和中國的漢字的特點──象形文字以及人們的思維特點有關。

（二）傾聽

一位哲人說過：「人之所以生就兩隻耳朵一張嘴，就是爲了多聽少說。」據美國學者阮肯（Paul T. Rankin）統計，一個人在醒著時，有70％的時間用在某種形式的溝通上，而其中9％的時間用在書寫上，16％的時間用在閱讀上，30％的時間在說話，45％的時間則在聽。可見，傾聽在人們的溝通中占有重要地位，它幾乎占去了人們溝通時間的一半。

人們說話的語速一般是每分鐘一百二十五個字左右，而人們的大腦能接受每分鐘五百個字的聽話速度，也就是說，在日常交談中，人們有足夠的時間來思考他人所說的話。

「聽」和「傾聽」有區別，聽只是被動的行爲，而傾聽是積極、主動的行爲；人們可能聽不懂自己正在聽的內容，但對於傾聽，人們不僅聽得懂，而且還對說話者賦予一定的共感，在情感上予以理解。

傾聽中的遺忘是影響溝通的一個因素。人們在傾聽完他人說話的數分鐘後，就只能記住50％的內容，四十八小時後，只能記住原資訊的25％。資訊的遺忘常會降低溝通的效率。

那麼如何提高跨文化溝通中的有效傾聽呢？

◆對傾聽者而言

要全神貫注地聽。表面上聽得很專心，不時地點頭稱「是…是…」、「哦…哦…」，實際上思想如脫韁的野馬，不知在何處神遊，或抓緊時間在腦子裡打自己的「小九九」，想自己的事，這種壞習慣嚴重影響溝通效果，實際上浪費雙方時間，不能解決任何問題。對此可以用時時自律、提醒自己、在認知上對傾聽的重要性予以充分肯定等方法改掉。

邊聽邊思考。傾聽者可以邊聽邊完成以下思考：對方前面主要說了什麼問題？後面將會談到什麼？對方沒說出來的、隱含的意思是什麼？哪些是事實？哪些是談話者得出的結論？

傾聽者要學會分辨事實和結論、談話和談話者。不要輕易接受結論，而要用自己的價值觀、文化背景作一解釋；不要因談話的人而接受或否定全部談話，要儘量客觀。

做筆記。可透過做筆記，把不明白的問題記下來，在談話告一段落時向談話者提問，而不是以自己的主觀猜測來填補。這對正確理解談話者的本意很重要。

從行政體制改革方面入手。如果是組織的氛圍使得傾聽者對企業的目標、前景毫無興趣，從而影響了傾聽效果，那麼就不能單靠提高傾聽技巧來解決問題，可能要從行政體制改革方面入手。

◆對談話者而言

找到雙方都能接受的談話速度和傾聽速度。一般情況下，跨文化溝通時，這兩者的速度都低於同一文化中溝通的速度。放慢速度有時便於談話者選擇更恰當的詞來表達語義，母語和非母語之間的轉換需要時間。

放鬆。首先自己要放鬆，對跨文化溝通不要有太多顧慮，緊張、不安、恐懼都會讓自己表現失常，不僅會詞不達意，而且讓傾聽者誤會或猜測這後面的原因。

誠實、可信。談話要誠實、可信，誠意會使雙方都放鬆，且易建立依賴關係。談話要有內在邏輯聯繫，考慮對方思維習慣，盡可能條理清楚，使傾聽者較易獲得準確資訊。有時，東方人與西方人對話，往往跟不上對方的思路，不知對方前一句話和後一句話之間的邏輯關係是什麼，二者怎麼會聯繫在一起，這和雙方的思維方式有關：東方人重直覺體悟、輕思辨分析，而西方人重邏輯思辨。

與傾聽者在人格上的平等。有時，談話者過分看高或看低來自另一文化背景的傾聽者，如崇洋媚外或有種族偏見、自我優越感等，都會影響其表述方式。

幽默。適當運用幽默，既可以使傾聽者走神的思緒回到談話現場，又是與傾聽者溝通的捷徑。但這個有用的工具不可用得過多、過濫，以免讓傾聽者以為談話者不嚴肅。同時，玩笑一定要避開用傾聽者的文化禁忌作笑料，以免破壞雙方的信賴關係。

肯定對方。不論哪一種文化背景中的人，對讚揚、肯定都是比較愛聽的，所以在表述時，可以運用一些肯定對方的語句、方法，以促進良好的溝通。

解釋。如果是談論對方不熟悉的內容，在使用內部語言規則時就要作一定解釋。如外方人員往往對大陸的一些常用縮略語、流行語大惑不解：「交行」、「高考」、「超生」、「脫貧」、「搗糨糊」、「倒爺」等。有時還有企業內部行話、專用語等，在交流時要注意對方是否理解。

6.3.2 非語言溝通

非語言指溝通中結構化語言之外的一切刺激，包括身體語言、面部語言等。非語言溝通有著重要作用，它包含的資訊往往比語言更直接，但這並不是說可以只注意非語言，而不注重語言。從對非語言基本類型的了解，我們更能理解其文化的特點，以及其文化價值觀的特點。在溝通中，語言和非語言是相互補充、密切聯繫的。

一般說來，非語言溝通包括：語調、面部表情和身體姿態、衣著打扮、空間與相互距離、時間、沈默、色彩涵義。

（一）語調

同樣一句話，用不同的語調來說，會有不同的涵義。如果仔細體察，人們會從語調中察覺談話者眞正想表達的內容。如一位中方管理者對外方員工進行操作講解，講完後他問對方是否已明白。對方只含含糊糊說：「Yeah, uh huh」管理者察覺對方沒明白，又把重要內容強調了一遍，對方這次說：「Thank you very much, I see.」

（二）面部表情和身體姿態

人類的面部表情和身體語言的豐富程度是自然界其他動物望塵莫及的。在面談中，這兩者的特點是流露眞實感情。如果語言表達和這兩者矛盾，那麼，後者是眞實的。一個人一邊說「我同意您的看法」，一邊怒氣沖沖地盯著對方，那麼他眞正的話是：「我根本不同意你！」在東西方文化中，東方人比較含蓄，所以面部表情也不習慣過於直露；而西方人則直爽，習慣把喜怒哀樂寫在臉上。有時同樣一個姿勢，在不同文化中涵義可能不同，甚至相反，如用手指敲打或鑽捻太陽穴部位，在美國表示「太愚蠢了」、「太令人乏味了」，但在荷蘭表示「眞聰明」、「有智慧」。

(三) 衣著打扮

衣著打扮能夠體現人的社會經濟地位、價值觀、審美情趣和職業等。不同的文化對服飾注重的部位、評判的標準是不同的，服飾同樣會造成文化誤解。一個人到異國旅行，當他到一個小山村時，純樸的村民同情地問候他是不是家中有人去世。他對聽到這種問候語很驚訝，後來才明白，是自己穿的藍色鞋子造成的誤會——當地人只有在喪親時才穿這種藍色鞋子！

(四) 空間與相互距離

人需要一定的個人空間，如果有人「入侵」這個空間，就會給個體帶來一種負面情緒。個人空間的大小，在不同文化中有不同的約定俗成。到東方國家工作的西方人，屢屢覺得個人空間被入侵，如果一個美國人和一個日本人談話，我們會發現美國人可能會碎步後退，而日本人會碎步緊逼。如果錄影後用快速放出來，就會像日本人在帶著美國人跳舞，領舞的人是日本人。這主要是美國人的談話空間爲四十六至一百二十二公分，而日本人的談話空間爲二十五公分，雙方據此在不停地調整各自的空間範圍。按美國人的理解，日本人「入侵」了他的空間，所以他感到不安而後退，但按日本人的個人空間定義，他爲了保持適當的距離不得不步步跟上。

在美國，心理學家們定義了四種個人空間：(1)親近空間，是個體伸開手臂的距離，只有親近的人可以進入，其他人的進入會讓個體感到憤怒或逃避；(2)個人空間，從一個人的手臂長度到離身體三到四英尺的距離，這個空間不能被陌生人入侵；(3)社會空間，指距人身體四到八英尺的空間，是社會和工作接觸的距離；(4)公共空間，八到十英尺的距離是人在公共場合的個人距離。合資企業的辦公室空間布局要充分考慮這一點，讓不同文化背景的員工有安全、舒適感。

在組織中，有些空間布局的方式也能傳遞出溝通資訊。如果在辦公室中，有一張辦公台處於中心位置，而且正對著門，一般說來，辦公台的位置就表明：這兒是資訊溝通的中心，所有的資訊先彙總到這裡，再從這裡發散出去。在談話時，雙方之間沒有障礙或只有較低的桌子，則較有利於雙向溝通。

（五）時間

人們總是對比較重要的事情才願意花時間和精力，所以溝通時間的長短本身就帶有這樣的涵義：「我認爲你本人或這件事很重要／不重要，所以我花這麼長／這麼短時間和你溝通。」在溝通開始前誰等誰、誰準時、誰遲到往往都是溝通雙方職位、權力、權威差異所致。不過不同文化對時間的知覺不同，如在西方守時被看作是重要的品質之一，但在大陸，長輩、領導晚到，往往是約定俗成，晚到是他們顯示有威信、擺架子的一種方式，準時更多是對資歷淺者而言。如果是出席宴請，準時到的人往往被別人笑爲「猴急想來吃」。

（六）沈默

儘管不同文化對沈默的理解不同，但也有相同之處：沈默一般被認爲是讓人不舒服的，所以談話中的沈默常用來作爲一種武器——「我不同意」、「我不贊同」等。由於沈默讓人感到不舒服，所以人們要打破沈默，重新開始溝通。在大陸，由於人們性格的含蓄性，所以沈默有時被認爲是「不好意思說的」

默許、同意。

（七）色彩涵義

人類在用色彩裝扮自己的同時，對色彩也賦予了特定的文化涵義，如中國人認爲白色是喪事的專用色；西方認爲白色象徵著聖潔、純潔等。所以溝通者所穿戴服飾的顏色、工作環境、制服的色彩等，都在傳遞一些重要的資訊：溝通者的紅色衣服表示他／她或是性格外向，或是心情比較好；工作環境以藍色爲基調，表明這裡比較需要安靜；如以棕色爲主，就流露出這裡的悲傷、傷感等。

非語言溝通往往比語言交流更直觀、更具體，而且常常是只可意會的，所以對非語言資訊的觀察、解釋很重要。但要注意其文化背景和情景涵義。

本章摘要

◆影響跨文化企業溝通的主要因素有：溝通者偏見、刻板印象等知覺因素和價值觀；溝通者不同的文化、背景、經驗、動機；空間距離、組織結構距離等。

◆要想建立有效的跨文化溝通，必須注意語境、翻譯、傾聽等語言溝通及表情、姿態、空間距離等非語言溝通。

◆體察面部表情、服飾、空間距離等非語言溝通，建立有效的溝通網路，在情境中理解自己和他人的文化，並根據需要進行跨文化培訓。

思考與探索

1.請你根據自己的體驗或在企業中的觀察，舉一個實例說明，由於文化背景不同和溝通不暢，好的決定導致了壞的結果。你是如何看待這件事的？

2.你認為自己在與他人溝通時，存在哪些與文化有關的影響溝通有效性的主要問題？你覺得可以如何改進？請制定出具體的計畫，並在小組中進行討論。

3.請對本章中五個案例進行討論，從中理解文化與溝通的關係。

4.談談你所體驗和觀察到的語言和非語言跨文化溝通特點。你的應對經驗是什麼？

第7章

跨文化企業的組織

7.1 企業的組織結構與設計

美國鋼鐵大王卡內基曾經說過：「如果拿走我的所有資金與設備，只要保留我的人員和組織，三年以後我依然是一個鋼鐵大王。」這從一個方面說明了企業家對組織結構的重視。爲了保證經營管理活動的順利開展，建立起合理、正確的組織結構並建立人才的策略高地，這對於企業的生存與發展具有十分重要的意義。

跨文化企業建立組織結構的過程，實際上就是企業從自身的條件出發選擇適合的組織結構的過程。由於不同跨文化企業的行業、經營環境不同，管理文化與管理經驗也存在差異，跨文化企業的組織結構也就有所不同，然而又都具有一些共同規律。

7.1.1 組織結構設計原理與組織權變理論

（一）組織結構設計理論

「三因素論」是傳統的組織設計理論，這種理論認爲影響組織設計的主要因素有三類：組織規模、生產工藝和外界環境的易變性。

◆組織規模

隨著生產經營內容和範圍的擴大，企業的組織規模就會擴大，同時企業的組織層次、部門類別、部門內的科室、班組和職別的數目同樣也會增加。

◆生產工藝

瓊·伍德沃德等人透過對一百多家公司的分類研究，探討了企業的生產工藝、組織結構與成功、失敗之間的關係。在單位和採用小量工藝，如家具訂作等類企業中，採用靈活、應變能力強的有機式組織結構，獲得成功的比例很高；大量生產工藝，如汽車、彩電裝配線等，適宜採用嚴格而呆板的機械式組織而取得成功；連續自動化生產工藝，如化工廠、染料廠，在這類企業中，採用有機式組織結構就會取得成功。

◆外界環境的易變性

哈佛大學的保羅·勞倫斯和傑伊·洛斯克在三種類型的外界環境下研究了三種組織結構所導致的不同結果。他們將外界環境易變程度分爲高度確定性、確定性適中和高度易變性三種。

以集裝箱行業爲代表的具有高度確定性的行業。該行業技術穩定、銷售可以預測。業務的關鍵就是妥善調度、及時裝運、保證高的品質，宜採用機械組織。

以食品行業爲代表的具有確定性適中的行業。該行業必須根據消費者的口味變化，不斷調整銷售策略來滿足顧客的需要。這類企業在組織內分化，亞系統增加時，主要靠既不屬於生產部門又不屬於職能部門的綜合者進行協調，以達到組織一體化和目標的一致性。

以塑膠行業爲代表的具有高度易變性的行業。這類企業必須建立正式的綜合部門，以協調內部相關部門的工作，有效控制企業的外部環境。這類行業採用矩陣式組織結構較爲適合，這種組織有助於企業的橫向和縱向的一體化。

（二）組織權變理論

近年來，組織權變理論對傳統「三因素」論進行了挑戰。

組織權變理論的基本思想是：企業的經營管理組織不應拘泥於傳統的「正規化」、「標準化」、「規則化」和「集中化」，而是應該適應情況的變化，靈活多樣地設計企業的組織結構，以便在不同的情況下取得成功。

其中，享利．托西和斯蒂芬．卡羅爾利用技術和市場兩大變數，討論了四種相應的組織結構（技術可以分爲常規和非常規兩種，市場可以細分爲穩定和易變兩種）。四種相應的組織結構分別是：

◆官僚組織式組織

公司在穩定的市場內使用常規技術從事活動，宜選用官僚組織式組織。這種組織的特點是上下關係明確，等級森嚴。

◆市場支配型組織

公司生產產品或提供服務所使用的技術是常規的，市場經營的是市場流行的產品，這種組織結構受市場變化影響大。跨文化企業中有不少是採用這種組織結構。

◆技術支配型組織

公司必須定期引進最新的尖端技術，如一些生產電腦的企業，顧客對產品的性能和安全要求是不斷變化的，因此企業必須相應調整企業的組織結構。

◆靈活動態式組織

企業在多變的市場環境中使用非常規技術從事生產經營。因此，這類企業要根據技術變化和市場變動，建立起一些靈活的動態組織。

根據組織權變理論，企業既要從自身的規模、生產工藝以及外界環境出發，確定企業組織模式的基本框架，又要能夠隨著企業內外部情況的變化調整組織結構，以適應新的生產經營策略。

7.1.2　組織結構模式

（一）組織結構的內容

組織結構是指企業組織各要素的排列組合方式，即企業內各部門及各層次之間所建立的一種關係，它是一種人與事和人與人之間的相互關係。組織結構的內容主要包括縱向層次結構、橫向部門結構和組織內部關係三部分。

◆縱向層次結構

縱向層次結構包括管理層次和控制幅度兩個內容。

管理層次是指企業組織的縱向結構的等級層次，它依次體現企業的經營管理從管理決策到決策執行的整個過程。一般來說，企業的高層管理者屬於管理決策層，負責制定企業的經營總目標及其方針決策；中層管理者負責在企業的總目標之下制定各個具體部門的目標，執行上級的決策，協調下級實施具體活動的計畫；而低層人員往往就是執行者，他們負責具體落實上級的各項決定和方案，因地制宜地開展生產經營的實際操作活動。在確定企業的管理層次時，必須使其層次分明，分工職責明確，既反對越級請示，也反對越級管理。一般，管理層次的劃分不應超過五級。

控制幅度指處於某一層次的領導者所直接指揮和監督的部

門或部屬的數目。

管理層次和控制幅度在組織機構中是呈反比關係的，即管理層次越多，控制幅度越小；而管理層次越少，控制幅度越大。

◆橫向部門結構

企業從工作的專業化性質出發，以生產實際為依據，將整個生產經營過程中的複雜工作分類歸納落實到一定的橫向結構部門去。橫向結構的部門一般可以按職能、按程序、按地區、按人或物四種方式劃分，例如企業可以將橫向部門結構設置為企劃部、人力資源部、市場部、財務部、工程部等。

◆組織內部關係

組織內部關係是指組織結構中各層次、各部門之間的組織管理關係。組織內部關係往往就是企業的經營管理體制的直接體現。

企業的組織內部關係包括：廠長、經理負責制；委員會制（如執行管理委員會制）；集權制和分權制；等級制和職能制等。

（二）組織結構的主要模式

從發展過程來看，組織結構的主要模式有七種基本形式：直線制、職能制、直線—職能制、分權事業部制、超事業部制、短政制和立體多位結構等七種。

其中，直線制是一種最簡單的組織結構形式，適合於小型企業或現場作業的管理。其指揮和管理職能主要由廠長（或經理）自己執行，機構簡單，職權明確。這種組織結構不適合大規模的現代化生產企業應用。

職能制的組織結構模式是指在企業的組織結構中除了設立各級主要負責人之外，還設立了有權在自己的業務職權範圍內向下級下命令和下級向其請示的職能機構。職能制的組織結構極易造成多頭管理，形成上級部門間的不協調和下級部屬的無所適從現象。一般企業都不採用這種方式。

直線一職能制組織結構由於避免了職能制所導致的多頭領導，使得各部門、車間之間既分工又相互合作，形成一個共同以完成企業目標爲中心的以廠長（或經理）爲首的管理系統。

7.2　合資企業的組織結構與設計

7.2.1　中外合資企業的組織結構

在中外合資企業的經營管理體制中，其組織結構多數是按照「直線一職能制」展開的，這既能加強在重大問題和大方向上的統一指揮，又充分運用了分權授權的原則進行分工負責。

直線一職能制體現著直線制與職能制組織模式的交叉，以達到縱向的統一指揮和橫向的職能分工。

中外合資企業與其他工業企業一樣，是一個有機整體，是從事生產經營活動的群體。爲了保證總經理對日常生產經營活動實行統一指揮，必須建立適當的組織結構。中外合資經營企業的組織機構具有多樣的形式，一般應當根據企業生產技術和生產經營的特點，按照中外雙方原有的優勢進行設置。如中德合資的上海大眾汽車有限公司，合資的德方是技術的輸出方，生產技術與管理力量雄厚，在合資企業領導機構中充當了生產、技術的主要角色。公司採用董事會領導下的執行管理委員會（以下簡稱「執管會」）負責制的組織形式，企業重大問題由一年兩次的董事會會議進行決策，日常行政工作由董事會任命的執管會集體負責。執管會下設十四個部四十二個科，除兩名德方執行經理之外，另有二十九位德方專家（其中多數也擔任了各部和科的經理），直接參加公司日常管理工作。在德方擔任經理的部和科裡，設一位中方副經理協助其開展工作；而在中方擔任經理的部和科裡一般不再設副職。滬港合資上海實業交通電器有限公司和中泰合資上海易初通用機器有限公司，由於產品製造技術都從第三方引進，工業生產技術不是合資外方的專長，故外方擔任銷售副總經理和總會計師，而中方擔任總經理和生產、技術、人力資源管理副總經理。

無論合資企業組織機構如何設置，它們基本上都屬於直線職能參謀部，確立上一級對下一級的絕對權威性。上一級不僅指揮下一級的工作，而且經人力資源部門考察，還可以提出下一級幹部的任免、晉級、獎懲。職能部門除了向主管經理提出建議之外，一般不直接指揮下級。合資企業的部門都貫徹機構精簡、權責分明、強化指揮的原則，據統計，國有企業管理人員大多占職工總數的1/3至1/4，而合資企業一般只占1/10左右。多數合資企業都是一人多崗，一專多能。每個管理人員由於職責明確、職權相當，因而各項工作有條不紊、秩序井然。當前不少國有企業也已經透過機構改革建立起精簡、高效的組織機構，正在與國際接軌。

7.2.2　中外合資企業組織結構的特徵

中外合資企業的組織結構具有以下三個主要特徵：

第一，中外合資企業的組織結構立足於經營，在機構設置上突出了以生產經營爲中心，透過對一些職能部門的重點設置來達到強化企業管理的作用。

中外合資企業中，銷售部門或營銷部門往往處於重要的位置，職能較大，管理許可權也較廣。銷售部門在經營管理決策中具有不容小覷的發言權，許多中外合資企業的銷售部門負責人往往由企業副總經理擔任。

中外合資企業中，生產、財務、技術等部門往往依據銷售部門的管理目標來確定本部門相應的管理目標。在不少企業中，銷售部門的負責人相對於其他職能部門負責人而言，不僅具有橫向的協調能力，而且在某些情況下，甚至能起到縱向的指揮作用。如在一些合資企業的組織結構中，銷售（或營銷）部門居於財務、供應等部門之上。

第二，中外合資企業的組織結構由於其管理人員的組成特徵，因而在人員配置上體現著「雙重共管」的機制。中外雙方往往會分管不同的職能部門，或在同一部門中設立由中外人員分別擔任技術、營銷部門的負責人，配以中方的副職，便於掌握引進的先進技術和學習先進的經驗。而中方任人事、財務部門經理，便於在熟悉的環境和制度中展開工作。

第三，中外合資企業的直線一職能制結構中，職能部門都有較大的管理權力。在中外合資企業中，其職能制的結構是由授權原則來創造保證條件的。各部門負責人往往擁有較大的管理權力，在職責範圍內對下層有著較大的決策權和指揮權，使得職能部門的作用更能得到充分發揮。

7.2.3　中外合資企業組織結構設置原則

在中外合資企業組織結構的設置中，應該按照企業的具體特徵和內外環境，遵循以下一些原則：

（一）組織結構的設置不強調一個模式

組織結構的設置無需硬套一個模式，只要是符合生產實際，適應內部管理、辦事效率高的就是一個好的組織結構。

（二）精簡與高效相統一

透過企業工作的職能分析和分工，做到一職多能、一人多職，就能在職能範圍內大大提高解決具體問題的速度和效率。

（三）組織結構應面向市場、立足經營

面向市場、立足經營，以具體目標來設置組織結構，能夠使得合資企業有效協調各個部門之間的合作，促進部門目標的完成。因而建立起一個適應能力強、反應敏捷而又穩定可靠的組織系統是提高企業競爭力的重要保證。

（四）分權授權、權責明確與配套協調

做到充分授權，能使管理系統暢通、指揮有力、管理效率提高；另一方面，權力與職責是相輔相成的，分權授權時，必須明確權責關係。

（五）強化指揮

企業的管理制度化、正規化，是強化指揮的一個重要條件。透過結構分明的責任、權力和資訊回饋系統，可以進一步提高企業的生產效率。

（六）幹部隊伍少而精

人的因素是第一位的，加強管理隊伍的建設是中外合資企業組織結構的重要環節。

一些成功的中外合資企業按以下原則配備幹部：一是稱職，精明能幹，人人都能盡職盡責地工作，完成任務。二是服從，在合資企業中要求下屬「一切行動聽指揮」。三要創新，在工作中不斷有創新的業績。四要考核，以工作表現來決定晉級、加薪或解職。

7.3　跨國公司的組織結構與設計

7.3.1　跨國公司組織結構的演變

一般來說，企業首先透過出口進入國際市場，這之後會逐步建立海外銷售機構，最終在海外建立生產性公司，企業的組織結構也會在企業發展過程之中產生變化。企業剛開始可能沒有專門負責國際業務的機構，每個國內生產部門各自管理自己的出口業務。然後，可能會成立一個專門負責出口業務的出口部。如果企業開始了海外投資，那麼所有海外業務均由新建立的國際部主管。國際部一般按照地區進行組織，例如IBM公司、福特公司就是這樣。

隨著海外業務範圍的日益擴大以及海外業務的重要性越來越爲人們所關注，大多數管理人員認爲有必要撤銷國際部，並在產品、地域或職能的基礎上建立世界性的組織機構。新的組織機構的建立必須考慮以下幾個條件：首先，新的組織能夠適應新的競爭策略；其次，透過世界範圍內的產品標準化和製造合理化來降低生產成本；第三，促進技術轉移和公司資源的合理配置。

7.3.2　跨國公司組織結構的基本形式

跨國公司組織結構具有以下幾種基本形式：

（一）全球性產品組織結構

在這種組織結構中，國內生產部門負責自己產品的出口業務。爲了管理海外業務，每個產品部門都有各地區專家。這樣雖然避免了國際部中產品專家的重複，但卻造成了地區專家的重複。爲了解決這一問題，管理人員另外設立一個由地區專家組成的國際部。這個國際部可以爲產品部門提供諮詢，但沒有直接指揮的權力，如圖7-1所示。

（二）全球性地區組織結構

這是以地理區域爲基礎，將跨國公司劃分爲若干個地區分部，每個分部全權負責和處理該區域內的一切業務活動。這種

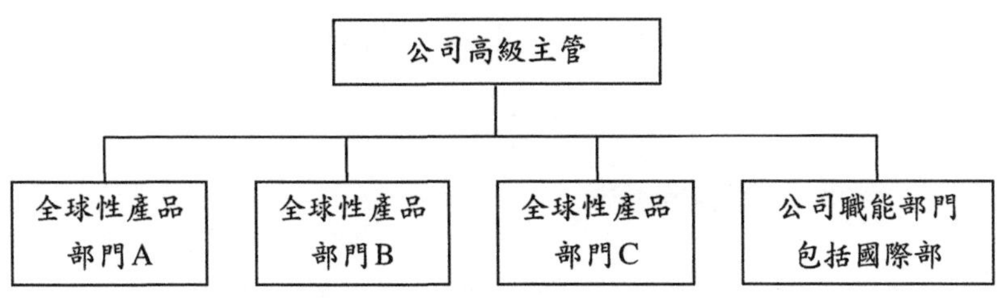

圖7-1　全球性產品組織結構

組織結構使總公司的任務大大簡化，因爲跨國公司在每個國家的業務部都屬於地區業務經理管理，如圖7-2所示。

在這種組織結構中，跨國公司可以將母國看成與其他地區一樣，進行資源配置和管理。

全球性地區組織結構比較適合那些生產成本低、技術水準穩定、營銷能力強的生產企業。它也適合於商品比較分散、每種產品需要不同外部環境的廠家。消費品企業（諸如速食、醫藥、家用電器）十分樂意採用這種組織結構。這種組織結構的缺點是：每個地區分部都擁有自己的產品專家和職能部門，所以雖然避免了產品部門中的地區專家重複，但卻出現了地區分部中的產品專家和職能人員的重複。此外，地區間的產品協調十分困難。爲解決這一難題，總公司設置專門的產品專家職能

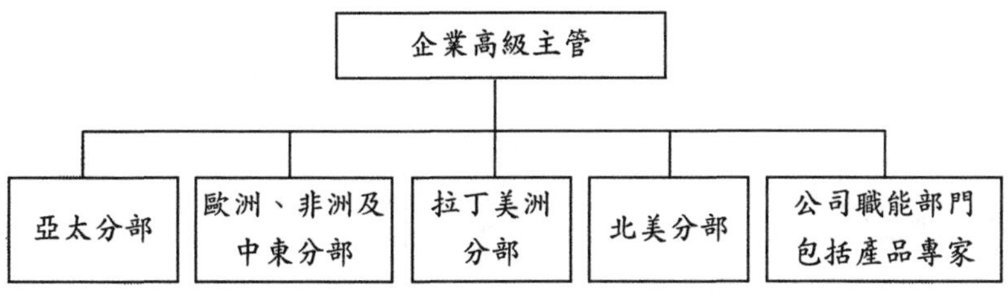

圖7-2　全球性地區組織結構

部門，該部門雖然並不擁有對地區分部的直線權力，但可以就產品問題提供諮詢服務。

(三) 全球性職能組織結構

在這種組織結構中，一般可以分爲營銷、生產、財務、行政、工程、人事、研究與發展部門。各個部門的主管分別向最高管理人員負責，如圖7-3所示，但很少有企業在最高層次按照職能建立組織機構。職能組織結構比較適合於產品生產範圍比較窄且高度組合化的製造廠家（如飛機製造商）。

(四) 全球性混合組織結構

在這種組織結構中，企業在最高層次同時使用以上所述的多種組織結構形式，如圖7-4所示。這種混合型的組織結構經常可以提供比較靈活的、適應公司需要的組織形式。它比較適合於規模龐大、產品種類繁多、分布廣泛的大型企業。

(五) 全球性矩陣組織結構

這種組織結構是在保證管理直線權力脈絡清晰的同時，將產品、地區、職能融合爲一體的組織結構形式。在這種組織結

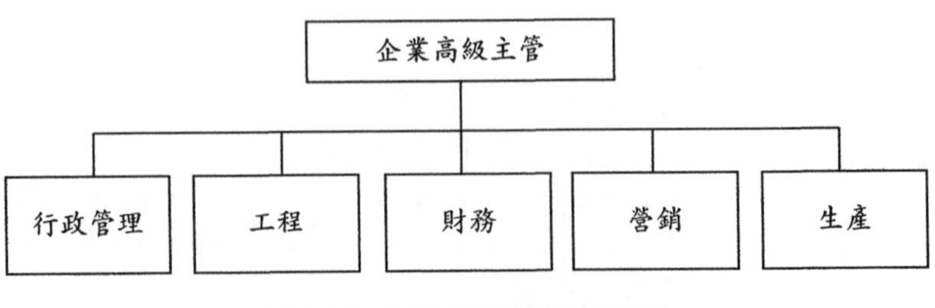

圖7-3　全球性職能組織結構

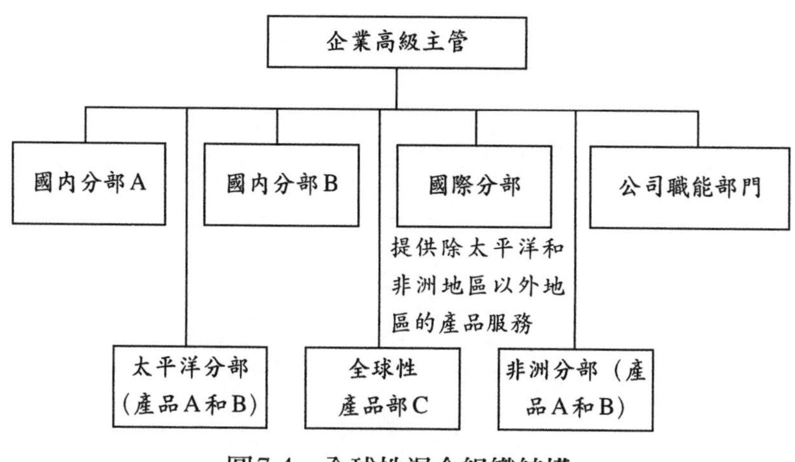

圖7-4　全球性混合組織結構

構中，產品經理和地區經理處於同一個水準等級上，他們的工作範圍也有重疊。例如，一個在法國負責營銷業務的經理，既需要對地區經理負責，也需要聽命於總部的營銷經理。圖7-5就是一個簡單的全球性矩陣組織結構。

雖然矩陣組織能夠使企業充分融合產品組織結構、地區組織結構、職能組織結構的優點，但是企業按照產品、地區、職能三個向度進行組織結構設計，就意味著在所有問題上都需要這三個方面的負責人達成共識，而這往往會造成結構非優化、決策延遲、相互推諉等消極結果。如果這三方出現重大分歧，高一級的經理就必須協調與處理本來並不屬於他的業務和工作。

7.3.3　跨國公司組織結構的其他形式

在跨國公司的實踐中，還出現了下列幾種新的組織結構形

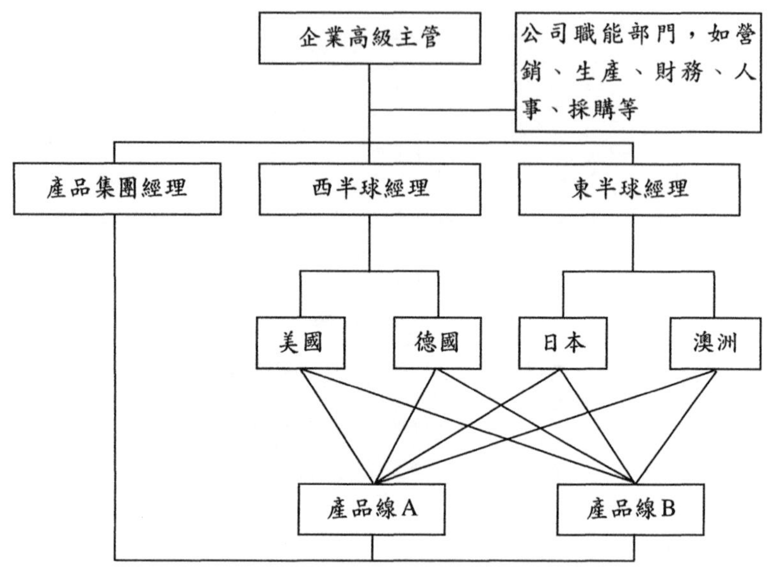

圖7-5　全球性矩陣組織結構

式：

(一) 策略經營單位

策略經營單位是指具有特定的市場、競爭者、資源、規模，由單個經理負責的獨立的經營單位。這種組織結構首先是由美國通用電氣公司在產品組織結構的基礎上發展演變而來。大部分策略經營單位建立在產品線上，當一個產品線發展到多個市場上時，一個全球性的策略經營單位便可能分解爲許多市場策略經營部或產品策略經營部，以便適應跨國經營的發展。

(二) 部門或作業單位

企業往往會將其所擁有的許多策略經營單位合併爲較大的業務單位。這些業務單位或者被稱爲部門（例如3M公司），或者被稱爲作業單位（如吉利公司）。部門或作業單位的負責人有的是由公司的副總經理或者副總裁擔任，還有的是直接接受企業高級主管的領導。

（三）自由管理設計

自由管理設計是指在完成總公司下達的利潤等指標的基礎上，當地經理可以自由組織企業。總公司會透過任務或者項目等途徑提供各種幫助和支援。這種開始於六〇年代的組織結構比較適合於大型企業集團。對那些技術革新比較迅速的企業（如電腦和智慧機器人等）也比較適用。

7.3.4　對跨文化企業組織結構的評價

良好的跨文化企業的組織結構應該具有以下幾個特徵：

（一）簡潔但不簡單

組織結構必須沒有遺漏，適應跨文化企業的生產、經營以及發展的需要。同時，還應該簡潔明晰，令人一目瞭然，跨文化企業的產品、職能、地區的組織結構與管理必須明確。

（二）經濟

跨文化企業的組織結構必須符合經濟的標準，以便於維持和控制，同時還可以使部門之間的摩擦最小化。

（三）工作的方向是產出而不是過程

跨文化企業的組織結構應當以實效而不是以形式來作爲組

織結構設計的原則。

(四) 能夠被任何一個人或團體所理解

跨文化企業的組織結構應當能夠被員工以及工作團體所接受、理解，做到符合或整合員工多元化的認知趨向以及價值趨向、心理需求。

(五) 決策迅速，並且能夠付諸行動

跨文化企業的決策品質與效率、工作績效等都需要高效率、高效能的組織結構提供保障。

(六) 穩定，能抗干擾

跨文化企業的組織結構對於保證公司的管理制度、市場地位的相對穩定具有極其重要的作用。當然，穩定的組織結構應當具有一系列機制來保障其針對市場變化採以相應應對措施，跨文化企業組織在對待內外界干擾方面應當是一個充滿活力的有機整體。

(七) 超前性與自我更新性

創新性是組織生存與發展的基礎與動力，跨文化企業應當具有超前性與自我更新性，針對市場、產品範圍的擴大或改變進行自我更新，跨文化企業更需要具有前瞻性與超前意識，主動適應市場的變化，積極探索企業所面臨的跨文化的不斷適應、整合的課題。

7.4　跨文化企業組織結構的選擇

組織結構並不存在絕對的優劣之分，成功的跨文化企業的經驗表明，選擇何種組織結構，應當視企業本身的發展階段、條件、特點以及發展目標而定，並不斷加以調整和完善。組織結構本身就處於一個發展變化的過程之中。

美國學者小艾爾弗雷德·錢德勒曾經提出「結構跟緊策略」（structure follows strategy）的理論，解釋了組織結構的變動與策略之間的關係。他認爲，當一個企業或公司透過地區多樣化，或者透過增加產品線和產品的最終用途以擴展其業務活動時，其組織必須從集中的職能形式變成一個分散的事業部制結構，以增加其有效性。因此，利用這一理論，從企業策略的發展和變化中可以解釋和預測國際企業組織結構的發展和變化。國際企業組織結構的變化和發展過程見表7-1，亦如圖7-6所示。

國際企業的發展初期是直接、主動的進出口階段。國際企業的早期生產和生產標準化成熟階段，標誌著在海外設立代理機構，開始對外直接投資；國際企業進入產品創新和經營多樣化階段，也即成熟的多國導向型階段。

隨著企業地區多樣化的展開、海外銷售比例的增加，企業組織結構從簡單的進出口部門，向複雜的全球地區或產品組織結構、矩陣組織結構以及混合組織結構發展。

在選擇跨文化企業的組織結構時，需要考慮以下一些因素：

第一，跨文化企業的最高決策層分別從近期以及長期角度

表 7-1 國際企業組織結構的變化

國際企業的發展	組織結構的發展	其他結構特徵
初期	進出口部	與海外保持鬆散的形式上的聯繫
早期生產	進出口部 / 國際部	母公司與子公司有較正式的關係
生產標準化成熟	國際部	母公司與子公司的關係日益正式化
產品創新和經營多樣化	產品組織結構 地區組織結構	母公司與子公司的關係日益正式化
尋求全球合理化	產品組織結構 地區組織結構 矩陣組織結構	母公司與子公司的關係日益正式化

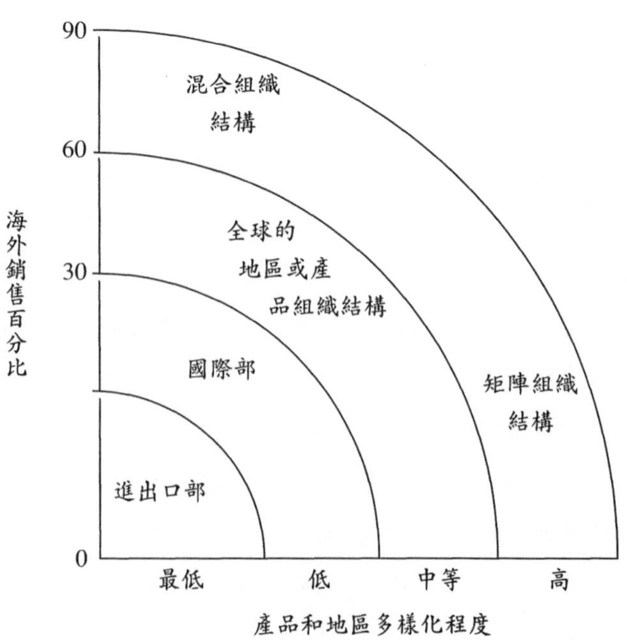

圖 7-6 國際企業組織結構的發展

考慮國內市場與國際市場的相對重要性。以國際公司爲例，大部分企業會根據其產品在國外市場的銷售額來決定何時將企業的組織結構從出口部形式轉變爲國際部形式。

第二，跨文化企業的歷史背景以及它在跨文化經營發展過程中所處的階段。在企業向國外進行業務拓展初期，往往會採用將國內業務與國際業務分開的形式來選擇組織結構；而隨著企業在國外的經營業務逐步趨向成熟，企業將著眼於如何協調組織內部各部門之間的工作以獲得更高收益來選擇組織結構；當企業國際經營的業務超過了國內經營的規模時，企業對組織結構的選擇將與企業的性質和產品策略緊密相關。

第三，跨文化企業經營的性質以及產品策略。對此，前文已經對不同組織結構進行了列表比較。舉例來說，對於產品種類繁多、市場分散並且涉及高科技的跨國企業而言，採用產品部結構將更有利於企業進行國際技術的轉讓，同時可以在國際經營中得到國內生產部門的支援與協作，另一方面可以增進國內部門對國外市場的潛在需要的了解，最終促進企業的產品創新與暢銷。

第四，跨文化企業的經營管理特點以及經營思想。不同的跨國企業在對待文化差異上有著不同的經營管理思想。可以分爲：母國導向、東道國導向、地區導向和全球導向。那些持東道國導向態度的企業，更傾向於採用與子公司保持鬆散聯繫的控股公司結構。而那些持有全球導向態度的企業，則更樂意採用全球結構，以利於總公司和各子公司有效地實施全球經營策略。此外，歐洲跨國公司的經營思想決定了它們常選擇有利於實施中央管理的組織機構，職能組織結構就受到歐洲跨國公司的普遍重視；美國則出於和歐洲不同的管理思想，傾向於有利於在管理上實施分權的組織結構，但這種結構還需要有能夠進行有效監督、控制、協調的機構加以配合，因此，美國的跨國公司多採用產品部和地區部的結構。

第五，跨文化企業是否擁有熟悉國際市場的經營管理人才。如果國際公司缺少這類人員就會構成企業選用全球組織結構的困難。

第六，跨文化企業調整組織結構的能力與意願。由於企業重大的組織結構調整會打破企業內部正常的工作關係，各部門會有不同的利益，機構改革面臨阻力。因此，那些對結構調整能力有限、願望不大的企業，往往只能進行一些非正式的局部結構調整，使企業在組織結構的某一方面適應跨國經營與發展的需要。

7.5 跨文化企業組織的新發展

現代企業結構內部基本上是一個以等級爲基礎、以命令控制爲特徵的金字塔結構，橫向分工始終處在以直線組織（line organization）爲支柱，而以縱向分工爲基調的框架之內。參謀制、委員會制和矩陣制也都是從屬型態的輔助結構。

現今仍處於主流地位的美國公司企業的等級組織制度（hierarchy organization），正在逐步的轉向更加適應資訊時代的更加民主的「網路型」企業組織結構。因爲重視依賴製造業、追求產品數量的時代正在逐步成爲過去，而看中資訊服務業、追求生活品質和個性滿足的時代正在到來。本文擬就美、日、歐大企業近年來大的組織結構調整和改革動向，勾畫資訊型企業組織的輪廓。

7.5.1 來自市場的挑戰

「地球村」帶給我們「天涯若比鄰」的感覺，「追求生活品質」的「服務經濟時代」已經到來，「一體化」的市場正在出現一種「大眾化」的新趨勢。「雙贏」的出現、「比較利益」的易逝性，一方面使得美國公司企業的生存環境變得空前的嚴峻，另一方面也在迫使他們進行一場組織機制的結構性變革。

西方專家們認為，二十世紀九〇年代是企業大改組的年代，經過十多年國際投資環境的動盪和以借債兼併（LBOs）為主要手段的第四次企業兼併浪潮的洗禮，企業的內部組織結構和外部競爭合作方式正在進行一場巨大的調整。傳統的以命令和控制為特徵的公司組織管理體制正在為能夠適應資訊化生產和服務的新的公司組織機制所取代，可以說「已經形成了一個組織、管理、策略上的新紀元」。

就資本市場和公司所有權而言，西方企業面臨一系列非常嚴峻的新問題：銀行業及證券業的電子化、借債兼併和跨國兼併的盛行等。國內外市場一體化進程的衝擊和國家宏觀經濟干預政策的方向性變化，使得企業面臨巨大的短期利潤的壓力。團體投資者「是投資人，而不是所有人」。

在勞工供給、勞資關係和民主管理領域，新問題也在不斷出現。微電子技術的發展不僅使得白領、藍領工人之間的分界線越來越模糊，而且使得在電腦編程生產線上的工人與接近市場和消費者的經銷、開發及設計人員所擁有的資源的重要性極大地上升，這一發展必然衝擊公司官僚階層和各種縱向等級機制及其觀念。

在消費市場上，人們越來越重視精神生活，看好文化內涵豐富的產品；新的定價法例如「目標成本法」開始衝擊「成本加成」的傳統定價模式；產品中「資信密度」的急劇上升要求企業對市場的反應空前靈敏，「想法變商品」的速度飛快；作爲「第四代管理」的「品質管理」已經受到了挑戰，消費者已經不滿足於僅僅作爲基礎的「耐用、規格、及時、周到」的特點，他們對企業所能夠提供的服務，對在商品中凸顯自己的獨特個性、價值感、成就感等有了更高的要求，例如，他們希望商品要能夠滿足消費者自身成長、發展的需要。

面對來自市場的新挑戰，企業必須立足於全球競爭的態勢，以最新技術爲後盾去尋求一種低成本、高效率、重人性、講團隊、精幹、靈活、機動而又能夠實現「非批量」規模經濟優勢的新體制。

批量生產、工序分解的時代正在成爲過去，而按照顧客的需要，同步、靈活的生產正在導致另一種規模經濟。

「職工參與管理」以及「Z理論」的加速應用，具有深遠的意義。

上述來自市場的變革和挑戰正在衝擊企業傳統的「金字塔型」組織結構。美國的生產率和品質研究中心依照《幸福》雜誌對一千家大型企業進行調查後發現，一半以上的企業都已經擬訂好或者在執行針對「命令控制型」的改革計畫。

首先，形形色色的縱向機構正在被拆除，中間管理階層以往對傳輸中的資訊進行整理、促進交流的功能被電腦和軟體簡化掉了。例如，日本電器公司取消了各種輔助型頭銜，創設「自由職銜制」，如「通信系統專任部長」等，可謂具體靈活。

日本電器公司原來有七千名雇員，其中大約85％是中層管理人員。改革後，這些中層管理人員的比重已經迅速下降70％左右。

其次，爲了「加強公司的底力」，國際大公司的總部正在收縮。以往「企業辦社會」，只會讓企業的擔子越來越重，而今社會服務業日益完善，也就能夠爲這些大公司提供各種後勤、服務工作，例如法律、文書、心理與生理保健等，從而減少「低效率」現象，大大提高了公司的縱向動力。美國的珀金一埃爾默公司和帕爾公司在世界各地都有六千名雇員，銷售額高達10億美元和7億美元，但是他們的總部卻只有五十名雇員左右。因此，做到人一崗匹配，以及重視個人的才能發揮、發展，在企業變革中會成爲被重視的原則。

第三，爲了避免出現垂直結構，美國的「小巨人企業」應運而生，運作良好。年銷售額在9.7億美元的能源製造商熱電子公司，正在試圖透過不斷利用成功的技術另組新公司的辦法來解決企業規模和公司官僚這個兩難問題。

7.5.2　未來知識型、學習型組織結構的輪廓

以上美日歐各國的「非縱」、「縮小總部」和「調整企業格局」的改革動向表明，企業的組織結構正在從「金字塔型」向「網路型」方向轉變。近年來，跨文化組織在海外擴展業務所使用的方式方法與過去有所不同，包括兼併、聯合經營以及凱立茨（Keiretsu）等。傳統的垂直結構受到了挑戰，新的組織結構要求發展企業之間的橫向經濟聯繫和各種策略聯盟。

山田榮作在《全球方略——多國籍企業結構的動態變化》

一書中指出，對於國際企業而言，爲了確保自己的技術和經濟優勢，一般會採用以下的變化策略：自己開發核心技術；與包括不同行業以及外國企業在內的其他公司緊密聯合；在本公司比較弱的領域，透過鬆散的橫向聯合，利用其他企業的經營資源（產業網路化）。

網絡化組織有利於增強企業的活力，形成和完善企業之間的價值鏈，同時有利於降低交易成本，減少貿易摩擦。

（一）網絡化組織的特點

日本式的全球網絡化結構組織具有五個特點：

◆小型組織

將基層組織的人數控制在最小的範圍內，如果人數超過限額，就要進行精簡。資訊時代、資訊社會需要減少組織的人數、減少組織的層次，從而使決策中心能夠從市場、外部環境中獲得迅速與靈敏的回饋。

◆較高的自律性

相信人有管理自己的能力。管理者的職務將從管理下屬轉爲幫助下屬制定工作計畫，支持與協助下屬。鼓勵員工進行參與管理。

◆增加組織的靈活性

透過增設新的組織以及合併、分解組織來增加組織對市場的適應能力以及靈活性。

◆自願結合的組織

對於子公司而言，自願參加或者退出組織比較容易處理；但對那些與其他企業合併而產生的非全股子公司，要事先進行組織內部事宜的安排。

◆以資源和資訊為媒介進行聯合

這是十分重要的一點。透過資源與價值的共用，保證網絡整體有效、高效運行。

（二）企業內網絡化

減少組織的層次，形成扁平式組織，增進組織活力。這種分權式網絡化組織的主要特點是：(1)聯合結算；(2)子公司化；(3)總公司專門職能化；(4)企業內積累金制度；(5)資訊共有；(6)價值共有。

（三）企業間網絡化

國際企業之間也可以建立夥伴式的合作關係，形成企業之間的網絡化結構。這種企業之間的網絡能夠發揮聯合的優勢，表現在：

1.外部效果的消極內部化，也就是說利用企業自身缺乏的外部資源，減少生產成本。
2.外部效果的積極內部化，即擁有互補性或依賴性訊息資源的各個企業進行聯合，大大增加訊息資源，並創造新資訊、新市場與新技術。
3.節約交易成本。

除了以上所述的網絡化企業組織之外，如今出現的兼併企業的組織發展、關聯式的組織發展均受到人們關注。國際企業兼併其他企業之後，組織機構改革，需要針對兼併後的新企業進行企業文化、人力資源、業務流程方面的整合。

被稱爲「凱立茨」的關聯組織，是一種大型的、通常是橫向聯合、緊密合作和工作以增強競爭力的公司群體。日本的三菱集團包括二十八個核心成員，這些核心成員透過長期商務往來、連鎖董事、交叉持股和各種社會聯繫相互緊密聯合在一起，其中三菱公司、三菱銀行和三菱重工是三菱集團的三個旗艦式的企業。包括福特公司在內，在美國有越來越多的公司採取「合作夥伴式」的關聯組織形式。

以上這些新的、具有彈性的組織結構可以促進企業之間相互合作。

7.5.3 新型跨文化組織設計的背景與原則

(一) 新型跨文化組織設計的背景

當今的資訊時代，知識已經成爲推動社會經濟發展的中心力量，社會最顯著的特徵就是加速變化。企業面臨的環境不僅越來越複雜，而且越來越不穩定，即企業所處的環境的不確定性程度在增加，主要表現在：

◆資訊社會的到來，加速了知識向生產力的轉化

應用資訊技術，知識可以被編碼和整理。當今社會，資訊技術得到了前所未有的發展，電腦、通信及網路技術加快了對知識的編碼、整理和傳輸，知識正在越來越迅速的被轉化爲產品。企業在市場上的競爭已經不僅僅是產品創新的競爭，更爲重要的是將知識轉化爲應用能力的競爭。

◆技術迅速發展

現代科學技術進步日新月異，由此導致設備和工藝改革越來越頻繁，產品的更新速度加快，產品壽命週期縮短。而近些

年來，資訊技術的迅速發展，改變了整個企業的組織方式，例如許多國家的企業借助資訊技術手段實施企業再造工程。

◆市場競爭日益激烈

現代企業生活在一個全球性市場的時代，每個企業都面臨著各種各樣的競爭壓力。競爭的強度、廣度增加，競爭方式多樣化，而且表現爲同一種商品在不同的市場上以不同的基礎進行競爭，在甲市場上可能以價格取勝，在乙市場上可能以品質取勝，在丙市場上可能以服務取勝。

◆消費者需求的變化

隨著社會發展和人類生活方式的改變，人們日益追求高品質、差別化和個性化的產品；在服務方面，人們也要求有更廣泛的選擇機會。

當今的經濟環境具有動態及高度不確定性的特徵，它要求跨文化企業組織具備較強的自我學習能力，具有很強的靈活性和應變能力，隨時對外部變化做出反應，具備區別於其他競爭者的核心競爭能力，不斷創新。爲了保持競爭優勢，企業必須成爲學習型組織，組織學習不僅是指從正規的教育中獲取知識的過程，更重要的是具備持續學習的能力，即要求企業成員能夠在「做中學」，以求適應飛速變化的知識社會。

（二）新型跨文化組織設計的原則

新的管理模式強調組織要透過授權管理來提高對外部環境的適應性。由此，未來的跨文化企業組織將不可避免地向扁平化方向發展。新型扁平化組織的設計應遵循以下的原則：

第一，新型組織的設計應突出橫向聯繫與溝通，以提高組織對外界環境變化的反應速度，至於組織是否是建立在等級原則的基礎上已無關緊要。即使是建立在等級原則的基礎上，對於較高等級職位上的管理者也不再是扮演監督與控制的角色，而是轉爲支持、協調和激勵的角色。

第二，新型組織應以成員的自主管理爲導向，即在組織運行的過程中，成員進行自主計畫、自主決策與自主協調。需要注意的是自主管理不同於民主管理，雖然兩者都有參與管理的涵義，但自主管理屬更高一個層次，員工決策的範圍遠比參與民主管理的員工的決策範圍廣泛得多。在自主管理的情況下，能激發員工工作的熱情，發揮他們的積極性，有利於提高組織的靈活性。同時，組織對員工個人素質的要求也將更高，通曉各方面相關知識的通才將成爲企業成員的主體。

第三，新型組織應具備較高的自我學習能力，扁平化組織的成員擁有共同願景。較強的自我學習能力則是組織在動態、複雜的環境中維持生存、求得發展的必要條件。新型的組織雖然強調自主管理，但這不等於組織內的成員各行其是，只有在組織內成員的願景一致的前提下，自主管理才有其生存的沃土，否則，組織將是一盤散沙，無法達成目標。

第四，新型組織應當富有彈性，反應敏捷。在知識、資訊和技術占主導地位，以時間和速度競爭爲基礎的環境中，如果設計的組織遵循了這一原則，新型的組織便能夠迅速應對變化，滿足顧客的需求。新型組織的這一原則是以上各項原則綜合作用的結果，也是組織得以成功和持續發展的重要原因。

例如，中外合資企業由於其生產技術、生產經營的特點，企業具體的內外環境特徵，以及合資雙方的組織文化差異，所以應在各種實際情況和潛在因素的綜合分析之上來確定適合本企業的組織結構。

不少中外合資企業的組織機構由於在生產技術、生產經營上的相仿性，經常按外方公司的管理模式進行移植，在這過程中，也不能照搬外方的模式，而應從合資企業的實際出發作一定的調整、修改。另外，中外合資企業組織結構的設置也並非一勞永逸，隨著企業的發展、經營策略的改變、內外環境的變化、生產規模擴大和生產技術的提高，企業的組織結構也應進行適應性調整和修正，有了新的經營重點就予以強化，使得企業的組織結構更能切合實際，而非千篇一律、一成不變。總之，要根據企業自身的特點與優勢，設立新型的學習型跨文化組織。

本章摘要

◆合資企業組織結構是按照直線職能制展開的，具有以經營為中心、雙重共管、職能部門有較大管理權力等特徵。

◆跨國公司的組織結構有：全球性產品組織結構、全球性地區組織結構、全球性職能組織結構、全球性混合組織結構、全球性矩陣組織結構等。

◆跨文化企業組織的新發展包括：未來知識型、學習型組織結構，如網絡的企業組織、兼併企業的組織發展、關聯式的組織發展等。

思考與探索

1.試述組織結構設計的原理及組織權變理論。

2.舉例說明合資企業組織結構設計的特徵和原則。

3.舉一實例，對跨國公司組織結構進行評價。

4.分析未來知識型、學習型組織結構的發展趨勢。

5.簡述新型跨文化組織設計的背景與原則。

第8章

跨文化企業的有效領導

8.1 合資企業的領導體制

「合營企業的形式爲有限責任公司」(「中外合資經營企業法」第四條)，與這一法律經濟形式相對應，中外合資企業體制是按共同管理機制中的「董事會領導下的總經理負責制」和「直線職能制」組成的。

從大多數合資企業的實行情況來看，其領導體制主要爲「董事會領導下的總經理負責制」，也有一些企業實行的是「董事會領導下的執行管理委員會集體負責制」。後者爲由董事會在合資各方選任一定數額的執行經理，組成執行管理委員會，每位執行經理負責一、二項管理工作，但作爲管理委員會來講，其具體運行方式爲集體領導，分工負責，統一決策。

中外合資企業的實際營運，則是在由董事會任命的總經理(或執行管理委員會)的一元化直接領導下，透過授權原則在職能制的組織結構中合理配置合資雙方的部門經理，以及其他各級管理、技術人員構成一整套經營管理班子而具體實施的。

8.1.1 董事會

「董事會是合營企業的最高權力機構，決定合營企業的一切重大問題」，「總經理執行董事會的各項決議，組織領導合營企業的日常經營管理工作」，「總經理、副總經理，由合營企業董事會來聘請」。

在「董事會領導下的總經理負責制」這一領導制度中，其結構上主要有兩個層次：董事會和總經理。

（一）合資企業董事會的組織和職權

◆董事會的組成

合資企業的董事由各方委派，其名額由合營雙方參照出資比例商定，並在合同中寫明。董事會成員不得少於三人，一般的中外兩方合營的企業，其董事會成員可達十餘人，因爲每一方都要委派己方的代表。

一般來講，各方委派的董事成員占名額比例與其出資比例保持一致性，這樣既保證了合資各方的合法權益，也保證了作爲整體的合資企業本身的合法權益。

董事長是合營企業的法定代表，對企業的合法經營負有完全的責任。董事長負責召集並主持董事會議，當其不能履行職責時，應授權副董事長或其他董事履行董事長的職責。經對1979年頒布的中外合營企業法的修改，現行合資企業法（1990年4月通過）規定：「董事長和副董事長由合營各方協商確定或由董事會選舉產生。中外合營者一方擔任董事長的，由他方擔任副董事長。」

◆董事會的職權

中外合資企業作爲有限責任公司，「中外合資經營企業法」賦予了合資企業董事會作出策略決策的職權。

中外合資企業的董事會，在法律許可範圍內，有權決定企業的一切重大問題。包括重要投資、高級管理人員選拔、總體生產計畫、財務預算、勞動工資計畫、利潤分配等在內的重要問題都由董事會負責討論通過。

從單個企業的生命週期來講，中外合資企業董事會是企業長期發展策略、方向和政策的決策者。

◆合資企業董事會決策的特點和運行方式

作爲合資企業的策略決策機構，合資企業董事會的決策，主要有以下兩個顯著特點：

共同決策。由於合資企業董事會事實上自然存在著中外雙方（或中外多方）兩個（或多個）利益集團，因此爲了保證和發展作爲一個獨立整體的合資企業的合法權益，在涉及一切有關企業發展或經營策略方面的重大問題時，要由代表雙方（或各方）利益的中外董事會成員來共同制定決策。

共同決策要求合資各方按照平等互利的原則，透過友好協商來相互制約和權衡，從而在各方不同的利益基礎上形成有利於合資企業的共同利益和整體利益。

共同決策體現一種中外合資各方之間的經營關係，一種相互制衡並達到統一協調的動態關係。

集體決策。董事會是一個整體，它的任何決策直接影響著企業的命運和合資各方的切身利益。正是由於合資雙方各有所長，各有所短，才使雙方走在了一起，同樣也是由於這個原因，使得各個董事會成員，無論是中方還是外方，必須以民主協商的方式來實施集體決策，以眞正發揮出集體的潛力。

董事會的集體決策，需要有一定的程序予以規範。如上海大眾汽車有限公司即以八個模組的統一決策方式圖來確定集體決策的程序。這使得每個董事會成員都能以平等的身分得到必要的資訊，經過群體的科學論證來達到決策的科學性和系統性。

集體決策不僅有助於提高決策品質，還能防止個人或單方的專斷，保證和維護合資企業的整體利益。

此外，廣泛地採納和吸收各級職員的意見，也是集體決策不斷完善的一個方面。

（二）合資企業董事會的決策運行方式

作爲策略決策機構，合資企業的董事會據有關法律規定，每年至少召開一次會議來研究問題，通過決議。對於議事規則，大陸「合資經營法」中已有規定，這裡不再贅述。對於大多數合資企業來講，董事會的實際決策運行方式一般不外以下三種：

1.以表決（或投票）多寡來對某一決策作最後的決定。
2.透過統一意見，使各位董事接受一致的決策。
3.中外雙方就某一決策對雙方的利益進行平衡、協商後作出的。

儘管中外合資企業中各方董事會成員的人數往往相對不等，但經營控制權並不保證落在出資額較大的一方，決策的制定是透過雙方「平等互利」的原則協商決定的，所以後兩種方式在中外合資企業董事會決策中更爲流行。

「多數」規則往往是董事會作出最後決定的標準，但是對於以下事項的表決，則應由列席會議的董事一致通過才行：

1.合營企業章程的修改。
2.合營企業的中止、解散。
3.合營企業註冊資本的增加。
4.合營企業與其他經濟組織的合併。

總之，合資企業董事會在行使其決策權時，應弄清情況，按平等互利、友好協商的原則，作出共同的、整體的決策，如需表決，也應按有關規則、規定進行。

8.1.2 總經理

(一) 合資企業總經理的產生

合資企業的總經理、副總經理由合資各方推薦，經董事會聘任。合資企業總經理可由大陸公民擔任，也可以由外國公民擔任。發展中國家的合營企業總經理的產生通常有四種方式：

1.由本國或外國合資方委派人員擔任。
2.合資雙方輪流派員擔任總經理，一般爲二年一期，也有三年一期的。
3.由合資雙方分別指定一個總經理，二位總經理具有相同的職權和地位。
4.將企業中行政、技術、生產等職能部門分類，根據企業特徵和合資雙方情況任命各方的總經理和副總經理，如本國投資者任命總經理，負責行政、人事事務，外國合營者任命副總經理，負責技術、生產。

在目前大陸的合資企業中，一般總經理、副總經理由中外雙方分別委派擔任。爲了照顧中外合資企業合營各方的權益，總經理由外國公民擔任時，副總經理可以由大陸公民擔任；同樣，當總經理由大陸公民擔任時，副總經理可由外國公民擔任。而且以總經理由中外雙方輪流擔任情況居多。如上海·福克斯波羅有限公司的合同規定：前三年總經理由美方派人擔任，中方任副職；三年後對換。這種由外方擔任第一任總經理的方式通常被認爲有助於引進外方科學的管理方法和管理經驗。

（二）合資企業總經理的職責和權力

合資企業的總經理是企業中直接掌管企業日常業務實權的關鍵人物，是經營管理的核心和直接領導。總經理的職責是：執行董事會會議的各項決議，組織領導合資企業的日常經營管理工作，執行董事會委託或授權的其他任務。

◆合資企業總經理的職責

要實行「董事會領導下的總經理負責制」，必須首先明確總經理的職責與許可權。參考國外經驗和中外合資企業實際，對於目前已建立的合資企業的總經理，我們可歸納出其職責範圍的內容：

1.執行國家有關的法律、規定。
2.執行合資各方簽訂的關於合資企業的協定、合同和章程及董事會的決議。
3.定期向董事會報告合資企業的生產經營情況，提出季、年度工作報告。
4.任免合資企業的生產、財務、銷售、技術、分類機構等部門的負責人和其他下屬工作人員（或提名由董事會任命）。
5.制定合資企業的經營管理制度，經董事會批准後組織實施。
6.負責企業的經營管理，各部門分工執掌，對各職能部門布置工作進行領導，並加強監督、檢查。

7.組織完成產品生產、銷售計畫，對供銷中產生的問題以及流動資金的借貸作出決定，並審查決定內外銷產品的價格升降幅度。

8.解決各職能部門提呈請示的問題。

9.主持企業的行政會議，對會議上的討論事項和決議負責執行。

10.組織作出合資企業的年度決算及下一年度預算方案，在總會計師協助下提出年終利潤分配方案，提呈董事會討論批准。

11.作爲合資企業的代表人，代表企業與主管部門接觸，代表企業開展對外聯繫，簽發合資企業的各種文件。

12.對外代表企業與其他的經濟組織簽訂各種、各項經濟合同或協定。

13.對企業成員違反有關規章制度的處分作出最後的決定。

14.董事會授予的或應由總經理負責的其他職責。

◆合資企業總經理的權力

爲使總經理能有效地履行以上職責，合資企業總經理的權力應包括：

1.對合資企業的產、供、銷和人、財、物擁有直接的管理權。

2.主持研究和討論有關企業生產經營中的重大問題，提出意見、建議和方案，經董事會批准後，具有組織實施的權力。

3.對於企業的日常經營活動進行集中、統一的指揮權力。

4.在職權範圍內，統一調度、使用和分配企業資產的權力。

5.有任命、罷免或解聘除副總經理、總工程師、總會計師、審計師以外的高中級管理人員的權力，同時還有決定職工的錄用、升遷、獎懲或開除以及培訓方面的人事政策。

6.從企業實際出發，制定、修改或廢除企業的有關規章制度，在經董事會審議決定後組織實施的權力。

7.有權代表合資企業獨立進行企業的外部聯繫，並在職權範圍內，有解決企業外部問題的權力。

8.其他由董事會授予的權力。

在合資企業的領導體制中，董事會的內部完善、領導關係的合理性以及董事會與總經理職權分工的明確，是發揮企業經營運行機制和完善領導職能的關鍵問題，我們將在以後的章節中作具體的討論。

8.1.3　董事會的領導職能

「董事會領導下的總經理負責制」，「領導」一詞對於中外合資企業的成功顯然意義重大。

對於企業管理來講，董事會作爲最高權力機構，它決定著企業管理的各個方面：從人員配置到規章制度，從原材料購置到利潤分紅，董事會的領導影響力無所不在。

對於合資企業的跨文化管理而言，董事會在共同管理文化、企業文化的整合同化過程中的作用更是任重道遠，從合資動機的匹配到共同價值觀的首先確立，從雙方高層管理人員的合理配置到合作模式的典範。

與此相對應的事實是，許多合資企業由於董事會的「領導」不力而功敗垂成，而更多的合資企業正是因爲有著能夠發揮企業經營運行機制的「領導」體制，而在短時期內達到了國際先進水準。

那麼，如何完善中外合資企業董事會的領導職能，形成合理、有效的領導體制而達到成功呢？我們將結合許多合資企業的實際經驗來展開論述。

（一）有效解決內部爭議

由於合資企業的中外雙方有著不同的投資動機以及相應的關於合資企業的經營策略構思，因此圍繞著如何處理利益交叉問題和是否重視雙方長遠的共同利益問題，在當前合資企業董事會的中外合作實際情況中，內部爭議是相當普遍的。

這些爭議直接體現著董事會中各方成員之間是過分強調各自母公司的利益，還是努力維護合資企業的共同利益。基林曾經把來自被動地服從母公司的董事會利益作爲對合資企業經營成效造成損害的兩個主要原因之一。而且，在合資企業的跨文化管理模式——共同文化中，董事會內部爭議的有效解決也被認爲是成功的關鍵因素。

在共同管理文化理論中，共同價值觀是解決管理文化衝突的前提和有效的方式。在這裡，雙方共同的利益也是解決爭議的立足點。

上海．福克斯波羅有限公司的董事會對於「爭議」的處理方法是：「既不能用少數服從多數，也不能依靠請示上級，也不能將意見強加於對方，只能透過適當讓步，以及『大家再考慮、再議』來解決。」

其實許多爭議是由合資雙方董事會成員人爲造成的，中方不與外方商量、不透過董事會，也不辦解聘手續就撤換中方經理的事常有發生，一家中美合資企業就因此而搞得雙方很僵，爭議衝突頗多。因此按法律、規定或雙方共識的程序辦事不僅能有效解決爭議，而且還能防「爭議」於未然。

在許多情況下，如果投資一方能事先對己方立場上的看法和觀點進行「過濾」和「修飾」，往往也能避免和解決爭議。比如對於某項人事任命可將意見告訴合資方，聽一下反應，條件成熟後再在董事會（或董事碰頭會）上正式提出，不成熟的則暫緩提出和改變一下再提出，這樣可以避免出現爭議和出現難堪的「僵局」。

有效地解決爭議需要雙方董事在共同利益基礎上採取靈活的策略和手段，以提高董事會的決策效率和品質。

（二）督促合資雙方履行合同

儘管董事會不參與企業直接的經營管理，但是督促合資雙方履行合同中有關技術轉讓、尤其是產品返銷的責任，對於合資企業往往是勝敗攸關。

上海市第二輕工業局投資的一家該局合資企業中投資規模最大的合資企業，1990年虧損額超過1000萬元，是上海生產性企業中三家虧損額超過千萬元以上的大戶之一。造成企業虧損的主要原因就是外方不能履行合同規定的返銷比例。

外匯平衡和產品出口創匯是合資企業經營管理的目標。中方應從合同出發，既遵守協定，又能以協定規定爲「武器」，督促外方實現應負責的出口，完成返銷任務，而不是對於外方束手無策。

中外雙方應該從合資企業的整體利益出發，把開拓出口和履行返銷責任的工作放在董事會經常性的議事日程中，中方應要求外方向企業通報國際市場情況和變化，向董事會彙報出口情況、工作計畫，然後雙方再經過討論，作出如何進一步開拓出口和外方如何更積極履行返銷比例的具體步驟和安排。合同協定所規定的由合資外方負責返銷、代銷和包銷只是責任上的分工，董事會應對企業全面負責，討論和監督部署出口工作，尤其是外方的實際履行工作，不能因爲責任分工而工作不力，應把出口和履約返銷作爲企業工作的一個組成部分。

總之，中方董事會成員除在合同條款上應明確有關產品出口、返銷、代銷由外方負責的規定外，還應積極地在全面實施過程中作深入細致的說服工作，逐步做到既發揮外方有利條件，使其眞正履行合約，又能在運行過程中使中方人員學會國際貿易本領和提高進出口業務的能力，以達到雙方平等互利、合作共事，最終實現共同管理文化，企業獲得成功。

當然，督促履行返銷、出口責任是董事會的一個主要工作內容，但其他諸如「技術轉讓協定」方面的問題也應是董事會的一項工作。大陸迅達電梯有限公司就是因爲對外方在技術轉讓中的責任不清楚，約束、督促力度不大，使得一年後才發現理應最先轉讓的「合同處理」資料沒轉來，使已轉來的圖紙無法使用，直接影響了產品過渡的進程。

所以，督促合資對方履行合同責任是合資企業董事會內部完善的一個重要方面。

（三）統一中方董事思想，加強預備會議制

中方董事會成員是大陸合營者委派的資產的代表，他們對

合資企業中的中方資產的價值、收益和合資企業的整體資產的價值、收益承擔著重要責任。

決策權共用是合資企業的重要特質。在董事會有關企業重大問題的決定中，任何一方都不可能以表決方式靠多數通過某項決策，而只能透過協調統一來解決。因此，爲了維護中方的資產價值、收益和中外合資企業的整體利益，統一中方董事的思想對於董事會作出有利於企業長期發展的決策往往會起有力的作用，同時，亦可避免任何一方的短期行爲，或避免給某些不法外商有機可乘的機會。

爲統一中方董事會成員的思想，建立起董事會中方預備會議制度，在許多中外合資企業的實際工作中被證明爲是頗有成效的。

董事會中方預備會議制度是指，在召開合資企業董事會前，由主管部門（或中方母公司負責人）召開中方董事會預備會議。在會上，主管部門積極提出意見，做好中方董事的參謀，使得大家對於一些意見或提議形成統一的共識，並共同確定相應的策略和方法，發揮群體的力量，使董事會的議題內容和決議最終符合大陸法律和國際慣例，符合合資雙方的共同利益，避免短期行爲，有利於合資企業的長期發展。

董事會中方預備會議制度還應讓合資企業的中方各級管理人員和黨政工組織負責人參加，以便全面地了解企業實際運行的問題，使董事會會議的決策更有力地支持合資企業的合法權益和黨政工組織的工作開展。

中方董事會預備會議對於有效地解決爭議和更有力地督促外方履行合同也具有重大作用。

(四) 合理委派董事及提高董事的素質

中外合資企業中，中方董事會成員是由企業主管部門選拔、推薦或委派的，因此需要把好董事會成員的審查關，選拔出德才兼備的優秀人才作爲董事會的董事。

然而在目前的中外合資經營企業內，董事會的中方代表往往來自多方面：有的來自中方行政主管部門，有的來自中方的母公司，還有的來自作爲投入物投入合資企業的中方企業，實際上直接投資企業往往只占有少量的名額，而董事長多由行政主管部門的政府官員擔任。

以上這一事實，就使得董事會中中方投資者實體名不副實，多元化的結構又使得中方負主體的責任不能有效落實，而且導致了主管部門對合資企業經營管理的直接干涉，這顯然不利於合資企業作爲獨立的法人機構的正常運行。

在體制改革的實際中，應明確合資企業的投資主體爲企業，主管部門應合理地委派中方董事會成員，避免中方董事成員結構的多元化，實現董事會的「企業化」、「專家化」。

董事會中方成員的理論素質和業務素質直接關係到工作的具體開展和落實，除了在選員上把關外，還應注意加強對中方董事成員素質的選拔，使得他們既具有一定的法律、貿易和管理知識，又能掌握相當的談判、協商技巧，使得董事會對合資企業的領導監督機制進一步加強，合資企業中中外董事間的國際合作關係更加融洽。

董事會的內部完善是相當複雜的一個問題，它理應由中外雙方共同努力來完成的。許多有關合資雙方在管理觀念上的矛盾和衝突，如果在董事會這一層次得到協調解決，會直接有利於企業的生產經營管理。因此在合資企業的跨文化管理中，董事會的內部完善被認爲是共同管理文化的關鍵方面。

內部完善最終是爲了有效地發揮「領導」職能，而這種職能直接體現在董事會的外部領導關係上。

8.1.4　董事會的領導關係

中外合資企業的董事會的領導關係有兩個層次：首先是國家行政主管部門對合資企業的監督、協調和服務，這是一種「決策指導」形成的「被領導」；其次就是董事會授權總經理進行合資企業的生產經營管理，並對企業生產經營進行檢查、監督的「領導」。

我們在這裡所討論的「領導關係」主要在於第二個層次的內容，即合資企業董事會如何以「合理的領導關係」，使企業決策得到實施、檢查及監督權力得到落實——「領導」職能得到實現。

中外合資企業董事會領導關係的合理性建立在兩個基本點上。第一個基本點是一種內在性基礎，即合資企業經營管理應達到的六個目標，它們包括：(1)引進先進技術和設備；(2)外匯和人民幣的配套平衡；(3)產品出口創匯或進口替代；(4)引進技術的消化吸收和國產化；(5)提高經營管理水準和引進人才；(6)注意提高經濟和社會效益等。第二個基本點是在第一個基本點的基礎上，以「所有權、決策權與經營權的分離」作爲領導關係達成合理性的規則。

從這兩個基本點出發，合資企業董事會合理的領導關係體現在兩權分離的眞正實現。

(一) 兩權分離的真正實現

合資企業實行的是董事會領導下的總經理負責制，企業的所有權和經營決策權屬於董事會，生產經營權由董事會委任的總經理全權負責，「總經理執行董事會的各項決議，組織領導合資企業的日常經營管理工作」，所以合資企業總經理擁有產、供、銷和人、財、物的管理權，但總經理要定期向董事會彙報企業生產經營情況，接受檢查、監督。一般董事會都不干預總經理的工作，除非其在任期內嚴重失職、背離原定經營方向或出現嚴重虧損。由於兩權得到分離——所有權、經營決策權和生產經營權的分離，所以在董事會的領導下，總經理職責明確，能對企業的生產經營實行有效的管理。

在合資企業的共同管理模式中，兩權分離有助於強化總經理在跨文化管理中的職能，並形成一個只對董事會而不對母公司負責的高層經理管理層，使得高層管理人員能夠從符合企業整體利益方式出發，以統一的經營管理模式達到跨文化管理的成功。

兩權分離要求給予合資企業總經理經營管理的自主權。在許多中外合資企業中，作爲企業最高權力機構的董事會沒有發揮應有的「領導」作用。有的董事長習慣於以往的領導方式，對於合資企業的具體經營活動進行干涉，甚至於親自兼任公司的總經理或中方副總經理，而另一方面有些合資企業的董事會形同虛設，尙未形成權威或根本不眞正去關心企業工作。這些都是與「兩權分離」沒能得到眞正實現直接相連的。

「兩權分離」的眞正實現要靠兩個過程來達成：

◆給予合資企業總經理充分的經營管理權

如何達成「經營管理的自主權」？一方面董事會與合資企業的實際經營者——總經理（或執行管理委員會）訂立聘任合同，使總經理的經營目標責任具體化，並具有法律效力，以解決經營者職、權、利相統一和對董事會負責的問題。此時應注意對總經理人選的慎重選擇，除由投資方推薦委派外，也可在社會上公開招聘。另一方面可針對導致兩權不能眞正分離的實際情況採取一定的措施。例如：

1.加強董事會成員依法辦事的觀念，切實執行「在大陸法律、法規和合營企業的協定、合同、章程規定的範圍內，合營企業有權自主地進行經營管理」的規定。
2.合資企業的正、副總經理僅對董事會負責，脫離原有的組織隸屬關係，母公司對合資企業的監督、檢查應透過董事會，恪守有關規定、協定來執行。
3.在中方董事會成員組成結構上，避免多元化結構，同時董事會成員應立足於重大問題的決策，儘量減少對企業生產經營的直接干涉。
4.合資企業的有關政策應保持一定的穩定性和持續性，充分體現董事會關於整體利益和共同利益的保證。

一家合資企業（中德合營）的總經理，從企業的利益出發，解雇了一位中方母公司委派的高層管理人員，退回了外方母公司委派的一位部門經理。雙方母公司和董事會尊重她的合法權力，未加以干預。這家公司的管理效率較高，企業的效益也不錯。

在共同管理文化中，我們把董事會中共同價值觀的首先確立作為CMC的一項重要基礎任務，這也直接有助於在董事會的領導下眞正實現總經理負責制。

◆加強對總經理的監督

在「兩權分離」中，給予總經理充分的經營管理自主權是一項主要的內容，但同時加強對總經理的監督，則是保證「兩權」眞正分離的有效方式。

加強對總經理的監督，有助於董事會的策略決策得到眞正實施，也有利於董事會作出有益於合資企業發展的策略性決定。這是董事會「領導」職能的重要體現，也是保證企業經營管理成功的輔助機制。

上海某五金製品公司，1990年10月投產至1991年10月累計生產鋼管椅二十萬張，企業虧損達201.5萬元，中方聯繫的出口業務均遭外方總經理的拒絕，而外方總經理卻接下了一百七十萬張鋼椅出口訂單，每張鋼椅價格低於中方聯繫訂單0.45至0.50美元，並強制組織工廠生產。在這一案例中，由於董事會對外方總經理這種嚴重的營私舞弊行為沒有加以有效的監督和檢查，間接導致了企業的這種虧損不利狀況。

諸如此類的情況常有發生，某影音製品有限公司的外方經理長期占有企業流動資金60萬元；某五金製品廠的外方經理無視董事會的決定，擅自決定撤掉中方管理人員，並給其新任命的管理人員大幅度增加工資。這些合資企業的實際情況正說明：在給予合資企業總經理經營管理自主權的同時，必須加強對總經理的監督。

責和權是相輔相成的兩個方面，合資企業總經理在行使權力的同時也應履行相應的職責。在這裡，總經理的個人素質是問題的一個方面，而董事會的監督也是相當重要的。凡總經理或副總經理「有營私舞弊或嚴重失職行爲，經董事會決議可以隨時解聘」。

加強監督的具體措施應由合資企業的董事會根據本企業的實際情況作出，如：

1.對於企業生產經營管理中的重大問題，應提交董事會審議決定後組織實施。
2.加強對企業的財務管理，以防止有關人員從己方或個人利益出發，暗中轉移利潤或占用企業資金。
3.擇優和合理配置副總經理、總會計師、總工程師、審計師等高級管理人員，根據有關法規和規定，在對總經理的幫助、協調中，建立起一定的監督機制。
4.合理確定總經理的職權範圍，對超越職權、不利於企業的行爲予以及時的注意和反應。
5.在合資企業的初期，在生產不穩定、管理不完善的情況下，應隨時關注企業的發展，多舉行「董事會成員碰頭會」（非正式的）或董事會議，及時對於一些問題協商作出決定。
6.董事長和總經理由不同投資方分別委派，也許是一種共同監督的有效方法，尤其是在一些生產規模不大的中小型合資企業中。

在「給權」和「監督」的過程中達到所有權、經營決策權和經營管理權的分離，並不能保證合理的領導關係的建立。一個以總經理爲核心的高、中級管理班子——被領導者——在實際經營中卓有成效，才能確定董事會的這種領導關係的合理性，所以達成合理的領導關係還需要合理配備高級管理人員。

(二) 合理選擇配備高級管理人員

中外合資企業董事會的職權之一是討論決定「總經理、副總經理、總工程師、總會計師、審計師的任命或其職權和待遇等」。

在跨文化管理中，以總經理爲首的高層管理層直接關係到共同管理文化在企業實際經營管理過程中的實現。一個卓然有效的高級管理人員班子，對於合資雙方的長期合作和合資企業的成功關係重大，因此合資企業的雙方母公司和董事會應該選擇最佳人選。

合資企業的高層管理人員採用的是聘任制。透過投資各方的推薦委派或在社會上的公開招聘並由董事會最終確定、任命並訂立聘任合同，除了總經理、副總經理及總會計師等高級管理人員外，對於部門經理來講，有的合資企業是由董事會確定的，有的是由總經理任命的，或兩種方式相結合確定之。

一般來講，中外合資企業雇用的外方人員大多數是總經理、副總經理、總工程師、總會計師等高級管理人員，當然也有少數的部門經理和高級技工。由於他們是由外方合營者委派、推薦或招聘的，所以中方一般尊重外方的意見，在統一的協定規定下，經董事會認可而正式簽訂合同，並且在企業的實際運行中進行管理、約束和監督。

中方的高級管理人員一般由企業的主管部門和投資企業推薦委派。對於中方高級管理人員聘用，主要應抓好以下幾個方面：

1.應愼重選擇人選，把好審查關，選拔才德兼備的人選推薦給投資方或董事會。

2.委派推薦高級管理人員時，避免「照顧」、「面子」的傾向，不應從中方幹部原有級別出發來確定人選，而應注重管理人員的素質。

3.隨著人才交流市場的完善，可由主管部門或合資企業董事會出面向社會招聘中方的高級管理人員。

4.從合資企業的長遠利益出發，重視中方高級管理人員在政治、理論和業務素質上的提高，形成多層次、有效率的培訓機制。

5.建立相應的考核制度，透過每年對中方高級管理人員的考評工作，增強其工作責任感和鑽研業務能力的內在動力。

儘管企業主管部門具有向合資企業董事會推薦中方高級管理人員，並負責對中方高級管理人員進行培訓、考核的職責，但應避免對中方高級管理人員實行直接管理，以免影響作爲投資方的公司對舉辦合資企業、開展工作的積極性。

8.2　合資企業領導的素質

總經理是直接經營管理合資企業的核心，他透過一整套的經營管理班子，對企業的運轉實施著有效的計畫、控制和協調。

在合資企業中，總經理的角色很特殊，他既參加董事會決策，又要按照董事會的策略決策參與企業的經營管理，是決策層和管理層的雙重關鍵人物。雙重上級的存在，又使得合資企業總經理不僅面臨著比通常企業經理更大的困難和挑戰，而且還需解決「雙方共管」機制下的一些新問題。由於合資企業總經理的地位是如此的特殊，因此他們發揮的作用往往是相當關鍵的。在我們的一個案例中，由一中方母公司在同一個工廠大院內分別建成的兩個合資電子企業的總經理（均爲中方技術人員出身），當他們面臨對新的管理技術的阻礙、強大的職員親緣關係和原有市場的變化等同樣的困難時，一個總經理表現出怨天尤人，力求獲得外界的幫助，而另一總經理卻努力於扎扎實實地開展新的制度和管理方式的建設，他對這些困難持積極克服的態度，並對企業的未來發展充滿著希望。在調查中，我們看到了後者企業成員的滿意感和對企業成效的評價，無論是工作表現還是量表得分，均普遍高於前者。

總經理在合資企業的成功中所起的作用是如此重要，以至於保羅．畢斯密在對這個問題進行深入研究後得出結論——「合資企業總經理是成功的合資企業的關鍵因素。」以下將從中外合資企業總經理的來源及其素質要求、中外合資企業總經理的角色定位兩方面來展開討論，至於中外合資企業總經理的管理技能則在8.3節中探討。

8.2.1　合資企業總經理的來源及其素質要求

從大陸合資法的有關規定和合資雙方對合資企業實際管理控制的要求出發，一般中外合資企業的總經理（以及副總經理）都是由合資雙方委派擔任的。由第三者（不屬於雙方母公司的大陸人或外國人）擔任總經理，由於承包條件不合理導致的短期行爲、總經理本人素質問題等原因，一般在中外合資企業中不多（深圳有幾家生產服裝的合資企業就聘用第三方的總經理）。以下我們主要以中外合資企業總經理的兩種主要來源（外方母公司委派或中方母公司委派）展開論述。

（一）兩種來源方式及其特徵

由於總經理掌握著企業日常經營管理中的最高決策權，因此合資雙方除了透過他們在董事會中的成員影響合資企業的策略決策，也透過選派正、副總經理影響企業的管理決策。至於中外合資企業總經理是由中方還是由外方委派，往往是雙方據企業具體情況協商決定的，股權比例等因素並不直接反映在總經理的來源方式上。一般來講，如果企業需要引進的管理、技術規模較大的話，往往會由外方任總經理（或在第一任以後由雙方輪流擔任）。而在中美合資企業中，美方任總經理的比例較高，這一方面反映了中美合資企業中，美方股份相對較高的特點，另一方面也體現了美方對介入管理希望大規模引入新的管理方法、風格的要求。

（二）中方委任的總經理及其特徵

中方委任的總經理一般由合資企業主管部門推薦或投資企業選派，由合資企業董事會任命並簽訂聘任合同。

委任中方總經理往往是由於以下特徵而決定的：

1.熟悉中國的文化傳統和語言。

2.對大陸市場及政治環境了解較深。

3.由於中外合資企業成員主體爲中方職員，所以能更有效地處理上下關係。

4.有助於企業與大陸的政府機關打交道，促進政府在一些方面對合資企業的有力支持。
5.有助於在大陸的管理文化基礎上，合理引入外方先進的管理、技術，促進共同管理文化建設，促成合資企業的有效管理。
6.從中方的角度看，中方總經理會使得中外合資企業易於管理、控制，有利於達到創辦合資企業的基本目標。
7.從中方的角度看，中方任總經理，能發揮中方全體職工的士氣，有助於在實踐中培養出一批素質高、能力強的幹部隊伍。
8.從外方的角度看，中方任總經理，能促進中方合作者的積極性，並有效克服外方在人事上的困難。
9.從外方的角度看，中方總經理會有助於合資企業加快進入大陸的巨大市場，提高企業的公共關係水準等等。

（三）外方委任的總經理及其特徵

外方合營者推薦、委派或招聘的總經理，在經董事會認可後，正式簽訂合同而上任。決定外方總經理的主要有以下幾個特徵：

1.有合資企業所需求的管理能力和技術專長。
2.具有中外合資企業開拓出口市場的國際營銷經驗。
3.有助於克服中國文化傳統的束縛，在合資企業這一特定組織中創立新的體制。
4.有助於將新的管理方式、風格引入合資企業，適應新的生產要求。

5.從中方角度看，外方任總經理，有利於加快外方先進的管理、技術的引入和移植，有助於中方管理人員在實踐中學習並提高自己，有助於開拓外方的國際市場等。

6.從外方角度看，由己方任總經理有助於對企業的控制，保證己方利益，有助於獲得在大陸開展工作的經驗，且能確保在大陸的企業形象，同時還有對中方人員的管理等。

(四) 對中外總經理的實際要求

合資企業成立之時，就對中方總經理或者外方總經理提出了客觀要求，而在具體的經營管理中，企業的具體情況、雙方在共同管理文化中的配合等，更對中外總經理有了進一步的現實要求：

◆對中方總經理的實際要求

由於在管理水準和技術水準上的差異，對於中方總經理來講，提高自己有關的理論與技術知識往往是最迫切的要求。

合資企業關係到雙方共同利益，所以中方總經理在對外方管理人員的領導中，應注意有較強的合作與協調能力，克服盲目自大和盲目崇外兩種極端的觀念和行爲。外方的管理、技術人員往往具備豐富的經驗和先進的方法、技術，中方總經理應有積極學習和借鑑的表現，以便能在實踐中努力構築起新的合資企業的管理文化。

中方總經理應當避免把中國傳統管理中的官僚作風帶入合資企業的管理中，使得合資企業的組織機構朝著精簡與效率相統一的方向發展。

對於合資企業這一新的組織形式來講，必須要有新的管理觀念與之相適應。中方總經理應重視更新自己的管理意識，建立諸如「品質控制和保證是企業內部自己的職責」、「人事的服務職能是滿足生產的需求」等新的管理思想和意識。

業務素質是做好管理的一個重要方面，但是思想素質也是對中方總經理的迫切要求。由於中方總經理蛻化變質、做出違反法規、政策的事情在合資企業中並不少見，因此中方總經理對自身的高要求是十分重要的。

在共同利益的基礎上切實維護中方的利益，也是中方總經理不可推卸的責任。這表現在許多具體的要求中，如按合同督促外方按時投注資金、加快技術轉讓、完成返銷責任等，同時也應有效領導和督促外方人員共同爲合資企業的利益而恪盡職守。

另外，爲加強與外方管理技術人員的合作，一定程度地了解對方的文化背景、風俗習慣和管理文化等，也是對中方總經理的一個特定要求。

◆對外方總經理的實際要求

許多外方經理來到大陸的第一個困難往往是對大陸文化環境的不適應和語言交流的障礙，這直接影響了他們開展工作的積極性和實際成效，因此，在來大陸前應作充分的準備，包括對大陸經濟、政治結構、政治穩定性和法律環境特點的了解；對大陸傳統管理文化的了解；一定程度的語言培訓等等。

外方總經理必須表現出較強的適應能力，這不僅表現在管理控制的過程中、實際工作的協調中，還應在生活上、人際環境上表現出「文化移情」的特徵──指外方總經理能容忍大陸的文化方式並避免依照自己的價值觀作出判斷，另外還包括遵守大陸政策法令，乃至生活作風。

由於合資企業處於大陸的文化氛圍之中而且成員多屬中方

人員，因此外方總經理在實施具體的規章制度或管理方法、技術時，尤其在人事管理中，應多注意向大陸同行聽取意見進行協調，事先考慮到新方法、新技術的可行適宜性，並求得中方有關人員的積極配合。此時，任何的主觀武斷與一意孤行，必將導致合作關係的損害、具體實施的阻礙，甚至於合資企業的失敗。

鑑於共同利益是各方利益的保證，外方總經理應從合資企業的本身利益出發，有效執行和貫徹有關合同，督促己方母公司完成應盡的責任，促進己方管理技術人員在工作中盡力與大陸同事相互協助、相互督促等。

對於外方總經理的要求，我們可以用吉恩．E．海勒的一段話加以概括：「理想的他或她應具有奧林匹克游泳隊員的體魄、愛因斯坦式的敏捷思維、語言學教授的談話技巧、法官般的公正耿直、外交家的機智靈活、埃及金字塔建築師的不屈不撓……即使他已完全符合在國外生活與工作的要求，他還須具有對文化的感受力，他的道德判斷不能太僵化，他應能夠像變色龍那樣融入當地的環境並絲毫不表露出偏見來。」

當然，對於中外總經理的要求遠不止上述的內容，其實我們以下談到的中外合資企業「總經理的角色定位」與「中外合資企業總經理應具有的管理技能」，都是對中外合資企業中總經理的更具體的要求。

8.2.2　中外合資企業總經理的角色定位

「角色」乃是指某個人在特定的社會和團體中占有的適當位置以及相關聯的行為模式，它直接體現在人與人的相互關係和相互作用之中。

在中外合資企業中，總經理的地位很特殊，他所扮演的角色也相當複雜。我們將從協調雙方母公司、處理好與副總經理的關係以及對管理人員有效的領導關係三方面具體的行爲模式入手來探討中外合資企業總經理的角色定位問題。

(一) 協調雙方母公司

畢密斯曾經說，「由於實質上有兩個上級及相應存在的兩種期望，使他必須同時滿足兩方面的利益，由於兩個上級評價成功的標準不同，他常常面臨極大的模糊，他必須承擔雙重上級所要求的義務及在他們之間進行聯絡。」

儘管共同管理文化要求盡可能地在董事會這一決策層中協調解決雙方的差異，但是合資企業總經理往往作爲董事會成員參加決策，同時他又在事實上代表著一方的利益，並且雙方母公司都在透過部門經理等己方人員對管理決策實施著影響，顯然爲了更好地獲得來自雙方的資源和技術，中外合資企業的總經理必須不斷協調雙方母公司，督促雙方履行義務。

爲了能有效地協調雙方母公司，中外合資企業總經理必須充分了解中外雙方母公司的需要——雙方的利益之所在。只有這樣，才能避免在作出某一特定項目的決策和行動時，產生一方受益而另一方受損的結果。

在充分了解了中外雙方的需要之後，中外合資企業總經理就可以在一整套的目標方案中找到合資企業最佳利益之所在，並且做出有利於合資雙方的事情。

總經理必須不斷提醒中外雙方，合資企業的利益才是雙方應關心的焦點，他必須不斷向雙方提供足夠的資訊，幫助促進雙方的相互信任，乃至雙方在人際關係上的融洽。他必須避免自己與母公司之間、中外雙方之間有損相互信任的狀況發生。

只有協調好了中外雙方，合資企業總經理才有可能獲得雙方在資源和技能上的有力支援，才能從合資企業整體利益出發使企業獲得成功，並以此促進雙方之間進一步的合作信任，達到協調→成功→更協調的良性循環。

作爲協調中外雙方的一個關鍵人物，北京吉普汽車有限公司總經理聖皮爾先生曾對這一角色作了精闢的描述：「作爲北京吉普汽車有限公司的總經理和董事會裡代表美國汽車製造公司的一個成員，我處在一個特殊的地位上。然而我的首要目標是使北京吉普汽車公司在事業上取得成功。所以我尋求成爲合資雙方的中間人或橋樑。」

（二）處理好與副總經理的關係

中外合資企業中，副總經理是由另一方委任的，他協助總經理工作，總經理對重要問題作出決定時，要與副總經理商議。

由於總經理掌握企業日常生產經營決策大權，直接關係到各方的利益，因此由另一方委任的副總經理往往在事實上是另一方的利益代表人，並且有力地影響著企業的日常經營管理。因此儘管是「總經理負責制」，但任何一方的總經理必須處理好與另一方的副總經理的關係，避免出現各方經理對各方董事負責，經理之間不一致而最終影響合資企業管理效益的後果。

要處理好與副總經理的關係，首先必須尊重對方。合資企業副總經理不同於一般企業中的副總經理，他不僅對己方的董事會決策有著直接的影響，而且還有效地影響著由己方人員組成的管理班子，因此總經理應尊重他的意見，對重要問題作決定時邀請副總經理共同參與，這不僅有利於管理工作的實施，而且也是協調中外雙方的一個有效的手段。

在尊重的同時，必須注意在工作上的協調，中外合資企業中，副總經理往往負責企業管理中某一範圍內的具體事務，而且有著豐富的管理經驗和技術知識，總經理從企業整體出發開展工作時，應協調好與副總經理的工作關係，比如中方總經理對外方的技術副總經理，外方總經理對中方人事副總經理，在合資企業管理實踐中，這些方面的過多干預往往會導致負面的效應，且不利於雙方人員之間的合作。

總經理與副總經理的關係融洽，還應做到使雙方都能從合資企業的基本利益出發來保證各方的利益，這是一個相互提醒並付諸實際行動的過程。雙方之間良好的人際關係和相互信任，往往會在實務中取得意想不到的效果。

從另一方面來講，對方副總經理也應從相同的立場出發，採取相應的實際行動，並且合理地尊重兩人之間的領導關係，體現「同舟共濟」的合作精神。

正是由於看到中外合資企業中，中外雙方正副總經理間的切實合作對於企業成功的重要作用，在大陸對外經貿部法律局所制定的合資經營企業合同參考格式中，要求企業的重大管理決策應由總經理和副總經理共同簽字。這也是對中外合資企業總經理處理好與副總經理關係的要求與督促。

（三）對管理人員的有效領導關係

如何建立起有效的領導關係，直接關係著企業生產經營的管理效率和成果。由中外人員共同組成的企業管理班子增加了總經理在領導關係處理上的困難，在合理協調好以副總經理為首的另一方管理人員，避免出現「雙重管理系統」的前提下，總經理應採取以下的幾種方式來達到有效的領導關係：

首先，由於外方有著先進的管理方法、先進的技術知識等優勢，中方人員對大陸企業實際情況的了解程度較深，對大陸的傳統人事模式有著自己的理解，因此，總經理應在管理中讓雙方成員積極參與決策，群策群力，激發起雙方的積極性，以形成一支合作有效、充滿生氣的管理班子。

充分運用分權授權原則，把日常的經營管理工作交給各個職能部門的經理去辦，實行大權獨攬，小權分散，使得各部門的經理（無論是外方還是中方）眞正做到有職、有權、有責，以加強管理人員的工作責任心，而且有助於來自不同合資方的管理人員增強為企業共同奮鬥的信念。

作為任何一方的總經理，應促進己方管理人員與對方人員之間的合作協助關係，這項舉措不僅包括人員配備、組織結構設置的支援，還應建立起一種合作的典範與機制。對於中方總經理來講，應加強中方管理人員在工作中協調外方並學習外方先進的經驗、方法。對於外方總經理，應促進己方管理人員多尊重中方人員，聽取他們的意見，共同從大陸企業的實際情況出發作出合理的建議和行動。

當然，在中外合資企業總經理的角色定位中，還應包括其他的關係模式，如與政府機關和主管部門的關係、與一般職工的關係、與社會公眾的關係等等。

8.3 合資企業領導的管理技能

作爲一種新的組織型態，中外合資企業對其經營管理決策者——總經理在管理技能上提出了新的要求。

8.3.1 創新管理的技能

創新管理的技能在這裡也可以稱爲「適應性管理的技能」。

所謂創新，就是採用一定的技法和創造性思維，探索新主意，採用新的管理制度和管理方法，尋求新技術、新原料、新市場、進行經營管理的新方式，在中外合資企業中，創新就是管理者如何針對這一新型組織適應其新的內外環境，達到有效經營管理的技能，即「適應性管理的技能」。

在中外合資企業的共同管理文化中，「創新」或「適應性」管理技能包括以下內容：

1.將外方的文化和其他業務整合在一起的能力，從而形成新的管理文化。

2.對變化的適應性，能意識到企業的發展，承認並能評估中外雙方的差距，能從質和量的角度分析影響自己業務經營的因素。

3.在合資企業中用不同方式解決問題的能力。

4.對中外雙方在文化、政治、經濟、道德及管理、技術差異所造成影響的敏感性、分辨力。

5.在力爭獲取對方的更多協助和更有效的資訊的同時，持續從事經營管理的能力與靈活性等等。

對於創新管理而言，彼得·德魯克曾提出了六條創新原則：

1.分析創新機會的各種來源。
2.走出去觀察、訪問。
3.有效的創新必須簡單、集中。
4.有效的創新開始時不要鋪得太大（也即要有個逐步適應的過程）。
5.創新一開始就以充當領導者爲目標，爭取成爲標準的設計者，並決定新技術和新產業部門的方向。
6.創新需要才幹、機智和知識，但是更需要努力和專心致志的工作。

在中外合資企業，爲達到有效的CMC，中方總經理必須在本國管理文化基礎上汲取外方的先進經驗與技術，外方總經理必須使自己的管理文化適應大陸的傳統模式，二者都是爲了達成一個新的管理文化，這是個「適應性」的創新過程，也即創新管理。

浙江蕭山的一家中美合資針紡企業總經理，他在企業管理中，從規模小、生產週期短等特徵出發，引入日本的家庭式的「全員經營」模式，取得了不小的成效，這可以說是一種創新管理的技能表現。

8.3.2 目標化的管理技能

將經營管理活動目標化，是中外合資企業總經理達成企業成功的一項特殊技能，這不同於一般的目標管理。在合資企業中，它有三個層次的意義。

首先，由於中外合資企業總經理是在兩個或多個母公司監督下開展工作的，因此，他必須隨著雙方的需要以及目標變化確定合資企業本身的目標，從而有效地把雙方的差異和衝突局限在如何完成目標過程中的合作與協助，把合資企業的經營目標化，而不僅僅是經濟目標的達成。此時，以此爲根本的公共形象目標、社會責任目標等往往也能使得雙方更關注於維持雙方的長期合作。

然後合資企業總經理以企業的目標確定年度的經營方針，企業各單位從職能部門到生產班組以及職工個人也以企業的年度生產目標爲依據，層層分別制定本部門活動的目標方針，確立集體或個人要完成的工作目標。在授權、分權的同時，加強企業內部的目標化管理，能有效地消除實際存在於職能部門中的雙重系統，使得中外人員在實際工作中能以本人或本部門的明確目標爲工作方向而共同發揮出雙方的潛力。在內部的目標化管理中，中外合資企業總經理還應做好以下幾項工作：

1.制定企業的目標系統或計畫系統時，應從總體上作翔實、準確的調研，以達成各部門能相互協調的機制，整個目標系統成爲一個有內在聯繫的整體。
2.提高目標的具體化，譬如以資金型態來反應目標系統，這往往可以加強部門、個人的自我約束和自我監督，並促進各部門、人員之間的目標銜接、比較與協調。

3.組織結構的合理性——職責分明、分工明確又領導有力，也有助於目標化的管理技能的作用的發揮。

不少成功的中外合資企業借助於目標化的管理技能，使得管理效率大大地提高了，如北京松下的「事業計畫」和上海大眾的「國產化計畫」、中迅電梯的「聯合預測表」等。

8.3.3　營銷管理的技能

採取和運用商品經濟市場機制和營銷策略，拓展市場，建立以消費者爲中心的「市場觀念」，是現代企業經營管理活動的出發點和歸宿點。

中外合資企業總經理應以這種現代化市場營銷觀念爲指導，並建立與這種觀念相適應的產品營銷的經營管理系統。從銷售研究、資訊收集、市場預測、存貨控制、售前售後服務、銷售程序、銷售人員培訓和配置及職權等多方面整個過程入手，有機地建立起全面的產品營銷的經營管理系統，並且在這個基礎上制定提高勞動生產率、降低生產成本、保證產品品質的策略，拓展合資企業的內外市場。同時還應針對合資企業的國際市場和企業初期的實際情況，制定有關內外銷售的具體策略。

營銷管理的技能是合資企業總經理在市場變化中把握成功機會的有效手段。

如大陸迅達電梯有限公司引進瑞士迅達公司技術的重點，

起初是放在開發半導體分立元件控制高速電梯，但在1982年，當時美國奧梯斯公司、日本三菱公司及瑞士迅達公司相繼推出了深受客戶歡迎的微機控制電梯產品，成爲國際電梯市場上的新潮產品。針對這一市場新動向，中迅公司從大陸雄厚的電腦力量實際出發，當機立斷停止開發半導體分立元件控制高速電梯，著手引進瑞士的微機控制新產品，並從管理上、技術上、人員上作了適應性調整，經過三年多努力，在1986年形成了批量生產，不僅塡補了大陸的空白，而且打入了國際市場，企業成功地達到了生產經營管理目標。

8.3.4 人力資源化的管理技能

現代企業的競爭，歸根結柢是人才的競爭。人才的素質是決定企業興衰的關鍵。

在中外合資企業中，由於管理模式的特殊性、市場環境的複雜性等因素，培養具有創新、競爭意識及技術專長，適應國際經營環境的人才隊伍是合資企業長期發展策略的保證。因此，人力資源化的管理技能是中外合資企業總經理應具備的現代管理技能。

人力資源管理包含了人員規劃、招募、選拔、使用、考核、激勵和開發的全過程，它要達到的是企業發展與人才投資開發間的良性循環。

8.3.5 衝突管理的技能

在企業的經營運作中，中外合資企業不僅面臨著一般企業的個人衝突和部門衝突的問題，而且還存在中外人員由於資訊來源不同、態度和價值觀差異、個性和行為差異、認識與思想意識差異等引起的衝突。

衝突，簡單的說是一個心理矛盾或行為對抗的過程。由於衝突管理直接關係到中外合資企業的高品質工作環境、管理的高效率以至於企業的生存發展，因此中外合資企業總經理應有衝突管理的能力，包括對衝突的認識、診斷到有效處理，以調整企業的內部關係，增強對環境的適應性，並實現企業的最重要的策略。

衝突管理有許多有效的處理方法，一些主要的方法有：

（一）協調法

協調是減少衝突的重要手段。作為決策和高層管理的中心人物，總經理應在企業總體上對相互關聯的工作做全面安排，以避免衝突的出現。一些固定的工作順序和規定的工作時間安排等往往是協調的具體做法。

（二）提高人員素質的方法

透過提高人員的認識、期望，明確成員和部門的目標以及對工作技巧和方法的培訓，往往使企業成員和中外人員之間達成默契，以減少衝突。

（三）共同決策法

由於企業工作連結著各個部門，各個部門或中外雙方的利益是以企業整體利益為保證的，因此，透過共同參與決策，能使各方自覺貫徹執行決策，避免各方之間的矛盾。

（四）組織變化法

其實不少的衝突往往是由於組織結構的不合理所造成的，因此透過部門調整和人員變動，有時會更易於直接解決衝突。

（五）共同目標法

在衝突的雙方或部門乃至個人之間設置一個關係到雙方利益的共同目標，往往可以迅速解決衝突。

關於衝突的解決，還有如妥協、緩和、撤出、解決問題乃至強壓等方法，但是應從具體情況出發來選擇相應的解決方法，以達到眞正的有效性。

本章摘要

- 「董事會領導下的總經理負責制」這一領導制度，其結構中主要有兩個層次：董事會和總經理。
- 董事會的領導職能為有效解決內部爭議；督促合資雙方履行合同；統一中方董事思想，加強預備會議制；合理委派與提高董事素質。
- 合資企業領導的技能包括創新管理的技能、目標化的管理技能、營銷管理的技能、人力資源化的管理技能、衝突管理的技能。

思考與探索

1.試述合資企業總經理的素質要求。

2.試結合實例闡述合資企業總經理怎樣才能具有創新技能。

3.試結合實例闡述合資企業領導如何進行目標化管理。

4.試述衝突管理的方法，可聯繫實際應用中遇到的難題，有針對性地進行回答。

參考文獻

《中國經濟年鑑》，1989年刊，X-17。北京：經濟管理出版社。

《心理學百科全書》（上、中、下）（1995）。杭州：浙江教育出版社。

L·A·懷特（1988）。《文化的科學——人類與文明的研究》。濟南：山東人民出版社。

W·H·紐曼、小G·E·薩默（1995）。李杜流等譯。《管理過程——概念、行爲和實踐》。北京：中國社會科學出版社。

山田榮作（1991）。《全球方略——多國籍企業結構的動態變化》。北京：中國經濟出版社。

王元（1993）。《美德日中企業決策體制比較》。太原：山西經濟出版社。

王宏印（1993）。《跨文化心理學導論》。西安：陝西師範大學出版社。

王重鳴、王劍杰（1995）。〈職業緊張因素的結構關係〉。《心理科學》，（5）。

卡爾·佩格爾斯（1987）。《日本與西方管理比較》。北京：機械工業出版社。

伊藤正則（1986）。《日本的企業經營管理》。北京：中國經濟出版社。

安德烈·勞倫特（1983）。〈西方企業管理方案中的文化差異〉，《企業管理與組織國際研究》，13，1-2號，春—

夏。

托馬斯・彼得斯、小羅伯特・沃特曼（1985）。《尋求優勢——美國最成功公司的經驗》。北京：中國財政經濟出版社。

杜海燕（1994）。《管理效率的基礎：職工心態與行爲》。上海：上海人民出版社。

沈學方（1993）。《日本美國的企業文化》。成都：成都出版社。

帕特里希亞・派爾—舍勒（1998）。姚燕譯。《跨文化管理》。北京：中國社會科學出版社。

彼得・F・德魯克（1987）。《管理——任務、責任、實踐》。北京：中國社會科學出版社。

彼得・聖吉（1994）。郭進隆譯。《第五項修煉》。上海：上海三聯書店。

松本厚治（1997）。程玲珠等譯。《企業主義》。北京：企業管理出版社。

邱立成、成澤宇（1999）。〈跨國公司外派人員管理〉。《南開管理評論》，（5）。

金潤圭（1999）。《國際企業經營與管理》。上海：華東師範大學出版社。

阿瑟・S・雷伯（1996）。李伯黍等譯。《心理學詞典》。上海：上海譯文出版社。

俞文釗（1985）。《管理心理學》。蘭州：甘肅人民出版社。

俞文釗（1993）。《領導心理學導論》。北京：人民教育出版社。

俞文釗、賈詠（1997）。〈共同管理文化的新模式及其應用〉。《應用心理學》，（3-1）。

俞文釗等（1996）。《合資企業的跨文化管理》。北京：人民教育出版社。

威廉．大內（1984）。孫耀君等譯。《Z理論——美國企業界怎樣迎接日本的挑戰》。北京：中國社會科學出版社。

威廉姆．J．羅斯威爾（1999）。劉俊振譯。〈影響美國人力資源培訓與開發領域的主要勞動力和工作場所變化趨勢〉。《南開管理評論》，（5）。

約翰．科特等（1997）。曾中等譯。《企業文化與經營業績》。北京：華夏出版社。

約翰．德．揚（1998）。文柏秋、傅瑜譯。《小企業管理案例——問題、思考與解決之道》。呼和浩特：內蒙古人民出版社。

胡軍（1995）。《跨文化管理》。廣州：暨南大學出版社。

范徵（1993）。《合資經營與跨文化管理》。上海：上海外語教育出版社。

埃德溫．賴蕭爾（1992）。《當代日本人——傳統與變革》。北京：商務印書館。

高效琨等（1992）。《中國的企業文化》。天津：天津人民出版社。

國家體改委研究所、日本愛知學泉大學（1995）。《中日企業比較》。北京：中國社會科學出版社。

張一（1994）。《國際化企業經營管理》。北京：人民交通出版社。

張友誼、邢占軍（1999）。〈國有大中型企業職工需要研究〉。《社會科學戰線》，（1）。

張岱年、方克立（1995）。《中國文化概論》。北京：北京師範大學出版社。

許宏（1987）。《企業管理新謀略》。長沙：湖南文藝出版社。

郭岳（1997）。〈當代跨國公司的最新變化與中國企業跨國經營〉。《經濟師》，(4)。

陳榮耀（1994）。《內協外爭——東方文化與管理》。廣東：廣東人民出版社。

杰克琳·謝瑞頓等（1998）。賴月珍譯。《企業文化：排除企業成功的潛在障礙》。上海：上海人民出版社。

萬明鋼（1996）。《文化視野中的人類行爲》。蘭州：甘肅文化出版社。

萬俊人（1998）。《比照與透析——中西倫理學的現代視野》。廣州：廣東人民出版社。

葛魯嘉（1995）。《心理文化論要——中西心理學傳統跨文化解析》。大連：遼寧師範大學出版社。

瑪麗·奧爾布萊特、克萊·卡爾（1998）。沈陽譯。《管理誤區》。上海：上海遠東出版社。

趙曙明等（1994）。《國際企業：跨文化管理》。南京：南京大學出版社。

魯桐（1998）。〈企業的國際化〉。《世界經濟與政治》，(11)。

蕭琛（1995）。〈新技術呼喚新型的現代企業組織——美日歐跨國公司組織結構轉型與未來輪廓〉。載於儲祥銀（編），《跨國公司與中國：北京'94跨國公司與世界經濟一體化國際經濟研討會文集》。北京：對外經濟貿易大學出版社。

蘇勇等（1987）。《企業文化——社會·價值·英雄·儀式》。北京：中國展望出版社。

Bond, M. H. (Ed.). (1986). *The psychology of the Chinese people.*

Oxford University Press Inc.

Campbell, D. P. & Level, D. A., Jr. (1985). "A black box model of communication." *The Journal of Business Communication, 22*.

Carnvale, A. P. & Gainer, L. J. (1990). *The learning enterprise*. Alexandria, Va.: American Society for Training and Development.

Conrad, C. (1994). *Strategic organizational communication, Toward the twenty-first century*. Holt, Rinehart and Winston, Inc.

Culen, J. B. (1999). *Multinational management: A strategic approach*. International Thomson Publishing.

DeLisi P. S. (1990). "Lessons from the steel axe: Culture, technology, and organizational change." *Sloan Management Review*, Fall.

England, G. W. et al. *The manager and the man: A cross study of personal values*. The Kent State University Press.

Harris, P. (1978). *Managing cultural difference*. Gulf Publishing Company.

Harris, P. R. (1987). *Managing cultural differences*. Gulf Publishing Co.

Herzberg, F. (1982). *The managerial choice: To be efficient and to be human*. Salt Lake City, Uath: Olympus Publishing.

Johnson, D. W. (1975). *Joining together*. New Jersey: Prentice-Hall.

Kobrin, S. J. (1992). "Expatriate reduction and strategic control in American multinational corporations." In V. Pucik et al. (Eds.), *Globalizing management: Creating and leading the competitive organization*. New York: Wiley.

Papers Presented at the 14th Congress of the International Association for Cross-Cultural Psychology, Bellingham WA, USA, August 3-8, 1998.

Rankin, P. T. (1930) . "Listening ability: Its importance, measurement, and development." *Chicago School Journal, 12*.

Rohner, R. P. (1984) . "Toward a conception for cross-cultural psychology." *Journal of Cross-cultural Psychology, 15*(2).

Ronen, S. (1979). "Cross-national study of employees work goals." *International Applied Psychology, 6*.

Samovar, L. A., Porter, R. E. & Jain, N. C. (1981). *Understanding intercultural communication*. Belmont, CA: Wadsworth.

Schell, M. S. & Solomon, C. M. (1997). *Capitalizing on the global workforce: A strategic guide for expatriate management*. McGraw-Hill.

Shannon, C. & Weaver, W. (1948). *The mathematical theory of communication*. University of Illinois Press.

Sirota, D. & Greenwood, M. J. (1971). "Understanding your overseas workforce." *Harvard Business Review, 14*.

Wells, B. & Spinks, N. (1994). *Organizational communication: A leadership approach*. Dame Publications, Inc.

跨文化企業管理心理學

商學叢書

編 著 者／嚴文華・宋繼文・石文典
出 版 者／揚智文化事業股份有限公司
發 行 人／葉忠賢
總 編 輯／林新倫
執行編輯／晏華璞
美術編輯／周淑惠
登 記 證／局版北市業字第1117號
地　　址／台北市新生南路三段88號5樓之6
電　　話／(02)2366-0309
傳　　眞／(02)2366-0310
E-mail／book3@ycrc.com.tw
網　　址／http://www.ycrc.com.tw
郵撥帳號／14534976
戶　　名／揚智文化事業股份有限公司
印　　刷／鼎易印刷事業股份有限公司
法律顧問／北辰著作權事務所　蕭雄淋律師
初版一刷／2002年11月
定　　價／新台幣450元
ISBN／957-818-439-5
本書由東北財經大學出版社授權出版發行

國家圖書館出版品預行編目資料

跨文化企業管理心理學 / 嚴文華, 宋繼文, 石文典編
著. -- 初版. -- 台北市：揚智文化, 2002[民91]
面； 公分. --（商學叢書）
參考書目：面
ISBN 957-818-439-5（平裝）

1. 管理心理學 2. 企業 - 文化 - 比較研究

494.014 91015292